贵金属
材料与工艺

李鹏 周怡 编著

GUIJINSHU CAILIAO
YU GONGYI

中国地质大学出版社
ZHONGGUO DIZHI DAXUE CHUBANSHE

内容简介

本书总结分析了贵金属材料的历史发展、材料特征、资源分布、提炼生产等内容,对黄金、白银、铂金、钯金等做了重点介绍和分析,并且从历史与现代两个方面对与之相关联的制作工艺以及器物形式做了系统的介绍,特别是对贵金属材料重要产品形式之一——珠宝首饰的使用、制作工艺、工具设备、鉴别检测、保养维护等进行了详实的阐述。

本书可作为贵金属材料的理论参考书,也可作为相关院校,特别是首饰类专业、金属产品类专业及院校,相关的质检部门以及与贵金属材料有关的培训机构的教材或参考书。

图书在版编目(CIP)数据

贵金属材料与工艺/李鹏,周怡编著. —武汉:中国地质大学出版社,2015.8(2023.8重印)

21世纪高等教育珠宝首饰类专业规划教材

ISBN 978-7-5625-3668-0

Ⅰ.①贵…

Ⅱ.①李…②周…

Ⅲ.①贵金属-首饰-金属材料-高等学校-教材②贵金属-首饰-生产工艺-高等学校-教材

Ⅳ.①TS934.3

中国版本图书馆 CIP 数据核字(2015)第 175952 号

贵金属材料与工艺		李 鹏 周 怡 编著
责任编辑:彭 琳	选题策划:张 琰	责任校对:戴 莹

出版发行:中国地质大学出版社(武汉市洪山区鲁磨路388号)　邮政编码:430074
电　　话:(027)67883511　　传　真:67883580　　E-mail:cbb @ cug.edu.cn
经　　销:全国新华书店　　http://www.cugp.cug.edu.cn

开本:787毫米×960毫米 1/16	字数:412千字　印张:21
版次:2015年8月第1版	印次:2023年8月第2次印刷
印刷:武汉市籍缘印刷厂	印数:2001-3200 册
ISBN 978-7-5625-3668-0	定价:68.00元

如有印装质量问题请与印刷厂联系调换

前 言

贵金属材料以其优良的物理、化学特性和美丽的外观等在人类历史的发展进程中扮演着重要的角色。特别是其中的黄金材料,以其亮丽的色泽、稳定的性质和珍贵、稀少的特点,更是独领风骚数千年。在古罗马神话中,神祇所创造的第一代人类,也是最高等级的人类便是黄金的一代,可见黄金地位之尊贵。在中国漫长的历史进程中,黄金也一直与皇权、地位、金钱、货币职能等相连,一度成为帝王、贵族等专属用材之一。直到人类社会进步与发展的今天,黄金及其所属的贵金属家族才一改往日之尊贵,与大众的生活密切相连。

纵观整个人类社会进步的历史,既是一部资源与材料发现和使用的历史,也是技术进步与革新的历史。在发现和认识材料的基础上,人们不断探索和发现它们的各种特性并为己所用,也发明和发展了与之相关的各种工艺、工具等,还探索制作了各种工艺、工具的物态形式。人类对黄金、白银数千年的使用历史就证明了这一点。这些材料和工艺的集合形式——器物,不但为我们展现了成就非凡的人类对材料及工艺探索的技术进步史,也呈现了人类璀璨辉煌的器物文明史与发展史。这让人既感叹自然的神奇,也惊诧于人类的智慧与伟大。系统地分析和研究带给人们惊喜的贵金属材料与工艺,不但有利于贵金属材料知识与发展历史的学习、探究,也有利于人类思考和完善自身。

本书正是在这样的历史与现实情况下编写而成。书中总结分析了贵金属材料的历史发展、材料特征、资源分布、提炼生产等内容,对黄金、白银、铂金、钯金等做了重点介绍和分析,并且从历史与现代两个方面对与之相关联的制作工艺以及器物形式做了系统的介绍。特别是对贵金属材料重要产品形式之一——珠宝首饰的使用、制作工艺、工具设备、鉴别检测、保养维护等进行了详实的阐述。

本书资料丰富、系统,内容充实,信息量大,配合介绍附有大量的精美图片,可读、可看性强,便于读者理解与掌握。本书内容涵盖了贵金属材料使用的诸多方面,是一本理论与实践密切结合的著作。本书可作为贵金属材料的理论参考书,也可作为相关院校,特别是首饰类专业、金属产品类专业及院校,相关的质检部门以及与贵金属材料有关的培训机构的教材或参考书。

笔者多年来致力于贵金属材料与珠宝首饰设计及制作的教学和实践,为此书的编写倾注了大量心血,但受时间与精力的限制,书中尚有不妥之处,敬请业界同仁及读者给予谅解和指正。

编著者

2015 年 7 月

目　录

第一章　贵金属的历史及发展 …………………………………… (1)
　　第一节　首饰的由来 …………………………………………… (1)
　　第二节　贵金属的历史与发展 ………………………………… (3)
　　第三节　金属工艺的历史蜕变 ………………………………… (11)

第二章　贵金属及首饰概述 …………………………………… (20)
　　第一节　贵金属 ………………………………………………… (20)
　　第二节　贵金属的性质 ………………………………………… (25)
　　第三节　贵金属的计量单位 …………………………………… (34)
　　第四节　贵金属的纯度和印记 ………………………………… (40)
　　第五节　贵金属的用途 ………………………………………… (43)
　　第六节　贵金属材料的资源分布及利用 ……………………… (49)
　　第七节　首饰的功能及分类 …………………………………… (51)

第三章　最古老的贵金属——黄金 …………………………… (62)
　　第一节　黄金概述 ……………………………………………… (62)
　　第二节　黄金资源与用途 ……………………………………… (69)
　　第三节　黄金的物理、化学性质 ……………………………… (85)
　　第四节　黄金的成色与计量单位 ……………………………… (90)
　　第五节　纯金与K金 …………………………………………… (94)
　　第六节　黄金及黄金饰品的鉴别方法 ………………………… (102)

第四章　平民贵族：白银 ……………………………………… (108)
　　第一节　白银概述 ……………………………………………… (108)
　　第二节　银的分类 ……………………………………………… (112)
　　第三节　银的用途 ……………………………………………… (121)
　　第四节　银矿分布与提炼加工 ………………………………… (127)
　　第五节　白银的物理、化学性质 ……………………………… (132)
　　第六节　银及银饰品的鉴别方法 ……………………………… (135)

第五章 贵金属的贵族：铂金及钯金 (139)
    第一节 铂族金属 (139)
    第二节 铂矿与铂金资源 (145)
    第三节 铂族金属的用途 (148)
    第四节 铂金概述 (152)
    第五节 铂金的分类 (156)
    第六节 铂金的物理、化学性质 (163)
    第七节 铂金及铂金饰品的鉴别 (167)
    第八节 贵金属家族新贵——钯金 (169)

第六章 贵金属材料中的边缘金属 (175)
    第一节 铜 (175)
    第二节 钛金 (182)
    第三节 其他金属材料 (185)
    第四节 补口材料 (190)

第七章 贵金属首饰成色的检测原理与方法 (193)
    第一节 贵金属检测概述 (193)
    第二节 贵金属首饰成色的传统检测 (195)
    第三节 贵金属首饰成色的现代仪器检测 (205)

第八章 传统金属工艺 (211)
    第一节 錾刻工艺 (211)
    第二节 锤揲工艺 (214)
    第三节 花丝镶嵌工艺 (217)
    第四节 鎏金工艺 (226)
    第五节 珐琅工艺 (231)
    第六节 嵌错工艺 (238)
    第七节 点翠工艺 (244)
    第八节 其他传统金属工艺 (248)

第九章 现代金属工艺 (258)
    第一节 镶嵌工艺 (258)
    第二节 焊接工艺 (264)
    第三节 失蜡浇铸工艺 (266)

第四节　抛光工艺 …………………………………………（275）
　　第五节　木纹金工艺 ………………………………………（280）
　　第六节　电镀工艺 …………………………………………（284）
　　第七节　电铸工艺 …………………………………………（287）
　　第八节　其他现代金属工艺 ………………………………（289）

第十章　贵金属首饰的选购与保养 ………………………………（296）
　　第一节　贵金属首饰的选购 ………………………………（296）
　　第二节　首饰的佩戴 ………………………………………（300）
　　第三节　贵金属首饰的保养 ………………………………（302）

第十一章　贵金属的回收 …………………………………………（307）

第十二章　贵金属首饰加工工具与设备 …………………………（311）

主要参考文献 ………………………………………………………（325）

第一章 贵金属的历史及发展

第一节 首饰的由来

人类究竟何时开始佩戴首饰,最初佩戴的首饰究竟有何种意义,恐怕很难准确地考证,对现有的种种推测也无法下定论,但我们不难推想,从人类开始意识到装饰自己、美化自身的那一刻起,首饰就与人类结下了不解之缘。

考古发现,人类最原始的首饰,可以追溯到远古的石器时代。意大利考古学家曾在地中海之滨发掘到一具距今约 16 万年的古人类女尸,女尸身上佩戴着兽骨和石头串成的项链,这被认为是迄今为止世界上最早的首饰。

中国最古老的首饰,专家们认为应该是发现于北京周口店,距今 18 000 年前的"山顶洞人"使用的项链。考古学家贾兰坡先生在《"北京人"的故居》(1958)一书中曾写到,我国山顶洞人的"装饰品中有钻孔的小砾石、打孔的石珠、穿孔的狐獾或鹿的犬齿、刻沟的骨管、穿孔的海蚶壳和钻孔的青鱼眼上骨等(图 1-1)。

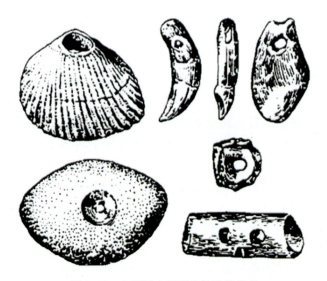

图 1-1 山顶洞人研磨和钻孔装饰品

所有的装饰品都相当精致,小砾石的装饰品是用微绿色的火成岩从两面对钻成的,选择的砾石很周正,颇像现代妇女胸前佩戴的鸡心。小石砾是用白色的小石灰岩块磨成的,中间钻有小孔。穿孔的牙齿是从齿根两侧对挖穿通齿腔而成的。所有装饰品的穿孔(图1-2),几乎都是红色,好像是她们的穿戴都用赤铁矿染过。"

图1-2 山顶洞遗址发现的装饰物

新中国成立以后,考古学家在浙江河姆渡遗址发现了距今约7 000年、新石器时代的大批古代文物,其中有28种用玉石和萤石制成的装饰品。另据专家们考证,我国大约在5 000年前,就已经开始用松石、玛瑙、珍珠等珠宝玉石制成串珠、颈链和手镯等首饰,而且大都经过切、割、琢磨和钻孔,具有较高的工艺水平。

随着人类从野蛮时代走向文明,生产力的逐步提高,人类所使用的首饰材料也与时俱进,发生了极其重大的变化。根据考古研究,早期人类使用的首饰材料有动物的牙齿、皮革、骨头、贝壳和石子等,然后发展到玉石、金属、宝石和各种新材料。人类佩戴首饰的目的,也从原始的劳动工具、图腾崇拜、护身符、权力象征等逐渐变成为装饰自身。

中国是一个崇尚玉石的国家,认为玉可以避邪、保平安,有佩玉的传统习俗。根据考古研究,早在10 000年前的新石器时代就出现了各种玉石首饰。

中国也是崇尚黄金的国家,远在5 000年前,我国劳动人民就已发现和利用黄金。我国考古的文物中,既有夏代的金耳饰,又有商代的错金青铜器。成都金沙文化遗址出土了许多商代金器,其中的凤凰金箔造型和凤凰卫视台标极其相似。金箔上,凤凰的嘴角线细如发丝,清晰可辨,考古学家也称其为"太阳神鸟金箔",厚度只有0.02cm,系锤揲而成,黄金含量约94%,图案采用切割技术,是古蜀黄金工艺辉煌成就的代表,可见古人金箔雕刻工艺的精湛(图1-3)。

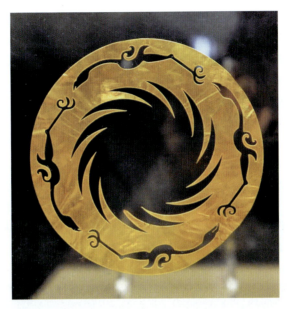

图1-3　成都金沙文化遗址出土的太阳神鸟金箔

从金属首饰出现开始,金属工艺就成为一门学科。金属工艺在继承中国发达的青铜技术的基础上发展延伸,在历朝历代中推陈出新,展现其无与伦比的光辉。我国早在商代就已经制作出成套的金首饰,至秦汉时期,金银首饰得到了进一步的发展,其品种、数量和质量都有所提高,工艺也趋于成熟,基本上脱离了青铜工艺的模式,走上了独立发展的道路。到唐代,金银饰品的制作和使用发展到了鼎盛时期。

第二节　贵金属的历史与发展

金属与人类有着密切的联系,贵金属更是人类生活中不可缺失的一部分。马克思认为:金实质上是人所发现的第一种金属。

根据科学研究发现,早在公元前12000年,古埃及人就开始接触黄金;公元前4000年,古埃及文献中就有一份黄金与两份白银相等的记载,这说明古埃及人已经采集到黄金、白银,并已广泛应用。古埃及人认为黄金是可以触摸的太阳,被视作生命的颜色,银代表月亮,也是制造神像骨骼的材料。古埃及社会的各个阶层,上至法老,下至平民,生者、死者,人人都佩戴首饰,神兽也不例外。

中国古代劳动人民也很早就认识、开采并使用黄金制作首饰了,并把已发现的金属做了分类。古人把所有金属统称为金,也就是所谓的金、银、铜、铁、锡五金。西周以前又将铜锡合金、白金、赤金及青铜统称为"金"。《管子》中说,"黄金者,用之量也",又"黄金、刀、布,民之通货也"。自古以来就有沙里淘金的说法,春秋战国时期,《韩非子·内储说上》载有:"荆南之地,丽水之中生金,人多窃采金。"司马迁的《史记》载有:"虞夏之币,金有三等,或黄或白或赤。"

夏商时期,人们就开始淘金、采金和制作金饰物,并已懂得利用矿物的晶体形态、颜色、光泽、硬度等来鉴别金矿石,并逐渐掌握了氧化试验法、焰色试验等化学鉴定方法。汉代,人们已能熟练地利用物理、化学的方法鉴定金矿物。经考古学家研究,甘肃玉门火烧沟遗址出土的金耳坠属于夏代的金器,被认为是迄今为止我国发现最早的金器。成都金沙遗址出土的30余件金器包括:金面具(图1-4)、金带、圆形金饰、蛙形金饰(图1-5)、喇叭形金饰等,表明古蜀国国力强大昌盛,手工业发达,已经有了明确细致的分工。

图1-4　成都金沙遗址出土的金面具

第一章 贵金属的历史及发展

图1-5 蛙形金箔

一、贵金属的光辉历史

古人通过对金属的认识,研究出各种不同的工艺方法,金属工艺也就随之出现,并在不同历史时期扮演着不同的角色。商代遗址中不仅出土过一两多重的金块(1两=50g),还发现了眼部贴金的虎形饰和厚度仅0.01mm锤锻加工而成的金片、金叶、金箔等饰件。这表明,商代的工匠已经能灵活运用黄金延展性能好的特性。在西周墓中,曾出土包在铜矛矛柄和车衡两端的极薄金片,说明当时已掌握包金技术。战国时期,有多种金属材料结合(金银错工艺)及金属和非金属材料(玉石、琉璃)结合制作而成的工艺品。到汉代,用金丝、银丝编制金缕玉衣的水平已经相当高了。唐代金银首饰制作和使用发展到了鼎盛时期。金、银、珍珠、宝石相互搭配,发挥不同材料的特点,充分展示出饰品绚丽多姿、豪华富贵的风采,这种独具匠心的设计对以后的金银首饰制作有着深远的影响。

中国金属工艺的制作是在继承青铜冶炼技术的基础上发展起来的。从最简单的加工技术到现在名目繁多的金属工艺,古人创造了无与伦比的艺术成就,光辉灿烂地走过了几千年的历史,一直沿用到现在,很多技术都令人叹服。

1. 最早的铬化技术

在金属表面镀铬防锈,是近代科技史上的重大成就。但在中国古代青铜器中,有一种叫"黑漆古"的青铜器,虽在地下埋藏了几千年,却依旧光泽如新,没有丝毫锈蚀。通过科学家的研究,发现它的表层含有铬元素,原来,青铜器数千年不朽的秘密,就因为它经过了"铬化技术"的处理。

在秦始皇陵兵马俑坑的考古中,出土的剑、矛、殳、镞、鐏等青铜兵器,拭去上面的泥土,即显示出它们光洁、坚利、精制的本色。经检测,原来它们表面青灰色的氧化膜是 $10 \sim 15 \mu m$ 厚的铬。而这些兵器内部为含锌的铜基合金,不含铬,只有表面是黑色的含铬氧化层。表层一旦经过锉磨,铬即不存在,这表明兵器表面的确是经过人工处理。这种金属工艺在河北满城汉墓中也有同样的例证。这说明秦汉时期我国已熟练地掌握了铬盐氧化处理技术,其发明时间应远比秦代早。

这项技术德国人在 1937 年才研制出来,用铬酸盐处理金属表面,生成一层薄薄的含铬化合物的保护膜。而美国人 1950 年才掌握了这一工艺,他们都以此申请专利,并在联合国备案而获得了专利号。

2. 古代的金属焊接工艺

焊接技术是随着金属的应用而出现的,古代的焊接方法主要是铸焊、钎焊和锻焊。中国商代制造的铁刃铜钺,就是铁与铜的铸焊件,其表面铜与铁的熔合线蜿蜒曲折,结合良好。春秋战国时期曾侯乙墓中的建鼓铜座上有许多盘龙(图1-6),是分段钎焊连接而成的。经分析,所用的材料与现代软钎材料成分相近。

战国时期制造的刀剑(图1-7),刀刃为钢,刀背为熟铁,一般是经过加热锻焊而成。明代宋应星所著《天工开物》一书记载:中国古代将铜和铁一起入炉加热,经锻打制造刀、斧;用黄泥或筛细的陈久壁土撒在接口上,分段锻焊大型船锚。中世纪,在叙利亚大马士革也曾用锻焊制造兵器。

图1-6 曾侯乙墓出土的建鼓铜座

3. 最早的失蜡浇铸制作工艺

我国的艺术铸造历史,源远流长。数千年来,中国古代创造了陶范铸造、分铸、铸焊、钎焊、失蜡铸造等多种金属铸造成形工艺,由此产生了蕴含丰富的中

图 1-7 青铜铍、矛、殳

国文化内涵的艺术铸件。特别是商周时期发明的"失蜡浇铸法",可以制造极其精密的铸件,还可以铸造极其复杂的工艺品,如代表了中国古代工艺最高水平的战国时期的曾侯乙墓青铜盘尊、汉代错金工艺、明代宣德炉、清代宫廷造佛像等。

在西方,直到 20 世纪初,德国才用这项中国绝技铸造精密齿轮。第二次世界大战期间,美国飞虎队的机械师在云南省保山市见到了中国人用"失蜡浇铸法"铸造的传统文物后,深受启发,便将此法用到了铸造要求极高、不易加工的喷气发动机叶片和涡轮盘的制造上,获得了极大的成功。值得一提的是,20 世纪 70 年代,首饰行业引进了现代失蜡铸造工艺,从而改变了首饰业单靠锉、焊、拗、锯、捏五大工艺的落后局面,由此,首饰款式极大丰富,风格千变万化。

4. 煜煜生辉的传统金属工艺

古人痴迷于金属所展现出的光辉,不断研究新的加工技术,力求使金属的装饰性更丰富多彩。历朝历代,金属工艺不断推陈出新,在工艺美术史上留下了浓墨重彩的一笔。

商代已出现一直延续至今的锤揲工艺;使用錾刀制作,在平面金属上雕刻立体花纹的錾刻工艺;将细如粟米的小金粒和金丝焊在器物之上组成纹饰的金粒焊缀工艺;把黄金制成金泥,涂抹于器皿表面,使之具有黄金外衣的鎏金工艺;将金、银等贵金属加工成细丝,以堆垒、掐丝、编织等技艺,在金银丝上錾出花纹,再镶嵌上珠宝玉石的花丝镶嵌工艺(图 1-8);把金银箔片做成的纹样粘贴到胎体上,髹上漆进行打磨,直到金银箔纹样与漆面齐平的金银平脱工艺;将亮丽的翠鸟羽毛巧妙地粘贴在金银制成的金属底托上,形成吉祥精美的图案,再镶嵌珍珠、翡翠、红珊瑚、玛瑙等宝玉石的点翠工艺;用工具在铸造好的青铜器上刻出各种带有浅槽的花纹或文字,在浅槽中用金银丝或金箔镶嵌,再将所装饰的器物表面打磨光滑的嵌错工艺;将陶瓷与金属的优点完美结合的珐琅工艺;等等。

技艺精湛、风格独特、品种繁多、历史悠久的中国金属工艺,是中华民族在金属艺术上的伟大成就,是古人研究金属、使用金属的璀璨瑰宝,在中国金属艺术的历史上煜煜生辉。

二、贵金属的现代发展

中国古人对贵金属很着迷,他们迷恋于发现金属所能创造出不同性质的物体,以及它们所带来的装饰效果。但是,中国古代金属艺术的成就及其在科学技术上的地位,并未被世界甚至大部分中国人所充分了解。在近代中国,很多金属艺术品

图1-8　明代镶嵌宝石花蝶形金饰件

遭到了极其严重的破坏,许多优秀的金属工艺也濒临失传的危险。

中国的贵金属艺术历史悠久、品种繁多、技艺精湛、风格独特,是中华民族璀璨的瑰宝,亦是中国优秀文化传统的结晶。金属艺术在自古至今的岁月变迁中,一直在半消亡半沿袭状态下发展。很多金属工艺,在历史上的某一段时期内曾经焕发出璀璨的光芒,留下了大量精美的艺术品。但随着时代的变迁和人们审美观的变化,这些工艺逐渐淡出了人们的视线。

中国金属工艺发展的历史高峰是唐朝,金、银被大量地使用,《唐六典》中记载,唐代金加工方法有14种之多,即销金、拍金、镀金、织金、砑金、拍金、泥金、缕金、捻金、戗金、圈金和贴金等,唐代利用这些加工技术生产了许多巧夺天工的首饰品(图1-9)。唐代之后,宋、元、明、清各朝金属工艺都有各自的发展和特色,但多受综合国力的影响,特别是宋朝、清朝末期国力微弱,大量金、银用于对外赔款,直接影响到金属艺术的发展,贵金属加工、珠宝首饰等基本上只能为皇族服务。

由于种种原因,时代的进步和社会的发展并没有完全体现在现代金属艺术上,很多作品还停留在传统功能上,比如器皿、摆件,它们的实用功能并没有与时

图1-9　唐代金背瑞兽花枝镜

俱进地发展起来,没有和当时社会需求相结合,这也大大阻碍了金属艺术的现代发展。

传统金属工艺在中国几近流失,这是令人非常痛惜的事情。特别是那些带有体温的纯手工金属工艺,留存的已寥寥无几,很多工艺都是通过现代工业手段完成的。近年来,随着对非物质文化遗产的重视与保护,越来越多的金属艺术引起广泛关注,许多古老文化的象征、文明的符号又重新被人们所认识并逐渐熟知。那些费时费力的传统金属工艺,在艺术院校或高校的金属工作室里得以生存。但是,国内有首饰教学的院校本来就少之又少,研究首饰用贵金属材料的人员就更少了。在这种情况下,继承和发扬传统的金属艺术,就成为当代金属艺术发展的重要课题。其实,很多传统的金属工艺,如锤揲(图1-10)、鎏金、焊接、雕镂等技法在现代仍然被广泛使用,这些技艺在当代的金属艺术创作中仍然扮演着重要的角色,只是使用形式有些微变化。

随着时代的进步和技术的发展,新技术对金属工艺产生了巨大的影响,以前无法实现的工艺效果如今都能付诸实现。如利用空气等离子切割技术可以做出金属薄板的镂空花纹效果,现代金属焊接和研磨技术有了很大的进步,创新了腐蚀填漆工艺、钛阴极氧化着色及负氧离子电镀等新工艺,为金属工艺造型提供了更丰富的表现形式。

新技术带动了传统金属工艺的变革,出现了许多新作品,使原来费时费工的手工工艺一下子变得容易起来。新花纹、批量化生产、更多色彩、更多造型，使金属工艺有了更多商机。商机本身带动了工艺水平的进步，增加了工艺本身的变化，但同时也造成了一些负面影响，如唯利是图、不再精益求精、粗制滥造、作品平平无奇，这给我们带来了一个严峻的问题：怎样在发展传统金属艺术的同时，能保证金属艺术本身的价值。

金属艺术发展至今，在内涵上已经拓宽了很大的空间，在继承传统的基础上，又有了新的诠释和表达。受到现代设计理念和各种设计思潮的影响，艺术家在注重个体经验和个人风格的同时，开始注重材质的自身美感，摒弃了传统艺术的功利观念，赋予材质更多的精神内涵，扩展了金属质感的表现力和感染力。我们可以看到，金属被越来越多的艺术家和设计师创作、设计，他们喜欢在金属上进行艺术创作。

图1-10　南北朝牛头鹿角形金步摇（锤揲工艺）

在西方国家，高速发展的科技并没有使金属艺术消亡。在西方的许多美术学院里都设有金工艺术课程，金工艺术课程是和首饰作为同一个专业研究的。同样，国内也有一些这样的院校，例如清华大学、中国地质大学、中央美院等。美术院校在大量培养金属艺术的沿袭者，清华大学美术学院有金属艺术和首饰艺术这两个有特色的专业方向，他们的作品从不同程度上体现出中国传统文化的内涵。上海大学美术学院的郭新老师和她的双城手工艺工作室（Two Cities），用金属做"艺术首饰"，以"艺术首饰"作为艺术创作的形式（图1-11）。她教导学生创造有设计感的艺术首饰，注重首饰艺术和文化的表现。她认为"艺术首饰"可以由多种不同材料表现，不受限制，而金属正是"艺术首饰"中最常见和经常使用的一种材料。

现代科技引领金属工艺的发展，成为"加工型"的金属工艺，以后还需要我们通过大脑和加工实践，与"创意型"金属工艺结合，相互牵引，相互影响，创造出手工加工工艺和机器化生产都没有创造出的作品。同时，我们应在研究现有金属工艺的基础上，将金属艺术发扬光大，再设计、再创造，使金属工艺花样百出，为当今的首饰产业、人文艺术、大众审美或艺术家的创造提供材料与技术的服务。

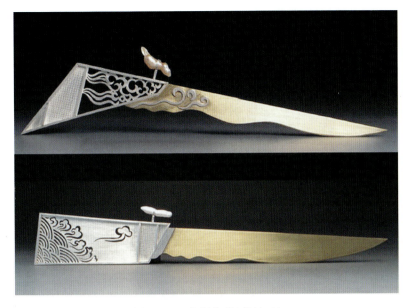

图 1-11　郭新作品《慕兰刀》

第三节　金属工艺的历史蜕变

纵观古今,但凡有新的艺术样式出现,就有新的科学发现。往往又由于科学的进步或发现,而带动一种新艺术的表现或是艺术新的样式的开拓,贵金属就是其中一个很好的佐证。

从金属首饰的出现开始,金属工艺就成为一门学科,在历朝历代中不断延伸、发展。大多数金属工艺在很长的历史时期内绽放了独特的魅力。就如一粒种子,在秦代播下种子,经过几十年、几百年的探索发展,在唐代开出最诱人的花朵。比如春秋时期出现的鎏金工艺,经过秦汉时期的发展改进,在唐代成为艺术的集大成者,留下了无数名垂千古的作品(图 1-12)。

我国金属工艺历史久远,并随着社会的发展不断变换、更替,与时俱进,与当时的社会融合发展,从而保持了经久不衰的生命力。在商代,饰品的制作工艺极其简单,表面基本没有任何花纹。秦汉时期,金属工艺得到了进一步的发展,其品种、数量和质量都有所提高,工艺也趋于成熟,基本上已脱离了青铜工艺的模式,走上了独立发展的道路。

从表 1-1 中,可以一目了然地看到历朝历代熟练使用的金属工艺形式和特点。

图1-12 唐代菱花鸟纹铜镜

表1-1 历代使用较多的金属工艺一览表

历史时期	时间	金属工艺类型	代表作	作品特点
夏商周时期	约公元前21世纪—公元前256年	锤揲工艺、熔铸工艺、金银平脱工艺	金箔、金叶、金片饰物	小巧简约,造型独特
春秋战国时期	公元前770—公元前221年	镶嵌工艺、嵌错工艺、鎏金工艺、錾刻工艺		风格迥异,清新活泼
秦汉时期	公元前221—公元220年	鎏金工艺、焊接工艺、焊缀金珠、嵌错工艺	金当卢、金带钩	精巧玲珑,富丽多姿
魏晋南北朝时期	公元220—公元581年	鎏金工艺、镶嵌工艺、嵌错工艺	鹿头、马角、金冠饰品	超然脱俗,异域风采
隋唐时期	公元581—公元907年	锤揲工艺、錾刻工艺、金银平脱工艺	金纸箔花形簪、钗等饰品	绚丽多彩,自由写实
宋辽金元时期	公元960—公元1368年	錾刻工艺、镂雕工艺、焊接工艺	辽代鎏金凤冠	玲珑精细,清丽典雅
明清时期	公元1368—公元1911年	花丝工艺、镶嵌工艺、点翠工艺、珐琅工艺	龙凤饰品	精美细致,华丽繁缛
民国以后	公元1912年至今	镶嵌工艺、錾刻工艺、熔铸工艺		

一、夏商周时期

中国出土最早的黄金制品是甘肃玉门火烧沟夏代墓葬出土的金耳环。根据利用晚于发现的一般规律,可以认定我国古代黄金的发现利用可上溯到 5 000 年前的新石器时代。

夏商周时期的饰品,形制工艺比较简单,器形小巧,纹饰少见,大多为装饰品。如金箔、金叶和金片,主要用于器物装饰。商朝人,以锤击法,在金片或银片上锤击出所要的图案,再把金片或银片附在铜器、木器或漆器上。这个时期所发现的金器中,最令人瞩目的是四川广汉三星堆早期蜀文化遗址出土的一批金器,独特的金面罩(图 1-13)、金杖和金饰件,是夏商周时期的代表。金银器早期的发展情况,也反映出中国早期文明发展的多元性和不平衡性。这是由中国复杂的自然条件所决定的。

图 1-13 四川广汉三星堆遗址出土的金面罩

二、春秋战国时期

春秋战国时期,饰品风格独特,发展出包金和宝石镶嵌,但仍有少许青铜工艺的痕迹。大量嵌错金银饰品(图 1-14)的出现,几乎成为这个时期工艺水平高度发展的一个标志。春秋战国时期最为重要的发现,当属湖北随县曾侯乙墓出土的一批青铜器。

图1-14 战国时期错金嵌绿松石带钩

三、秦汉时期

秦代传世的作品很少,但也发现了带有花纹的鎏金银器,如在山东淄博窝托村西汉齐王刘襄陪葬器物中,发现了一件秦始皇三十三年造的鎏金刻花银盘。这种在银器花纹处鎏金的做法,唐代以后十分盛行,金花银盘亦为唐代金银器中很有特色的主要品种。根据对金银配件的研究已能证明,秦代的金银器制作已综合使用了铸造、焊接、掐丝、嵌铸法、磋磨、抛光、多种机械连接以及胶粘等工艺技术,而且达到了很高的水平,这些与唐代盛行的金银器做法相同,例如金当卢、金带钩等。

汉代是朝气蓬勃的大一统封建帝国,国力十分强盛。这时的包金、镶嵌、鎏金、错金技术应用更加广泛,加工更加精良。汉代盛行鎏金,鎏金银器较多,并将金、银制成金箔或泥屑,用于漆器和丝织物上,以增强富丽感。汉代的饰品,无论是数量,还是品种,抑或工艺,都远远超过了先秦时代。河北满城西汉中山靖王刘胜墓出土了大批鎏金、错金物品,造型优美,做工精良,出土时还闪着夺目的金光。还出现了多种材料的组合,如刘胜墓的金缕玉衣(图1-15)、金缕玉面罩,步摇冠就是用金、玉石、铜组合工艺加工而成的。汉代还出现了焊接技术,如已有金与不同材质的铆接工艺,但为数不多,并且加工粗糙。汉代金属工艺逐渐发展成熟,脱离了青铜工艺的传统技术,走向独立发展的道路。

图1-15　金缕玉衣

汉代金属工艺的成熟使金、银的形制、纹饰以及色彩更加精巧玲珑,富丽多姿,并为以后金银器的繁荣发展奠定了基础。

四、魏晋南北朝时期

魏晋南北朝时期,金属工艺制作技术更加娴熟,造型、图案不断创新。金属艺术的社会功能进一步扩大,较为常见的金属艺术品仍为饰品,多表现了民族间相互影响和融合的迹象,例如"范阳公章"龟纽金印、金冠饰、人物纹山形金饰、镂空山形金饰片等,这些金银器既有汉族传统文化的特色,又有北方游牧民族的风格特点。随着佛教的传播,这个时期的金属艺术品都打上了明显的佛教烙印。

五、隋唐时期

隋唐时期,随着国家的统一和社会的相对稳定,金属艺术获得了长足的进步和巨大的发展,特别是金银器皿等贵重的生活用具,在隋唐时期有着重大发展。隋朝是一个短暂而繁荣的时代,金属工艺发展成熟,但传世作品较少。1957年出土的隋代李静训墓的金丝项链和头饰,精巧华丽,标志着此时金丝工艺已成熟。唐朝出现了金属艺术发展的历史高峰，其金银饰品也代表了金属工艺的最高水平。唐代金属工艺技术极其复杂、精细，广泛使用了锤击、浇铸、焊接、切削、抛光、铆、镀、錾刻、镂空等工艺，镂雕工艺在隋朝的基础上进一步精进。有的器物留有明显的切削加工痕迹，螺纹清晰，可以看出起刀点和落刀点。饰品具有强烈的时代特点和风格，纹样丰富多彩，气势博大（图1-16），可以从中感受到唐代生活的五彩缤纷，文化艺术的欣欣向荣。唐代出现的金银平脱技术是这个时期黄金加工技术的一大发展，还出现了一种黄金新产品"金花纸"。

图1-16　唐代鎏金铜龙

唐代的黄金加工技术进一步发展，更加丰富多彩。《唐六典》中记载的14种技术，包括：①销金，融化散碎黄金；②披金，分离黄金；③镀金，在金属表面着金；④砑金，以金饰器物；⑤泥金，以金粉与胶混合呈金色颜料；⑥镂金，把金做成丝；⑦捻金，将金丝捻成金线；⑧戗金，在器物上雕刻后，嵌填黄金；⑨圈金，将金材弯曲成圆形；⑩贴金，将金箔贴在器物上；⑪嵌金，在器物上嵌金饰；⑫错金，将金饰嵌在器物上，用磨石打平；⑬裹金，在器物上包扎金丝或金箔；⑭鎏金，同镀金相似。

六、宋辽金元时期

宋代金属艺术在唐代的基础上不断创新，作品造型玲珑奇巧、新颖雅致、多姿多彩，形成了具有鲜明时代特色的崭新风格。宋代金属艺术虽不及唐代金银器那样丰满富丽，却以典雅秀美、轻薄精巧而别具一格。从金属制作工艺来看，自秦以来流行的掐丝镶嵌、焊缀金珠的技法几乎消失。较多运用锤揲、錾刻、镂雕、铸造、焊接等技法，镂雕工艺在唐代的基础上进一步精进（图1-17）。最有特色的是，宋代金银器采用了立雕装饰和浮雕型凸花工艺。

辽代的金属艺术，既受到了波斯萨珊王朝的影响，又继承了唐代的传统，并根据本民族的生活习性创造了富有特征的金属作品。如鸡心壶、八角铜镜及鎏

图 1-17 云纹金束发冠、金簪（镂雕工艺）

金凤冠等。金代的金属作品出土甚少。

元代的金属艺术在宋代的基础上，形制、品种有了进一步的发展。在造型纹饰上，元代金属艺术仍讲究造型，素面者较多，纹饰大多比较简练，或只于局部点缀装饰。某些作品形成了纹饰华丽繁复的时代风格，这种变化对明代以后金属艺术风格的转变，有着重要的影响。与宋代、明代相比，迄今为止见到的元代金银器为数不多。

七、明清时期

明、清两代是中国封建社会的后期，文化发展的总势趋于保守。其金属艺术制作一改唐宋时期的风格，越来越趋于华丽、浓艳，宫廷气息愈来愈浓厚。

明代饰品中龙凤形象或图案占有极为重要的位置，这一变化到了清代，表现更加明显。明代金属艺术作品的制作中，首先注重了样式设计，即注重样式的新颖性。在作品制作中大量采用镂空技术，使用少量的材料却能够表现出大的体积，不使镂空后的金属艺术品有空虚之感，作品精致、醒目，具有欣赏性。与宋元时期相比，明代金属艺术中素面者少见，大多纹饰结构趋向繁密，花纹组织通常布满器物周身，除细线錾刻外，亦有不少浮雕型装饰。明代金属工艺的特点是与宝石镶嵌结合，普遍地运用了锤揲、錾花、累丝、镶嵌等工艺。代表作有十三陵定陵出土的金冠和江西明益王墓出土的各种金银器物等。

清代金属艺术既保持了传统风格，又受到了其他艺术、宗教及外来文化的影响。正是在这种多元的文化背景下,清代金属工艺获得了空前的发展,从而展现出前所未有的洋洋大观和多姿多彩。可以说,清代的金属工艺,不仅继承了中国传统工艺技法,而且有了新的发展,并为今天金属工艺的发展创新奠定了雄厚的基础。

　　清代金属艺术品的特点可以用"精""细"二字概括,在造型、纹饰、色彩调配上,均达到了炉火纯青的程度。清代的金属工艺很发达,金、银与珐琅、珠玉、宝石等结合(图1-18),相映成辉,更增添了器物的高贵与华美。北京故宫博物院收藏了大量清代皇帝和后妃御用的金器。这些金器的工艺制作采用了铸造、锤揲、炸珠、錾刻、焊接、镂镂、掐丝、累丝、镶嵌、点翠等多种技术,并综合了起突、隐起、阴线、阳线、镂空等各种手法,还有许多金银器镶嵌着贵重的宝石、美玉、翡翠、碧玺等。

图1-18　金嵌珠宝金瓯永固杯

八、民国以后

　　鸦片战争以后,中国基本处于内忧外患的动乱时期,金属艺术基本处于半停滞的状态。新中国成立后,百废待兴,金属艺术还未获得新生,却又遭遇了十年浩劫，多种金属工艺或失传、或没落，令人心痛。直到 20 世纪 80 年代末期，各种金属工艺亟待复兴，经过几十年的努力，部分传统金属工艺逐渐回到人们的视线。

　　纵观金属艺术的发展，可以看到，每个时代都有独特的艺术风格，这种风格既是那个时代审美意识的体现，又能反映出那个时代的精神风貌。从历史长河的发展来看，金属艺术的发展有很大的历史传承性，在不同历史时期延伸、发展、没落，同一时期中的金属艺术品也受到其他文化艺术领域的渗透和影响。中国金属艺术是在丰富多彩的文化土壤中萌发并发展起来的，它从各种艺术领域汲取营养，形成了独特的艺术风格，成为中国文化中的一支奇葩。

第二章 贵金属及首饰概述

第一节 贵金属

在人类文明发展史中,经历了一个由石器时代到金属时代的过渡。金属的使用时间较晚,原因除了金属在自然界较少外,还因金属在自然界都与其他元素结合成化合物,且不易辨认与提取。最初,人们通过发现陨石、小块黄金或含有铜矿的石头在燃烧后的灰烬中留下的金属铜,才认识了金属。在使用过程中,人们发现金属不同于岩石,当磨光时,它有吸引人的光泽。它可打成薄片和拉成丝,还可以熔化,灌入模子中成型,此时,金属时代已经到来。

金属时代的到来为人类文明带来了新的曙光,人们发现了7种至今仍然广泛应用着的金属,分别是金、银、铜、铁、锡、铅、汞。

一、金属概述

人类最早较大量得到的一种金属是铜,这种金属在公元前4000年就已被使用了。铜本身制成的武器或铠甲太软,但人们发现它与少量砷或锑形成的合金却比纯金属还硬。在铜矿样品中,还发现含有锡。铜-锡合金(青铜)(图2-1)做武器是足够硬的。大约公元前3000年,在埃及和西亚,以及公元前2000年的东南欧,人们很快就学会有意地往铜里加锡。于是,青铜时代取代了石器时代。之后,黄金时代、铁器时代随之而来,人类与各种金属的关系越来越密切了。

什么样的材料是金属呢?金属是一种具有光泽,富有延展性,有良好的导电性、导热性与机械性能的物质。在自然界中,金属绝大多数以化合态存在,少数金属例如金、铂、银、铋以游离态存在。金属矿物多数是氧化物及硫化物。其他存在形式有氯化物、硫酸盐、碳酸盐及硅酸盐。

金属的种类繁多,通常人们把已经发现的86种金属分为黑色金属和有色金属两大类。

1. 黑色金属

黑色金属包括铁、锰、铬3种金属及它们的合金。

图 2-1　西汉错金银云纹青铜犀尊

2. 有色金属

除铁、锰和铬 3 种黑色金属以外的 83 种金属都是有色金属。

有色金属的分类,大致按其密度、价格、在地壳中的储量及分布情况、被人们发现和使用的早晚分为五大类:轻有色金属、重有色金属、贵金属、稀有金属、半金属。

1) 轻有色金属

轻有色金属一般指相对密度在 4.5 以下的有色金属,包括铝(Al)、镁(Mg)、钠(Na)、钾(K)、钙(Ca)、锶(Sr)和钡(Ba)。这类金属的共同特点是:相对密度在 0.53~4.5 之间,化学活性大,与氧、硫、碳和卤素的化合物都相当稳定。

轻金属铝在自然界中占地壳质量的 8%(铁为 5%)。随着近代炼铝技术的发展及铝在国民经济各个部门的广泛应用,目前铝已成为有色金属中生产量最大的金属。

2) 重有色金属

重有色金属一般指相对密度在 4.5 以上的有色金属,其中有铜(Cu)、镍(Ni)、铅(Pb)、锌(Zn)、钴(Co)、锡(Sn)、锑(Sb)、汞(Hg)、镉(Cd)和铋(Bi)。

每种重有色金属根据其特性,在国民经济各部门中都具有其特殊的应用范围和用途。例如:铜是军工及电气设备的基本材料;铅在化工方面,如制造耐酸管道、蓄电池等有着广泛的应用;镀锌的钢材广泛应用于工业和生活方面;而镍、钴则是制造高温合金及不锈钢的合金元素。

3)贵金属

贵金属包括金(Au)、银(Ag)和铂族元素[铂(Pt)、铱(Ir)、锇(Os)、钌(Ru)、钯(Pd)、铑(Rh)]。由于它们对氧和其他试剂的稳定性,而且在地壳中含量少,开采和提取比较困难,故价格比一般金属贵,因而得名贵金属(图2-2)。

图2-2 18K金、白银手镯

它们的特点是密度大,其中铂、铱、锇是金属元素中最重的几种金属,熔点高(916~3 000℃),化学性质稳定,能抵抗酸、碱,难以腐蚀(银、钯除外),且大多具有良好的导电性和导热性。金和银具有高度的可锻性和可塑性,钯和铂也有良好的可塑性,其他均为脆性金属。

4)稀有金属

稀有金属通常是指在自然界中含量很少,分布稀散或难以从原料中提取的金属。

稀有金属的制取较为繁杂,一般不能从矿石中直接冶炼成金属,需要经过制取化合物的中间阶段。即有些制成金属以后,还需经过处理成超纯金属,才能满足工业上的要求。稀有金属常用于黑色金属和有色金属工业以制取特种钢、超硬合金和耐高温合金等,在原子能工业、化学工业、电气工业、电子管、半导体、超音速飞机、火箭技术方面都占有重要的地位,因而把稀有金属的应用看作是科学技术迅速发展的因素之一。稀有金属的名称也具有一定的相对性,稀有金属并不全都稀少,许多稀有金属在地壳中的含量比常用金属大得多,如锆、钒、锂、铍的含量比铅、锌、汞、锡的含量均大。

稀有金属可划分为:稀有轻金属、稀有高熔点金属、稀有分散金属、稀土金属、稀有放射性金属。

(1)稀有轻金属。稀有轻金属包括5种金属:锂(Li)、铍(Be)、铷(Rb)、铯(Cs)和钛(Ti)。它们的共同特点是密度小,化学活性强;矿物化学稳定性高,还原难度大,常用熔盐电解法生产。

(2)稀有高熔点金属。稀有高熔点金属包括8种金属:钨(W)、钼(Mo)、钽(Ta)、铌(Nb)、锆(Zr)、铪(Hf)、钒(V)和铼(Re)。它们的共同点是熔点高,自1 830℃(锆)至3 400℃(钨);硬度大,抗腐蚀性强,可与非金属生成硬度和熔点高的化合物,是生产硬质合金的重要材料。

(3)稀有分散金属。稀有分散金属也叫作"稀散金属",包括4种金属:镓(Ga)、铟(In)、锗(Ge)、铊(Tl)。除铊以外都是半导体材料。大多数稀散金属在自然界中没有单独矿物存在,个别即使有单独矿物,产量也极少,一般是从各种冶金工厂或化工厂的废料中提取。

(4)稀土金属。因最初发现时是外观似碱土的稀土氧化物,故取名为"稀土",并沿用至今。这些金属的原子结构相同,物理、化学性质近似。在矿石中多伴生在一起,在提取过程中,需经繁杂作业才能逐个分离出来。

稀土金属包括镧系元素以及和镧系元素性质很相近的钪与钇,共17种。又可将稀土金属划分为两大类,轻稀土和重稀土元素。

轻稀土元素:镧(La)、铈(Ce)、镨(Pr)、钕(Nd)、钷(Pm)、钐(Sm)和铕(Eu)共7种。

重稀土元素:钆(Gd)、铽(Tb)、镝(Dy)、钬(Ho)、铒(Er)、铥(Tm)、镱(Yb)、镥(Lu)、钪(Sc)和钇(Y)共10种。

(5)稀有放射性金属。稀有放射性金属有两大类,即天然放射性元素和人造超铀元素。

天然放射性元素在矿石中往往是共同存在的,它们常常与稀土金属矿伴生,这类金属在原子能工业方面起着极其重要的作用,包括钋(Po)、镭(Ra)、锕(Ac)、钍(Th)、镤(Pa)和铀(U)共7种。

人造超铀元素包括钫(Fr)、锝(Tc)、镎(Np)、钚(Pu)、镅(Am)、锔(Cm)、锫(Bk)、锎(Cf)、锿(Es)、镄(Fm)、钔(Md)、锘(No)和铹(Lr)共13种。

5)半金属

半金属包括硅(Si)、硒(Se)、碲(Te)、砷(As)和硼(B)。它们的物理、化学性质介于金属与非金属之间,如砷是非金属,但又能传热导电。此类金属根据各自

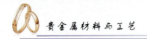

特性,具有不同的用途。硅是半导体主要材料之一,高纯碲、硒、砷是制造化合物半导体的原料,硼是合金的添加元素等。

3. 金属与非金属的区别

(1)从原子结构来看,金属元素的原子最外层电子数较少,一般小于4;而非金属元素的原子最外层电子数较多,一般大于4。

(2)从化学性质来看,在化学反应中金属元素的原子易失电子,表现出还原性,常作还原剂。非金属元素的原子在化学反应中易得电子,表现出氧化性,常作氧化剂。

(3)从物理性质来看,金属与非金属有较大的差别,主要是:①金属单质具有金属光泽,大多数金属为银白色,而非金属单质一般不具有金属光泽,颜色也多种多样;②金属除汞在常温时为液态外,其他金属单质常温时都呈固态,而非金属单质在常温时多为气态,也有的呈液态或固态;③金属的密度较大,熔点较高,而非金属的密度较小,熔点较低;④金属大都具有延展性,能够传热、导电,而非金属没有延展性,不能够传热、导电。

三、贵金属概述

贵金属是金属中的贵族,是指在地壳中储量少(产量少)、密度大、价格高的有色金属,主要指化学元素周期表上第四、第五周期,原子序数是44~47及76~79,包括金(Au)、银(Ag)、铂(Pt)、钯(Pd)、锇(Os)、铱(Ir)、钌(Ru)、铑(Rh)8种金属元素。由于贵金属具有良好的特性,因而又被人们称为"现代新金属"。从性质上讲,金、银和铜有不少相似性,同属于周期表中的同一副族。钌、铑、钯、锇、铱、铂6个元素相互间也有许多相似性质,同属于周期表中的第八族,故称这6个元素为"铂族元素"或"铂族金属"。

在自然界中,贵金属常以化合物状态存在,少数金属有自然金属存在,它在地壳中的含量极少,而且分散。贵金属材料是珠宝首饰及工艺品的主要材料,通常为金、银、铂、钯4种贵金属及其合金。贵金属首饰是以贵金属材料为主,制作供人们佩戴的首饰,人们把贵金属饰品笼统称为"金银首饰"(图2-3)。

贵金属具有强度高、韧性好、耐腐蚀、抗氧化等特点,大多数贵金属拥有美丽的色泽,对化学药品的抵抗力相当大,在一般条件下不易引起化学反应。不同的贵金属还具有许多独特的性质,如银在所有金属中具有最好的导电性和导热性,对可见光的反射率最好,因此银具有银白色。金具有极好的抗氧化性和延展性,可以加工成半透明的金箔。铂具有优良的热电稳定性、高温抗氧化性和抗腐蚀性。所以,贵金属一直是首饰制造业中首选的材料,而且还有广泛的工业用途。

图 2-3　清代龙戏珠纹手镯

贵金属材料的特点有：①在自然界中含量稀少，采矿、选矿、冶炼技术复杂，成本高，价格昂贵；②化学性能稳定，不溶于强酸和强碱，不易被氧化，能较长时间地保持性能，具有优异的物理性能及独特的催化活性；③色泽艳丽，光彩夺目；④具有良好的加工性能。

贵金属适用以下条件。①美丽：有光泽，色彩瑰丽。②耐久：易加工，延展性好，有适当的硬度；化学性质稳定，能够抗酸、碱等活泼介质的侵入。③稀少：有价值。

第二节　贵金属的性质

贵金属的性质，即为贵金属的禀性、本质、属性，也可以说是贵金属的个性特征。根据贵金属在人类生活中的参与情况，贵金属的性质可分为使用性质和工艺性质。

贵金属的使用性质包括：物理性质（其中包括机械或力学性质）和化学性质。贵金属的工艺性质（加工性质）包括铸造性能、锻造性能、焊接性能、切削加工性能、弯曲性能、热处理性能等。

一、贵金属的物理性质

贵金属的物理性质是物质没有发生化学反应就表现出来的性质，主要包括光学性质、密度、导热性、导电性、熔点和沸点、吸气性、热膨胀性、磁性、比热容等。贵金属的主要原子组成和物理性质如表2-1所示。

表2-1 贵金属元素的基本物理性质

物理性质	钌(Ru)	铑(Rh)	钯(Pd)	银(Ag)	锇(Os)	铱(Ir)	铂(Pt)	金(Au)
原子序数	44	45	46	47	76	77	78	79
原子量	101.07	102.9	106.4	107.9	190.2	192.2	195.1	196.9
晶体结构	六方晶胞	立方面心	立方面心	立方面心	六方晶胞	立方面心	立方面心	立方面心
原子半径(nm)	1.25	1.25	1.28	1.34	1.26	1.27	1.3	0.134
原子体积(cm^3/mol)	8.3	8.5	8.9	10.27	8.5	8.49	9.10	10.2
颜色	蓝白色	银白色	钢白色	银白色	蓝灰色	白色	亮白色	金黄色
摩氏硬度	6.5	4~4.5	5	2.7	7	6.5	4~4.5	2.5
密度(g/cm^3)	12.3	12.41	12.16	10.49	22.59	22.56	21.45	19.32
熔点(℃)	2 334	1 955	1 554	961	3 045	2 410±40	1 773	1 064
沸点(℃)	4 150	3 727±100	2 970	2 213	5 020±100	4 130	3 827	2 808
比热容[J/(kg·K)]	0.231	0.247	0.24	0.234	0.129	0.129	0.131	0.128
电阻率(Ω·m)	6.8	4.33	9.93	$1.59×10^{-8}$	8.12	4.71	9.85	2.05
电阻温度系数	0.004 2	0.004 63	0.003 8	0.004 1	0.004 2	0.004 27	0.003 93	0.004

由表2-1可以看出,贵金属的密度、熔点和沸点,随Ru、Rh、Pd、Ag系列和Os、Ir、Pt、Au系列的顺序降低。其中铱是地球上最重的金属,是水重的22.65倍。

1. 光学性质

由于贵金属具有很强的耐腐蚀性能和抗氧化性能,经抛光的表面具有持久的光亮度,对可见光具有很高的反射率。光泽泛指物体表面上反射出来的亮光,光泽度主要取决于矿物本身的折光率。黄金独具美丽的金黄色,长期以来多用于首饰和工艺品。银白色的银也是人们喜欢的装饰材料。铂族金属为不同色调的白色。

贵金属对光线的反射率高,特别是铑对可见光有很高的反射率,且随波长变化较小,稳定性好,常用于探照灯的反射镜镀膜。加工后的致密金属表面对光都有很强的反射能力。

常用的首饰、工艺品表面电镀层是铑、钯、金、银等贵金属材料,银是所有金属材料中对可见光和红外线的反射率最高的。黄金对可见光谱中的橙黄色光有很高的反射性能,因此,黄金呈现金黄色。铂族金属对可见光的反射率都比较高,大多数铂族金属呈现白色,一般情况下贵金属中的钌呈蓝白色,铑呈银白色,钯呈钢白色,铱呈白色,铂呈亮白色。

2. 密度

密度是单位体积内物质的质量,以 g/cm^3 为单位。铂族金属按密度分为轻铂族(钌、铑、钯)和重铂族(锇、铱、铂)。银的密度接近轻铂族,金的密度接近重铂族。

3. 导热性

金属传导热量的性能叫导热性,它反映了金属在加热和冷却时的导热能力。在贵金属中银的导热性最好。

4. 导电性

导电性是金属传导电流的性能,贵金属是良好的导电体。衡量金属导电性能的指标是导电率(又叫导电系数)和电阻率(又叫电阻系数),导电率与电阻率互成反比,导电率越大,电阻越小。纯铂的电阻率随温度升高而升高,主要用于铂电阻温度计。铂族金属及其合金组成的热电偶,其热电势随温度的变化而变化,此特性已成功用于从低温到高温的系列温度测量。由于铂及铂铑合金丝的导电性、稳定的电阻温度系数和高熔点,使其成为高温温度准确测量的重要材料及温度校正的基准。

5. 熔点与沸点

熔点是金属材料在一定的温度压力条件下,由固态转为液态的临界温度。沸点是金属材料沸腾时的温度。贵金属的熔点和沸点都比较高,在元素周期表的各周期中,遵循着随原子序数增加而降低的规律。银的熔点最低(961℃),锇的熔点最高(3 045℃)。贵金属熔点从低至高的变化顺序为:银、金、钯、铂、铑、钌、铱、锇。

贵金属升华被蒸发的温度普遍较高，蒸气压较低，一般情况下不易挥发，但是在有氧的条件下加热贵金属，易形成氧化物而挥发，锇、钌在氧气存在下加热，易氧化为四氧化物而挥发。铂在1 000℃条件下，铑、铱在2 000℃条件下形成挥发性氧化物。金是唯一在高温下不易氧化的贵金属。

6. 吸气性

多数贵金属具有吸附气体的特性，特别是吸附氢气。不同贵金属元素吸附气体的数量不同，铂族金属都有很强的吸气性，铂、铑吸附氢气的数量与其分散度有关，铂黑能吸附相当于自身502倍体积的氢气，而海绵铂仅能吸附相当于自身49.3倍体积的氢气，铑黑由于制作方法不同，吸附量变化较大，钯可吸附相当于自身体积900倍的氢。锇、钌吸附少量的氢气生成相应的化合物。最特殊的是钯，能吸附相当于自身体积的氢气并形成α和β两种固溶体，同时使钯的密度下降，导电性、磁化率及抗拉强度也相应降低，但在加热时又可释放出氢气。钯还有允许氢气透过的性质，已成为贮藏氢气和制备高纯氢气的材料。

7. 热膨胀性

金属因温度升高而产生体积膨胀的现象。通常在压强不变的情况下，大多数贵金属在温度升高时体积增大，温度降低时体积缩小。

8. 磁性

磁性是指金属被磁场磁化或吸引的性能。根据金属材料在磁场中受磁化的程度，可分成以下3种材料。

（1）铁磁性材料。导磁率特别大的金属材料在外加磁场中能强烈地被磁化，如铁、钴、镍、钆等。铁磁材料加热到某一温度就会失去磁性。

（2）顺磁性材料。导磁率大于1的金属材料称为"顺磁性材料"，它在外加磁场中只是微弱地被磁化，如锰、铬、钼、钒、镁、钙、铝、锇、锂、铱等。

（3）抗磁性材料。导磁率小于1的材料称为"抗磁材料"，它能抗拒或削弱外加磁场对材料本身的磁化作用，如铜、金、银、铅、锌、铋、汞、钛、铍等。

9. 比热容（比热）

比热容是指单位质量的金属，在温度升高时所吸收的热量，与该物质的质量和升高的温度乘积之比。

二、贵金属的化学性质

金属的化学性质是金属材料在室温或高温条件下抵抗各种化学作用的能力，例如空气、酸、碱等，抵抗活泼介质的能力。贵金属的电离电位较高，这就决定了它们在常温下是很稳定的,不易与酸、碱和很多活泼的非金属元素进行反应。

1. 氧化还原性质

贵金属元素的原子结构决定了它们可变的价态特性,因此,贵金属可被强氧化剂或还原剂氧化还原。

氧化反应是指金属或非金属与氧结合形成氧化物的反应,这类反应中另一种元素的氧化数总是升高。还原反应是指金属从其化合物中被提炼出来的反应,这类反应中金属的氧化数总是降低。在化学反应中,还原反应是氧化反应的逆过程,即是得到电子的过程,有一方会失去电子,另一方会得到电子。因此,还原反应经常和氧化反应合在一起,被称为"氧化还原反应"。

贵金属对氧的亲和力较小,具有较好的抗氧化性能,但大多数贵金属(铂、金除外)及其化合物在空气中灼烧时,可形成各种成分的氧化物。许多氧化物是不稳定的,或具有一定的挥发性。不同的贵金属其抗氧化的性能不同,贵金属元素与氧的亲和力顺序为:铂＜钯＜铑＜铱＜钌＜锇。

铂和金的氧亲和力最差,说明铂和金具有最好的抗氧化性能。

金属材料在高温条件下抗空气、水蒸气、炉气等氧化的能力,叫作"耐氧化性"。

2. 腐蚀性和耐腐蚀性

金属材料和周围环境发生化学反应及受到物理作用而引起的破坏,叫作"腐蚀"。锈蚀是贵金属材料的主要腐蚀形态,腐蚀会显著降低贵金属材料的强度、塑性、韧性等力学性能,破坏金属构件的几何形状,增加传动间磨损,缩短设备使用寿命等。

金属材料在腐蚀环境(如大气、水蒸气、有害气体、酸、碱、盐等)中抗腐蚀的能力,叫作"耐腐蚀性"。贵金属的耐腐蚀性与其化学成分、加工性质、热处理条件、组织状态和腐蚀环境及温度条件等许多因素有关。

3. 与无机酸和无机碱的反应

贵金属电离电位较高,决定了它们在常温下很稳定,不易与酸、碱等介质反应。铂族金属(钯除外)不溶于盐酸,也不溶于硝酸,铂、铱、钌不与硫酸反应,钯与硝酸反应生成硝酸钯,钯与硫酸反应生成硫酸钯。王水(体积比为3∶1的浓盐酸与浓硝酸混合液)是溶解铂和钯的最好试剂,但不能溶解铑、铱、钌。盐酸与双氧水的混合液可溶解铂、钯。铂族金属与酸的反应速度主要取决于它们的形态,呈颗粒状的,其粒度越小,反应越快;呈块状的,反应缓慢。铂族金属与其他较活泼的金属可生成金属间化合物或合金,由于这些外来杂质的催化作用使铂族金属较易溶解。为了将块状或大颗粒的铂族金属分成细微粒状,多用锌、锡、铅、铝等金属与其共熔,再用稀酸溶解除去共熔的活泼金属,即得到分散程度很好的铂族金属粉末,然后选用适当的溶剂进行溶解。

黄金与单一的盐酸、硝酸、硫酸不反应,但溶于王水和有氧化剂存在的盐酸中,常用的氧化剂有高锰酸钾、高氯酸钾、硝酸钾等。由于盐酸与氧化剂混合产生新生态氯,对贵金属有强烈的腐蚀作用。

银在常温条件下与硝酸反应生成硝酸银,与浓硫酸反应生成硫酸银,但与稀硫酸和盐酸不反应。

一般的碱溶液对贵金属没有腐蚀作用,但在氯气环境中,碱对贵金属有较强的腐蚀作用。贵金属与氯化钠混合经加热并通入氯气,可制成相应的氯化物。

在高温条件下,粉状贵金属与碱性氧化物反应生成相应的贵金属氧化物。常用的有 Na_2O_2 高温熔融法和 BaO_2 高温烧结法。熔融或烧结后的物料经水浸、酸化,可以将贵金属转化为可溶性盐溶液。这两种方法适用于难以用无机酸溶解的铑、铱、锇、钌,其缺点是引入杂质太多。

一般的碱溶液对贵金属没有腐蚀作用,当通入氯气时,对贵金属有较强的腐蚀作用。贵金属与 NaCl 混合经加热并通入氯气,可制成相应的氯化物,其中锇的反应速度最快;钌产生多种状态的氯化物;铂的氯化物在氯化温度超过 650℃ 条件下挥发;钯的氯化物若无 NaCl 存在则挥发;铑、铱生成 $Na_3(RhCl_6O)$、$Na_2(IrCl_6)$,用于铑、铱的标准溶液的制备。

此外,金溶于某些络合剂(如氰化物、硫氰酸盐、硫脲、硫代硫酸盐等),且生成相应的稳定络合物。

4. 络合物

络合物是指含有络离子的化合物,例如络盐 $[Ag(NH_3)_2]Cl$、络酸 $H_2(PtCl_6)$、络碱 $[Cu(NH_3)_4](OH)_2$ 等,也指不带电荷的络合分子,例如硫氰化铁 $[Fe(SCN)_3]$、三氯化三氨合钴 $[Co(NH_3)_3Cl_3]$ 等。

由于络合物的独特性质和广泛用途,现已形成配位化学这一门化学分支学科。它跟无机、分析化学、有机、物理化学密切相关,在生物化学、农业化学、药物化学及化学工程中都有广泛的用途。络合物广泛用作分析化学中的显色剂、指示剂、萃取剂、掩蔽剂等。络合物还常用作催化剂。叶绿素、血红素及 B_{12} 都是重要的络合物。

所有的贵金属都具有 d-电子层结构,尤其铂族金属,其 4d(或 5d)电子层往往未充满,给那些电子给予体准备了填充的空轨道,形成分子杂化轨道,故铂族金属常常生成稳定的络合物。铂族金属的络合物种类繁多、数量巨大,最常见的基团有-F、-Cl、-Br、-I、-OH、-CO_3^{2-}、-NH_3等。在贵金属的卤化物中，氯化物和氯络合物是一种重要的化合物。它是制备多数贵金属标准溶液的主要形态，是进行贵金属分析测试的主要物质。

三、贵金属的机械或力学性质

金属的机械或力学性质是指金属材料在不同环境（温度、介质、湿度）下，承受各种外加载荷（拉伸、压缩、弯曲、扭转、冲击、交变应力等）时所表现出的力学特征。其中包括刚度和弹性、强度、硬度、塑性、韧性等，它们是衡量贵金属材料性能极其重要的指标。

1. 刚度和弹性

金属材料抵抗弹性变形的能力，叫作"刚度"。金属材料在外力作用下发生变形，当去掉引起变形的外力后能恢复原来的形状、尺寸的能力，叫作"弹性"。

通常用弹性模数、弹性极限等指标衡量贵金属材料的刚度和弹性性能。当贵金属材料受外力作用发生弹性变形，而外力和变形成比例增长时的比例系数，叫作"弹性模数"。而材料能承受的、不产生永久变形的最大应力叫作"弹性极限"，它表示贵金属材料的最大弹性。

2. 强度

强度是指金属材料在外力作用下，对塑性变形和断裂的抵抗能力。强度是衡量贵金属本身承载能力的重要指标。它常用屈服点和抗拉强度来表示。屈服点是材料在外力作用下开始发生塑性变形时的应力值。

（1）弹性极限：产生弹性变形时承受的最大应力。

（2）屈服强度：产生屈服（一定的变形）时承受的最低能力。

（3）抗拉强度：产生断裂时承受的最大应力。

（4）疲劳强度：贵金属在无数次交变载荷作用下而不致引起断裂的最大应力。

3. 硬度

硬度是指金属材料抵抗硬物体刻画或压入其表面的能力及抵抗局部塑性变形的能力。硬度是衡量贵金属材料软硬程度的重要性能指标，它既可理解为是材料抵抗弹性变形、塑性变形或破坏的能力，也可表述为材料抵抗残余变形和反破坏的能力。硬度不是简单的物理概念，而是材料弹性、塑性、强度和韧性等力学性能的综合指标。硬度试验根据其测试方法的不同可分为静压法（如布氏硬度、洛氏硬度、维氏硬度等）、划痕法（如摩氏硬度）、回跳法（如肖氏硬度）及显微硬度、高温硬度等多种方法。

1822年，Friedrich Mohs 提出用10种矿物来衡量世界上最硬和最软材料，这是摩氏硬度计，他们按照材料的软硬程度分为10级，具体可见摩氏硬度表（表2-2）。①滑石；②石膏；③方解石；④萤石；⑤磷灰石；⑥正长石；⑦石英；⑧黄玉；⑨刚玉；⑩金刚石。

表2-2 摩氏硬度表

硬度	代表物	硬度	代表物
1	滑石	1.5	皮肤
2	石膏	2~3	冰块
2.5	指甲、琥珀、象牙	2.5~3	黄金、银、铝
3	方解石		
4	萤石	4~4.5	铂金
5	磷灰石	5.5	铁、不锈钢
6	正长石、玻璃	6~7	牙齿（齿冠外层）
6~6.5	软玉—新疆和田玉	6.5	黄铁矿
6.5~7	硬玉—翡翠		
7	石英	7.5	电气石、锆石
7~8	石榴石		
8	黄玉	8.5	金绿柱石
9	刚玉、铬、钨钢	9.25	莫桑宝石
10	钻石		

各级之间硬度的差异不是均等的，等级之间只表示硬度的相对大小。贵金属中金、银、铂、钯的弹性模量和变形抗力值较低，故易于加工，而铱、铑、锇的弹性模量和变形抗力值很高，难以加工。贵金属中添加合金元素，将提高贵金属的硬度，降低延展性，如银中掺入镁会提高硬度，金的常用合金元素银、铜、钯、铂等不同程度地提高了金合金的硬度，铂中添加钯、铑、铱、钌对其硬度的提高将依次增加。

4. 塑性

塑性也称"延展性"，是金属材料在外力作用下，产生永久变形但不被破坏的能力。金、银、铂、钯有很好的延展性，锇、钌、铑性硬且脆，铱只有在加热条件下才能进行机械加工。通常,贵金属及其合金都经机械加工成各种规格的丝、片、管、板和异形材料,以及各种元器件。金、银具有最好的加工性能,1g金可拉成3km长的细丝,铂、钯的加工性能在铂族金属中最好,纯铂可以冷轧为厚0.002 5mm的铂箔,锻打为厚 0.000 127mm 的铂箔,可以拉制为直径仅0.001mm 的细丝。

5. 韧性

金属材料抵抗冲力作用的能力叫作"韧性"。韧性越好,贵金属发生脆性断裂的可能性越小,通常以冲击强度的大小、晶状断面率来衡量。韧性的材料比较柔软,它的拉伸断裂伸长率、抗冲击强度较大,硬度、拉伸强度和拉伸弹性模量相对较小。而刚性材料的硬度、拉伸强度较大,则断裂伸长率和冲击强度就可能低一些,拉伸弹性模量也就较大。弯曲强度反应材料的刚性大小,弯曲强度大则材料的刚性大,反之则韧性大。

断裂韧性也是材料抵抗脆性破坏的韧性参数,它和裂纹本身的大小、形状及外加应力大小无关,是材料固有的特性,只与材料本身、热处理及加工工艺有关。

冲击韧性是金属材料在冲击载荷作用下抵抗变形的能力,冲击韧度指标的实际意义在于揭示材料的变脆倾向。

四、贵金属的工艺性质(加工性能)

1. 铸造性

金属浇铸成铸件时反映出来的难易程度,叫作"铸造性"或"可铸性"。贵金属铸造性能包括流动性、收缩性、偏析性等。

2. 锻造性

锻造性指金属材料承受热压力加工时的成形能力。即在压力加工时,金属材料改变形状的难易程度和不产生裂纹的性能,叫作"可锻性"。贵金属材料的可锻性与温度的关系很大。

3. 焊接性

可焊性又叫"焊接性",是把两块金属局部加热并使其接缝部分迅速呈熔化或半熔化状态,从而使之牢固地连接起来,而不发生裂纹的性能。

4. 切削加工性

切削加工性又叫"机械加工性"或"可切削性",是指被工具切削加工成符合要求工件的难易程度。切削加工性能与贵金属材料的化学成分、硬度、韧性、导热性、金相组织、加工硬化程度、切削刀具的几何形状、耐磨程度、切削速度等因

素都有关系。

(1)顶锻性:顶锻性是金属材料承受一定程度的锤击而不破裂的能力。

(2)深冲性:又叫"冲压性",包括延性、展性和冷冲压性。①延性,即在外力作用下可以被拉伸的性能。②展性,即可以被锤击或碾压成薄箔的性能。③冷冲压性,即材料在冷状态下受冲压成型时,所表现出来的变形能力。

5. 弯曲性

金属材料受弯曲变形作用而不破裂的能力,叫作"弯曲性"。金属材料在摩擦作用下,抵抗磨损和破坏的能力,叫作"耐磨性"。贵金属材料的耐磨性与其化学成分、金相组织、表面情况及润滑剂等因素有关。

6. 热处理性能

热处理性能体现在两种热处理工艺中,即退火和淬火。

(1)退火。退火是一种金属热处理工艺,指的是把金属加热到一定温度,使之自然冷却,达到软化,起到便于加工的目的。

金、银、铂、钯等具有较低的硬度,退火态银的维氏硬度为 $25\sim30kg/mm^2$。退火态金的维氏硬度为 $25\sim27kg/mm^2$。退火态铂的维氏硬度为 $37\sim42kg/mm^2$。钌、铱的硬度较高,退火态硬度大于 $200kg/mm^2$。贵金属中金、银、铂、钯的强度较低,延伸率较高,而铑、铱、钌的强度高,延伸率低。添加合金元素将提高贵金属的强度,但同时会降低延伸率。添加合金元素将提高贵金属的强度,但同时会降低延伸率。

(2)淬火。给金属加热,然后浸入水中,使之变硬、变脆。

第三节　贵金属的计量单位

贵金属常用的计量单位有长度单位和质量单位两种,贵金属的计量一般都不会用到特别大的计量单位。

一、长度单位

长度单位是指丈量空间距离上的基本单元,是人类为了规范长度而制定的基本计量单位。

我国传统的长度单位有里、丈、尺、寸等,在贵金属中常用的单位是丈、尺、寸。

1 丈=10 尺

1 尺=10 寸

1 丈=3.33 米(m)

1 尺＝3.33 分米(dm)

1 寸＝3.33 厘米(cm)

在国际单位制中,贵金属常用的长度单位是米(m)、厘米(cm)、毫米(mm)、微米(μm)、纳米(nm)等。它们的换算关系如下。

1 米(m)＝100 厘米(cm)

1 米(m)＝10^9 纳米(nm)

1 厘米(cm)＝10 毫米(mm)

1 毫米(mm)＝1 000 微米(μm)

1 毫米(mm)＝10^6 纳米(nm)

以英国和美国为主的少数欧美国家使用英制单位,因此它们使用的长度单位也就与众不同,主要有英尺(ft)、英寸(in)。

1 米(m)＝3.280 8 英尺(ft)

1 厘米(cm)＝0.393 7 英寸(in)

1 英尺(ft)＝12 英寸(in)＝0.304 8 米(m)＝30.48 厘米(cm)

1 英寸(in)＝2.54 厘米(cm)

二、质量单位

1. 传统质量单位

在古代,各国都有自己的计量单位,中国古代的质量单位:三十斤是一钧,十圭重一铢,二十四铢重一两,十六两重一斤(旧时,1 斤等于 16 两,故有成语"半斤八两")。国际标准单位中没有"钧、圭、铢、斤、两、钱"等计量单位,这是中国独有的质量单位。目前,中国珠宝市场上常使用如下单位进行计量。

1 千克＝2 斤

1 斤＝500 克(g)

1 斤＝10 两＝100 钱

1 斤＝0.5 千克(kg)＝500 克(g)

1 两＝0.05 千克(kg)＝50 克(g)

1 钱＝5 克(g)

2. 国际标准单位

克,符号 g,相等于千分之一千克。1g 的质量大约相当于 $1cm^3$ 水在室温的质量。千克,又叫公斤,符号 kg。吨,符号为 t。

1 千克(kg)＝1 公斤＝0.001(t)＝1 000(g)＝1 000 000 毫克(mg)＝1 000 000 000 微克(μg)

1 毫克(mg)＝0.001 克(g)＝1 000 微克(μg)

1 000 毫克(mg)＝1 克(g)

1 微克(μg)＝0.000 001 克(g)

1 吨(t)＝1 000 千克(kg)＝1 000 000 克(g)

(1)磅是英、美国家用于金衡制的质量单位,符号是 lb。英国从 1963 年开始,依据度量衡法案的规定,改用国际磅。

1 千克(kg)＝2.204 622 62 磅(lb)

1 磅(lb)＝0.453 592 37 千克(kg)

(2)盎司是国际上通用的黄金计量单位,一盎司黄金相当于我国旧度量衡(16 两为 1 斤)的一两。由于被称量的对象不同,一盎司体积的质量也有不同。如金衡盎司(常见于金、银等贵金属的计量中)、常衡盎司等。

贵金属市场,1 金衡盎司黄金质量应该是 31.103 476 8 克(g),也就是等于市斤制的 0.622 两。如果不是黄金,即使也是 1 盎司,质量就不一定是 31.103 476 8 克(g)了。

1 金衡盎司＝1.097 14 常衡盎司＝31.103 5 克(g)。

1 常衡盎司 ＝28.350 克(g)

1 盎司＝0.028 35 千克(kg)

1 盎司＝0.062 5 磅(lb)

1 千克(kg)＝32.15 金衡盎司

1 克(g)＝0.032 15 金衡盎司

(3)克拉(ct),英文 Carat,或称"卡""卡拉",是珠玉、钻石等宝石的质量单位。从 1907 年国际商定为宝石计量单位开始沿用至今。

"克拉"一词,源自希腊语中的克拉(Keration),指长角豆树或稻子豆(Carobseed),是一种从东亚广泛普及到中东的植物。由于其果子具有近乎一致的重量,因而长角豆树就被用作珠宝和贵金属的质量单位,一克拉(ct)即等于一粒小角树种子的质量。

1 克拉(ct)＝200 毫克(mg)＝0.2 克(g)

1 克(g)＝5 克拉(ct)

1 克拉(ct)＝100 分(point)

1 分(point)＝0.01 克拉(ct)

1 克拉又可分为 100 分,以用作计算较为细小的宝石。因为钻石的密度基本上相同,因此质量越大的钻石体积越大。越大的钻石越稀有,每克拉的价值亦越高。

(4)K,黄金的纯度单位。贵金属(金、银、铂等)的纯度,能以当中"贵"的成分与总量作质量比例,总量为 24。以金为例,纯金为 24K;18K 即质量的 18/24 是金,其于 6/24 是合金用金属。可用公式表示为:

$$X = 24M_g/M_{total}$$

又可被理解为:$X/24 = M_g/M_{total}$

其中:X 为 K 数;M_g 为贵金属质量;M_{total} 为总质量。

(5)格令。

1 克拉(ct)= 4 格令(gr)

1 格令(gr)= 0.25 克拉(ct)

三、计量器具

常用的测量器有卡尺、指环量尺。常用的计量器有克拉秤、电子天平。

1. 卡尺

在珠宝行业,常用的卡尺类别有:游标卡尺、电子卡尺。

2. 指环量尺

指环量尺是用于测量戒指圈口的工具。主要有两种:一种是用于成品戒指圈口测量的铜戒棒;另一种是通过测量手指确定所需戒指圈口尺寸的标准圈,称为"指环"。

3. 铜戒棒

铜戒棒的结构:圆形,上小下大。

戒圈棒的使用方法,将待测的成品戒指套在戒圈棒上,读取棒上相应的数字,即可知道所测量戒指的尺寸。

4. 指环

指环通常用金属制作,由若干个内径大小不同的标准圆环组成,每一圈环上标有一个编号或字母,代表这个圆环的内径为多少毫米。

在日常生活中,常常需要根据手指的粗细,加工或购买戒指,这就需要测量手指的尺寸。测量时只需将合适的指环戴在手指上,读取指环上的编号,即可知道手指佩戴戒圈的尺寸,也称为戒指的"手寸"。照指环的编号加工、购买成品即可得到尺寸合适的戒指。

我国现行的手寸以圈号表示,普通人的使用范围在 8~28 号之间(表 2-3)。

表 2-3 各国指环内径周长、直径对比表

内圈周长 (mm)	内直径 (mm)	欧洲和澳大利亚标准	英国和加拿大标准	日本标准	香港标准	瑞士标准
44.2	14.1	F	3	4	6	4
44.8	14.3	F½		5		5¼
45.5	14.5	G	3½		7.5	
46.1	14.7	G½		6		6½
46.8	14.9	H	4	7	9	
47.4	15.1	H½				7¾
48	15.3	I	4½	8	10	
48.7	15.5	J				9
49.3	15.7	J½	5	9	11	
50	15.9	K				10
50.6	16.1	K½	5½	10	12	
51.2	16.3	L				11¾
51.9	16.5	L½	6	11	13	12¾
52.5	16.7	M		12		
53.1	16.9	M½	6½	13	14.5	14
53.8	17.1	N				
54.4	17.3	N½	7	14	16	15¼
55.1	17.5	O				
55.7	17.7	O½	7½	15	17	16½
56.3	17.9	P				
57	18.1	P½	8	16		17¾
57.2	18.2				18	
57.6	18.3	Q				
58.3	18.5	Q½	8½	17	19	
58.9	18.8	R				19

续表 2-3

内圈周长（mm）	内直径（mm）	欧洲和澳大利亚标准	英国和加拿大标准	日本标准	香港标准	瑞士标准
59.5	19	R½	9	18	20.5	
60.2	19.2	S				20¼
60.8	19.4	S½	9½	19	22	
61.4	19.6	T				21½
62.1	19.8	T½	10	20	23	
62.7	20	U		21		
63.4	20.2	U½	10½	22	24	22¾
64	20.4	V				
64.6	20.6	V½	11	23	25	
65.3	20.8	W				25
65.9	21	W½	11½	24	26	
66.6	21.2	X				
67.2	21.4	X½	12	25	27¾	27½
67.8	21.6	Y				
68.5	21.8	Z	12½	26		28¾
69.1	22	Z½				
69.7	22.2		13	27	30	

5. 克拉秤

克拉秤是称量宝石质量的器具，是珠宝首饰行业，尤其是流通领域常用的计量器具。

6. 电子天平

电子天平是用电磁力平衡称物体重力的天平，特点是称量准确可靠、显示快速清晰，并且具有自动检测系统、简便的自动校准装置以及超载保护等装置。

第四节　贵金属的纯度和印记

一、贵金属的纯度

贵金属的纯度,也叫"成色",就是贵金属的实际含量,通常以贵金属含量的千分数计量。贵金属成色的高低决定了贵金属的价值,纯度越高,价值越高。

贵金属首饰的纯度范围以贵金属元素的最低含量表示,不得有负公差。其中,纯度范围不包括焊药成分,但成品整体(配件除外)含量不得低于规定的纯度范围。

纯度的表示方法有如下几种。

(1)金首饰的纯度千分数(K数)前冠以金、Au或G。例如:金750、Au750(图2-4)、G18K。

图2-4　Cartier"LOVE"系列戒指

(2)铂首饰以纯度千分数前冠以铂或Pt。例如:Pt900、Pt990或足铂。

(3)银首饰以纯度千分数前冠以银、S或Ag。例如:银925、S925。

(4)当采用不同材质或不同纯度的贵金属制作首饰时,材料和纯度应分别表示。

(5)当首饰因过细、过小等原因不能打印记时,应附有包含印记内容的标志。

在贵金属首饰中,首饰配件材料的纯度应与主体一致。但部分配件因强度和弹性的需要,如搭扣、弹簧夹等需要一定弹性和硬度,故不能使用纯金属,这些配件材料应符合以下要求。

1. 足金首饰因使用需要,其配件含金量不得低于 75%

金含量不低于 91.6%(22K)的金首饰,其配件的金含量不得低于 90%。

铂含量不低于 95% 的铂首饰,其配件的铂含量不得低于 90%。

钯含量不低于 95% 的钯首饰,其配件的钯含量不得低于 90%。

足银、千足银首饰,其配件的银含量不得低于 92.5%。

2. 贵金属及其合金首饰中所含元素不得对人体健康有害

首饰中铅、汞、镉、六价铬、砷等有害元素的含量都必须小于 0.1%。

上述所指定的制品如表面有镀层,其镀层必须保证与皮肤长期接触部分在正常使用的两年内,镍释放量小于 $0.5\mu g/cm^2/周$。

除了上述要求外,其他同类制品必须达到同样要求,否则不得进入市场。

3. 含镍首饰(包括非贵金属首饰)应符合以下规定

(1)用于耳朵或人体的任何其他部位穿孔,在穿孔伤口愈合过程中摘除或保留的制品,其镍在总体质量中的含量必须小于 $0.2\mu g/cm^2/周$。

(2)与人体皮肤长期接触的制品如耳环、项链、手镯、手链、脚链、戒指、手表表壳、表链、表扣、按扣、搭扣、铆钉、拉链和金属标牌(如果不是钉在衣服上),与皮肤长期接触部分的镍释放量必须小于 $0.5\mu g/cm^2/周$。

二、贵金属首饰的印记

贵金属首饰的印记是指打印在首饰上的标志(图 2-5),是用于识别产品及其质量、数量、特征、特性和使用方法所做的各种说明的统称。标志可以用文字、符号、数字、图案及其他形式表示。

印记的内容应包括:厂家代号、纯度、材料以及镶钻首饰主钻石(0.10ct 以上)的质量。例如,北京花丝镶嵌厂生产的 18K 金镶嵌 0.45ct 钻石的首饰印记为:京 A18K 金 0.45ct(D)。

贵金属首饰必须按表 2-4 的规定打印记,或按实际含量打印记。

图 2-5 18K 金戒指

表 2-4　贵金属及其合金纯度表示方法

贵金属及其合金	纯度千分数最小值(‰)	纯度的其他表示方法
金及其合金	375	9K
	585	14K
	750	18K
	916	22K
	990	足金
	(999)	(千足金)
铂(白金)及其合金	850	—
	900	—
	950	—
	990	足铂(足白金)
	(999)	千足铂、千足铂金、千足白金
钯及其合金	500	—
	950	—
	990	足钯
	(999)	(千足钯、千足钯金)
银及其合金	800	—
	925	—
	990	足银
	(999)	(千足银)

注：①不在括弧内的值将优先考虑；②24K 理论纯度为 100%。

三、贵金属首饰命名规则

贵金属首饰应按纯度、材料、宝石名称、品种的内容命名。例如：18K 金红宝石戒指，Pt900 钻石戒指。

贵金属首饰品种的命名依据中华人民共和国国家标准 QB/T 1689—2006《贵金属饰品术语》的规定。

镶嵌宝石的鉴定及命名按照中华人民共和国国家标准 GB/T16552《珠宝玉

石名称》、GB/T16553《珠宝玉石鉴定》、GB/T16554《钻石分级》、GB/T18781《养殖珍珠分级》进行。镶嵌首饰上的宝石,其品质分级作为参考级别。

第五节　贵金属的用途

由于贵金属具有良好的物理、化学特性,在工业上和实验室内被广泛应用,特别在国防、化工、石油精炼、电子工业是不可缺少的重要原料。除此以外,还发现铂的一些络合物具有有效的抗癌性。此外,贵金属在首饰制造业中,起着十分重要的作用。据不完全统计,贵金属的年需求量接近3 000t,而其中金、银约占总需求量的80%以上。

一、古人对贵金属的利用

自从我国古代先民认识了黄金、白银,它们就被用于日常生活的诸多领域,如首饰业、货币制造业和工艺品、器皿制造业等。

1. 首饰用贵金属

黄金、白银质地柔软,具有较好的延展性,易于加工成型,因此成为我国古代制造首饰的主要材料,在首饰制造上有着悠久的历史。它们不仅可以单独用于制造首饰,如金银戒指、金银手镯、金银耳环、金银簪、金银项链等,同时还可以用来制作镶嵌有宝玉石、珍珠首饰的底座。如北京平谷刘家河商代中期墓葬中,曾出土金臂钏2件、金耳环1件;1958年7月北京十三陵出土的明代万历皇帝的金丝翼善冠(图2-6),结构巧妙,制作精细,金丝纤细,工艺精湛。1986年在内蒙古自治区奈曼旗青龙山镇陈国公主墓出土的银冠饰,银冠用银丝连缀16片镂雕鎏金薄银片制成,银片上以镂雕的几何纹作底,玲珑剔透,每片边缘呈卷云形,向上攒聚为如意形。冠正面、后面及两侧面均錾有凤凰、云朵图案。正面还缀有对称的云雕鎏金金银凤凰1对及22件镂雕凤凰、花卉、宝珠纹饰的圆形鎏金银牌。

2. 货币用贵金属

我国古代使用的流通货币有许多种,但主要是铜币、银币和金币。其中铜币和银币较常见,而金币则较少见。中国最早出现的是金币,是战国时期的楚国制造的,楚金的形状主要是版形和饼形。金饼是汉代的重型金币,汉武帝太始二年(公元前95年),诏令将金饼铸成马蹄形、麟趾形,名为"马蹄金"和"麟趾金"。1957年浙江省杭州市老和山汉墓出土有马蹄金,1961年山西省太原市南郊东太堡西汉墓出土金饼5枚。1975年在北京市怀柔县出土马蹄金一枚半,完整的一枚,重236g,剪半的一块呈半月形饼状,含金量都是99.3%。出土的这些金饼个

图2-6 金丝翼善冠

体质量都不相同,但绝大多数接近一个固定数值,即汉代的1斤。使用方法主要是称量使用,也可以剪切通行。

金币到北朝时趋于减少,其原因或许是黄金更多地用于器物和装饰,或许是黄金的产量没有增加……

唐代以铜钱作为主要货币,黄金偶尔也作为支付手段。文献中记载黄金用作支付时,首先需将黄金变卖为铜钱,然后才能作为支付货币。唐以后各朝代,出土实物中金币渐少。金属货币除铜币外,银币的用量逐渐增多。

根据现代考古资料证实,白银用作货币最早出现在战国时期。古代把白银用作大量货币使用是在唐宋时期以后。1956年12月西安市北郊大明宫遗址范围内出土的4块银铤,呈笏板状,记重均为"伍拾两"。1970年,西安何家村出土唐代白银有铤、饼(图2-7)。

宋代的银币形制是束腰状的锭,称"铤"。宋代的大锭重50两,小锭则质量不等,有重25两、12两许、7两许、3两许等。大锭两端多呈弧状,束腰形,多记有地名、用途、质量、官吏、匠人姓名等。

图 2-7　唐代何家村出土的银饼

元代,白银已经确定了它的货币地位,成为元代民间的通货之一。其形式仍以锭为主,呈扁平砝码状,大的50两,上面多阴刻地名、监纳、库使、库副、提举司、秤子、银匠等名称。

明代,银币成为正式货币。世宗嘉靖年间,规定了各种铜钱对白银的比价,即每钱七百文折合银一两,洪武时期,银一两折合钱千文或宝钞一贯。

3. 工艺品及器皿用贵金属

我国古代工艺品以青铜器、玉器、木器和金银器为主,其中又以银器为最,金器以优质器物为主。金银器按用途可分为饮食器、乐器、法器等,为皇亲国戚、王公大臣、富商巨贾享用。

1978年在湖北省随县擂鼓墩发掘的战国早期曾侯乙墓中,出土有一金盏和金币。1970年,在西安市南郊何家村出土了一批唐代窖藏金银器,其中有两件鸳鸯莲瓣纹金碗,高5.5cm,口径13.7cm,足径6.7cm。扁圆形的壶身顶端一角,开有竖筒状的小壶口,上覆莲瓣式的壶盖。盖顶和弓状的壶柄以麦穗式银链相连,壶身下焊有椭圆形圈足。同时出土的还有一件鎏金舞马衔杯纹仿皮囊银壶(图2-8),高18.5cm,口径2.3cm。造型采用了我国北方游牧民族携带的皮囊和马镫之综合形状。这种仿制皮囊壶的形式,既便于军旅外出时携带,又便于日常生活的使用,可见设计之巧妙,工艺之精湛。

二、现代贵金属的用途

贵金属具有体积小、价值高、化学性质稳定、质量与外形不易变化等优点,历经了几千年的演变,如今,黄金、白银等贵金属在经济与社会生活中的用处十分广泛,它们的主要用途有以下几个方面。

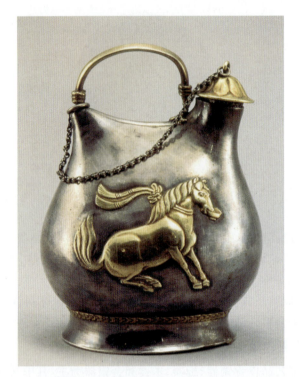

图2-8 唐代何家村出土的鎏金舞马衔杯纹仿皮囊银壶

1. 铸造货币

金、银、铂是金属中的贵族,黄金一直有着货币金属的作用,通常称为"硬通货"。其是可作为货币发行和国际结算的工具。黄金作为货币,源于公元前3400年的古埃及。其后出现了世界通用的英镑。第一次世界大战前,世界主要资本主义国家都铸造金币,以备人们随时用银行券兑换。第二次世界大战以后,由于国际金融形势的变化,原来作为货币用的金币逐渐减少,改为铸造纪念币。在中国,白银作为货币最早出现在战国时期,大规模把白银用作货币使用是在唐宋以后。我国和其他国家也曾经做过纪念性铂币,如中国的熊猫纪念币。1833年沙皇俄国曾发行过铂金货币。

2. 制造首饰和器皿

黄金、白银饰品在人类几千年的历史中始终是财富和华贵的象征。金和银,由于颜色的魅力和化学稳定性,用作首饰和餐具有着悠久的历史。我国很早以前就已经使用金银材料制作首饰,金银饰品多出现在帝王的桂冠、玉印和富家女子的耳垂、手腕上,并成为财富、权力和地位的象征。

随着社会的发展和高科技的出现,用金、银制作的珠宝、饰品、摆件的范围和样式不断拓宽。如今,随着人们收入的不断提高、财富的不断增加,黄金、白银、铂金饰品的需求量也在逐年增加。在首饰界中,金的用量仍然占很大比重。2007年中国首次超过南非,成为世界第一产金大国。2011年中国全年的黄金销售量为761.05t。2013年,金价下跌导致投资需求和消费需求的大幅抬升,黄金销量大增,占到2013年上半年黄金销量的4成多,此举曾助推中国首次超过印度,成为全球最大的黄金消费国。铂金的发现历史较晚,但早在公元前700年,古埃及人就用铂金铸成象形文字装饰其神匣;18世纪末,法国国王路易十六特别偏爱铂金,称之为唯一与国王称号相匹配的贵金属。一直以来,铂族金属用于首饰行业的用量逐渐增加。

3. 国际储备

黄金、白银的货币属性是人类文明几千年发展形成的,而且在没有商品交流、信息沟通的情况下,分别受到各国的推崇。虽然现代世界各国都使用纸币,但黄金的储备数量仍然是一个国家国力的象征。在世界贸易中,黄金仍然是主要的支付手段。

在20世纪40年代,发达国家中的5个主要黄金储备国与发展中国家的黄金储备总量几乎相同,到20世纪60年代末,所有国家的黄金储备都在增长,但发达国家的黄金储备增长比例更大。无论历史如何变迁,黄金始终是世界不同国家的资产储备手段,其中黄金的官方储备占有相当大的比例,截至2013年,全球已经开采出来的黄金约15万t,各国央行的储备黄金就约有4万t,个人储备的有3万多吨。

4. 工业与高新技术产业

黄金、白银等贵金属具有良好的物理、化学性质,良好的导电性、导热性、工艺性,极易加工成超薄金箔、微米级金丝和金粉,很容易镀到其他金属、陶器及玻璃的表面上。极高抗腐蚀的稳定性,使金在一定压力下容易被熔焊和锻焊,可制成超导体与有机金等。

金除用作货币、首饰之外,还用于电子工业(二极管和晶体管中可作引线的触点和抑制器)、航天工业(用作能量反射器,金箔对辐射有很高的反射性,故用于太空技术,如制造宇航员飞行衣、面罩)、通讯、化工、医疗(金存在多种人造放射性同位素)等领域。

铂主要作为战备物资用于航天科研,也可在石油化工中用作催化剂和防腐材料,或在电子电工中用作精密电阻材料和触点材料。

5. 保值、增值需要

在通货膨胀或金融危机时期,为了避免货币购买力的损失,实物资产包括不动产(房屋)、贵金属(黄金、白银等)、珠宝、古董、艺术品等往往会成为投资者争相追逐的对象。由于黄金价值的永恒性和稳定性,其能作为实物资产,即成为货币资产的理想替代品,发挥保值的功能。另外利用金价波动,黄金投资者还可以赚取利润,实现增值功能。

三、贵金属材料使用的主要领域

1. 金

(1)工业用金。工业用金的范围很大,大体上包括:航天航空业、电子工业和通讯技术、玻璃工业、钟表业、制笔业、医疗器械业。

(2)装饰和币章用金。如用于制作首饰、纪念金币或制造司标、徽章。

(3)私人储蓄用金。

2. 银

银可用作感光材料、电接触材料、首饰材料、电池、纤料合金和焊料、复合材料等。

3. 铂

铂作为一种价格超过黄金的贵金属,由于具有许多优良的特性,其用途十分广泛。它通常用于工业、珠宝首饰业、投资业(储备、制币)和科学技术等领域。在工业领域,铂金通常用于汽车制造、化工、石油、天然气、光学、医疗、电子、航空航天等行业。铂金作为首饰已成为铂的重要用途之一。从近年来铂首饰的产销量迅速增加可以看出,市场对铂首饰的需求正在迅猛增长。

4. 钯

(1)钯是航天航空、航海、兵器和核能等高科技领域以及汽车制造业不可缺少的关键材料,也是国际贵金属投资市场上不容忽略的投资品种。

(2)氯化钯还用于电镀,钯可作电镀层,在电子电器工业上应用。在玻璃工业上,钯金属不会使熔化的玻璃着色,可作为制造光学玻璃的容器内衬。氯化钯及其有关的氯化物可用于循环精炼,并可作为用热分解法制造纯海绵钯的来源。一氧化钯和氢氧化钯[$Pd(OH)_2$]可作钯催化剂的来源。四硝基钯酸钠[$Na_2Pd(NO_3)_4$]和其他络盐是电镀液的主要成分。

(3)钯在化学中主要用作催化剂。钯与钌、铱、银、金、铜等熔成合金,可提高钯的电阻率、硬度和强度,用于制造精密电阻、珠宝饰物等。

5. 铑

铑可用来制造加氢催化剂、热电偶、铂铑合金等，也常镀在探照灯和反射镜上，还可用来作为宝石的加光抛光剂和电的接触部件。

6. 铱

纯铱专门用在飞机火花塞中，多用于制造科学仪器、热电偶、电阻线以及钢笔尖等。做合金用，可以增强其他金属的硬度和抗腐蚀性。纯净的铱多用于合金。铱虽然可单独使用，但这样的情况比较少，单独以致密金属状的形式出现的形态一般呈锭状或者丝状。铱的最早应用是制作笔尖材料，后来又提出了注射针头、天平刀刃、罗盘支架、电触头等方面的用途。

7. 锇

锇可用来制造超高硬度的合金。锇同铑、钌、铱或铂的合金，用作电唱机、自来水笔尖及钟表和仪器。

8. 钌

钌是极好的催化剂，可用于氧化、异构化、重整反应中。纯金属钌用途很少，是铂和钯的有效硬化剂，可用它制造电接触合金以及硬质合金等。

第六节　贵金属材料的资源分布及利用

贵金属在地壳中的平均含量都很低，即使富集在某些矿床中，其实际含量也不高。除银（可达 $1\,000\times10^{-6}$）外，一般多为 $(0.1\sim10)\times10^{-6}$ 或更低，因此，准确测定其含量，需要有高灵敏度的测定方法和特效的分离与富集技术。贵金属在自然界中多以颗粒状的自然金属和合金状态分布在矿床中，其次以呈类质同象形式分布于某些矿物中。此外，几种状态同时存在也是常见的，使取样和制样变得十分复杂，这是贵金属矿石分析的一个特性。

一、贵金属矿产资源

凡含有金、银、铂、铑、钯、铱、锇、钌 8 种元素的各类矿石、矿物、选冶中间产物和富集物，称为"一次资源"。

金矿产资源分为独立矿和伴生矿两种，我国的黄金矿产资源主要是岩金、砂金和伴生金。我国已探明的银矿资源几乎都是有色金属伴生矿，大多与铅锌矿共存。其次是铜矿。我国已探明的铂金矿储量很小，仅占世界总探明储量的 0.6%，而且品位低，平均约 0.4×10^{-6}。没有独立的开采矿，绝大部分是伴生矿,95%以上的储量属于铜镍型铂族金属矿床,其余为铬铁矿型、钒钛磁铁矿型、镍铜型和砂铂(族)矿型,还有少量伴生于各种有色金属矿床中。

铂族金属主要赋存于超基性岩和基性岩中。其中原生铂矿中的铂族矿物粒度细小分散,品位较低。砂矿中的矿物种类、成分及产状与原生矿相比都有一些变化。如含锇高的称为"铱锇矿",含铱高的称为"锇铱矿",是锇和铱的天然合金。此类矿物化学性质十分稳定,极难分解。还有一类是含铂硫化铜镍矿,其中有6种铂族元素共生在一起,以铂、钯为主,钌、铑次之,铱、锇较少。此外,在以铜硫化物为主的铜矿中,伴生不同数量的铂、钯;铜钼矿主要含锇,并伴生少量铂、钯、铑;某些锰矿中含有少量铂、钯、铱、铑。

金矿有脉金矿和砂金矿,金都是以自然金状态存在。脉金多在石英中,也在方解石、重晶石、白云石中。砂金矿为原生金矿经风化、搬运、沉积而成,其中自然金粒度差别很大,有几十千克的大块金,也有肉眼难以分辨的小颗粒。此外,金还伴生在铜矿、黄铁矿中,也常伴生在铂族金属矿中。

银矿形成矿床较少,主要以辉银矿、角银矿为主,自然银较少,多与其他金属矿物共生。常见含银矿石有铅锌矿、铜矿及镍钴矿。

二、贵金属的再生回收——"二次资源"

随着工业技术的发展,贵金属的应用愈来愈广泛,贵金属的资源也发生了变化,从冶炼厂的矿石资源中直接提取的贵金属数量已远远小于从废料和旧材料等"二次资源"中回收的数量。

贵金属的再生回收是将那些已失去原使用性能的零部件和生产过程中收集的废料、清扫物回收再生,提纯熔炼,加工成相应的纯金属或合金。

从贵金属的使用、分布情况来看,"二次资源"的种类很多,几乎分布在各个产业部门,归纳起来主要有如下几类。

(1)化工石油工业所用的各种催化剂。

(2)电气仪表所用的各种导线、电阻与电容材料、电接触材料与焊料。

(3)化学玻璃及玻璃纤维工业所用的增涡及漏板材料。

(4)各种工业测试所用的材料。

(5)汽车、柴油机废气净化所用的催化剂。

(6)样片印相及制镜业的含银废料及废胶片。

(7)其他材料。如牙科材料、工艺品、实验室器皿与用具、电镀废液、废旧首饰以及各种加工中产生的废屑、锉末、清扫物等。

第七节　首饰的功能及分类

首饰的历史悠久,很多饰品的形式在服装形成以前就已经出现了,格罗塞在《艺术的起源》中说:"只有不穿衣服的民族,没有不装饰身体的民族。"这说明首饰史比衣着史更久远。

人类使用首饰的历史源远流长,早期人类使用的首饰材料有动物的牙齿、皮革、骨头、贝壳(图 2-9)和石子等。最初人类佩戴首饰,并不是从审美动机出发,他们考虑的可能只是它的实用价值,或为了生活方便,或为了炫耀力量和权威。到后来,又被作为图腾崇拜或者护身符寄予特殊含义。直到很久以后,装饰才成为佩戴首饰的主要目的。从现存的史料和考古中,我们可以看到首饰的变化过程,从简单的贝壳、石子到工艺复杂的贵金属首饰,首饰经历了从"蛹"到"蝶"的蜕变过程。

图 2-9　贝鲁特北部出土的贝壳

一、首饰的功能

《汉书》中有"珠珥在耳,首饰犹存"之句,这其中的"首饰"二字指的就是头上的饰物。汉末刘熙在《释名·释首饰》中说:凡冠冕、簪钗、镜梳、项珰、脂粉等都为首饰。含义虽有了扩展,但仍局限于头部和面部的装饰物。在古代,有一个与现代意义上"首饰"含义接近的词,这就是"头面"。大概是人们认为首饰如同脸面一样,能给人的外貌增添光彩的缘故。孟元老《东京梦华录》记载:"皆诸寺师姑卖绣作、领抹、花朵、珠翠头面、生色销金花样幞头帽子、特髻、冠子、绦线之类。"按今天的话说,这里的"珠翠头面"就是用珍珠玉石制成的首饰。宋代都城汴梁有专门经营珠宝金银首饰的店铺,叫"头面店"。宋代吴自牧《梦粱录》卷十三载:杭州少市里有一家"舒家体真头面铺",就是指首饰店。以后的元、明、清几代,也称首饰为"头面"。清人翟灏所著《通俗篇·服饰》中把带钩、佩坠也都归入了首饰的范围。

到了现代,戒指、手镯、手链、胸针等更为流行,取代了"簪钗"的地位,"头面"被"首饰"取而代之,而"首饰"已成为从头到脚全身各部位所佩戴的各种饰品的总称。所以在现代,用各种金属材料或宝玉石材料制成的,与服装搭配的,起装饰作品用的饰物都统称为"首饰"。而广义的首饰更加宽泛:用各种金属材料、宝玉石材料、有机材料、无机材料以及仿制品制成的装饰人体及其相关环境的装饰品。可以看出,广义的首饰已经包含了首饰、摆件、工艺品等,范围更加广泛,界限变得越来越模糊。

现代首饰的功能也发生了转变,从最初的实用价值转变为装饰、使用、保值和保健等功能。

1. 装饰功能

首饰的主要功能就是装饰。如果一件首饰能给人以装饰的美感,它就必须既符合审美规律,又顺应时代潮流。根据个人的性别、年龄、职业、体型、肤色、气质以及服装的特点,结合佩戴的季节、时辰、场合、社会角色和地方习俗,搭配合适的首饰,并与当时的流行趋势、自身特点协调统一,这就是选择首饰和首饰搭配的主要原则,也是发挥首饰装饰功能的重要条件。

2. 使用功能

首饰的使用功能包括精神和物质两个方面。在精神上,可以作为人的社会地位、身份、财富、官阶的表征物;在物质上,可用作头饰、项链(图2-10)、领带夹、戒指、手链、胸针(图2-11)、珠宝腕表等。将首饰的使用功能表现得最为充分的是首饰的馈赠功能和纪念功能,结婚首饰、生辰石、生肖首饰等是首饰的馈赠功能和纪念功能的典型体现。

图 2-10　Cartier 项链

图 2-11　Cartier 胸针

3. 保值功能

我国素有"存金保值"的说法,以至于目前国内纯金首饰与其他首饰的消费量相比仍占多数。黄金的价值是随供求关系变化的,因此黄金的"保值"是不可靠的。从材料的物理特性看,金、银、铂金可以通过采矿、熔炼、提纯,再经过铸造成为首饰、钱币、工艺品等,往往可以保留多年;宝玉石属于非金属矿物,脆性较大,在开采、切割、琢磨成型的过程中已经损耗了许多,在保存过程中因为储藏、运输、天灾人祸等因素影响又会有损失,再加上随采矿的发展和自然界高档宝玉石资源的日益稀少,因此真正能够保值的是高档的宝玉石首饰,宝玉石首饰的价值必增无疑。另外,完全依靠能工巧匠的手工技艺制作出来的具有高度技巧和美感的高档首饰,尽管其材料价值适中,但仍然会保留甚至增加其附加的工艺价值。

4. 保健功能

首饰的保健功能包含两个方面的含义:一个是首饰原料本身的药物作用,如珍珠、琥珀、珊瑚、水晶、玛瑙、黄铁矿、辰砂等;另一个是可用首饰对人体的经络穴位进行按摩,起到保健的作用。那些认为首饰中的"微量元素"益于健康的观点是缺乏依据的,因为首饰中的元素在晶格中十分稳定,难以吸收。那些认为首饰可以"驱邪免灾"的观点则是错误的。如果有人不适当地佩戴首饰(如佩戴过紧、在身体器官多处佩戴甚至穿孔等),反而会损害健康。随着首饰的日益普及,人们都能拥有一件自己的首饰。首饰材料可以是贵金属、合金、非金属等,这些材料在我们的生活中越来越多。

材料是指原料、资料,与成品、半成品相对应,是可以制成成品的东西。能够制成首饰的原料,我们称之为"首饰材料"。首饰材料必须具备的基本条件是美观、耐久、稀少。

首饰材料一般分为三大类:第一类是金属材料,包括贵金属材料和非贵金属材料(一般金属材料);第二类是天然非金属材料,如宝玉石材料(图2-12)和有机材料等;第三类是非金属合成材料,如各种合成宝石、玻璃、塑料、陶瓷等。

图2-12 BVLGARI祖母绿镶嵌项链(祖母绿为宝玉石材料)

无论什么材料,做成首饰后,需具备4个特点:①式样美观,即外观时尚,符合大众审美要求,独特个性;②做工精致,即工艺水平高;③佩戴舒适,即适合佩戴,可从饰品大小、高度、质量、光滑程度等判别;④价格适中。

二、首饰的分类

首饰分类的标准有很多,各有侧重,但不外乎按材料、工艺手段、用途、装饰部位等来划分。

按照西方首饰分类方法,首饰分为 3 类:①金银首饰;②用钻石与精美宝石制作的高价值的首饰(图 2-13);③精美的工艺价值超过材料价值的首饰,即工艺品。

国内传统的商业首饰分类有以下几种。

图 2-13　Van Cleef & Arpels 胸针

1. 按材料分类

根据制造首饰的材料,首饰可分为金属材料和非金属材料两大类。

1)金属材料

金属材料可细分为贵金属材料和普通金属材料。

贵金属材料:黄金及其合金、铂金及其合金、银及其合金。

普通金属材料：铜及其合金、铁合金（不锈钢）、镁铝合金、镍合金、锡合金。

2）非金属材料

非金属材料是由非金属元素或化合物构成的材料。其包括以下几类。

宝玉石、彩色宝石类：翡翠、钻石、红蓝宝、玉石、彩宝等。

动物骨骼、贝壳类：珊瑚、砗磲、象牙、牛骨、贝壳等。

玻璃、陶瓷类：琉璃、陶瓷、玻璃等。

木料、果实类：乌木、紫檀木、果壳、果核等。

塑料、橡胶类。

皮革、绳索、丝绢类。

其他：鸟类羽毛等。

2. 按加工工艺分类

1）非镶嵌类

非镶嵌类首饰是以金、银等贵金属材料制作的首饰。其分为以下两种。

足金：足黄金、足铂金、足银。

合金：K黄金、白K金，铂合金、银合金。

2）镶嵌类

镶嵌类首饰是以金、银等金属或其他硬质材料为基础材料，镶嵌以各种宝石的首饰。按宝石珍稀程度，可分为以下几类。

高档宝玉石类：钻石、红蓝宝石、祖母绿、猫眼、翡翠等。

中档宝玉石类：碧玺、尖晶石、海蓝宝石、珍珠、红珊瑚。

低档宝玉石类：石榴石、黄玉、水晶、橄榄石、青金石、绿松石等。

其他材料首饰：以皮革、皮毛、丝绒、塑料、陶瓷、玻璃、木头等为材料的首饰。

3）浇铸首饰

浇铸首饰是利用模具使用浇铸机制造生产出的首饰。

4）冲压首饰

冲压首饰是利用冲压机批量生产的首饰。

5）花丝首饰

花丝首饰是用金、银等材料拉成丝，焊接成各种图案并配以宝石制成的首饰。

3. 按佩戴部位分类

1）头饰

头饰指戴在头上的饰物，包括发饰和耳饰。

（1）发饰。包括发簪、发钗、发卡、梳子、发套、发带等。发簪和发钗是我国古代妇女的重要发饰（图2-14）。现代妇女通常使用发针、发夹、发带、网扣等。

(2)耳饰。是戴在耳垂上,能体现女性美的重要饰物,包括耳钉、耳环、耳坠、耳钳等。在西方国家,女士外出或出席正式场合,没戴耳环,人们就会有尚未装扮好的感觉。许多女士在接受男士礼物时,也乐于接受新款耳环。

(3)冠饰。冠是古代重要的头饰,古代男女都会戴冠,主要作用是装饰,包括冠冕、帽徽等。古代帝王、诸侯祭祀时需戴礼冠,古代妇女的冠饰中,最贵重者当推凤冠。现代冠饰多为出席重要活动时所佩戴的礼冠。

2)颈饰

颈饰指佩戴于颈部的首饰,被称为"一切饰物的女王"。如项链、项圈(图2-15)、吊坠、项牌、孩儿锁等。项链是佩戴最广泛的一种颈饰,男女老少,均可佩戴。制作材料极为丰富,金属、非金属都是常用的材料。

图2-14　明代金嵌宝石云形簪

图2-15　苗族妇女的银项链、银项圈

3)胸腰饰

(1)胸饰。包括胸针、胸花、领带夹等。多佩于西装或大衣的驳领上,或插于羊毛衫、衬衣、裙装的前胸某一部位。佩戴胸针,常可产生画龙点睛的效果,尤其是在衣服简单或颜色朴素时。

(2)腰饰。主要包括玉佩、带钩、带环、腰带扣及腰间挂饰。材料一般以贵金属镶宝石或玉石居多。玉佩腰饰是古代贵族或达官贵人的必戴之物,因为中国人以玉喻德,认为玉体现清正高雅。现代腰饰多用于裙装腰带的装饰,男性也会在腰带上戴一块兽头等形状的玉佩。

4)手足饰

戴在手、脚上的饰品,主要有手镯、手链、铃镯(带有铃铛的环状饰物)、袖扣、臂钏、戒指、脚链、脚环等。

(1)腕饰。套在手腕上的环状饰品。分为两种:其一,封闭圆环为镯,玉石质地较多;其二,有端口或数个链片为链,金属质地居多。

(2)戒指。套在手指上的环形装饰物,原称"指环",是首饰中最受欢迎的饰物。制作戒指的材料十分广泛,有黄金、白银、铂金、玉石等。戒指除对手指起装饰作用外,常用作定情之物。

(3)足饰。戴在脚腕或者脚趾上的饰物,如脚链、脚环等。

4. 按首饰的用途分类

珠宝首饰在设计制作时就按照人们的需要限定了用途,如日常佩戴、舞台展示、个性表达、保值收藏等。

1)商业性首饰

商业性首饰指批量生产,被众多消费者接受并选择购买的首饰,在设计中综合考虑了市场定位、产品成本和消费者在造型、色彩上的审美心理。

2)实用性首饰

实用性首饰指具有实用价值的首饰,如系结衣物的别针、纽扣、领带夹、带环,用于束发的发卡、发带、发结、发簪(图2-16)等。

3)艺术性首饰

艺术性首饰指不受材料、工艺、佩戴限制,艺术价值和审美价值占主导地位的首饰。这类首饰最大程度地考虑如何实现设计师的思想和艺术效果,而不考虑制作成本和大众审美的需求。其主要作用是供人欣赏和收藏。

4)纪念性首饰

纪念性首饰指对某些事或某个人表示纪念的

图2-16 清代金镶珠翠宝簪

首饰,如订婚戒指、结婚戒指、金婚戒指等。

5) 传统性首饰

传统性首饰指着重体现文化内涵及与他人关系的首饰,如表示某一历史时期的造型特色,标志本民族、本教派、本家族的特征等。

6) 寓意性首饰

寓意性首饰指具有某种精神寄托性的首饰,如代表爱情的心形首饰,代表生日的生辰石等具有寓意的首饰。

5. 按佩戴者性别、年龄分类

1) 女士首饰

女士首饰一般设计美观,做工精巧,色彩鲜艳并富有变化,可以使佩戴者的女性魅力更充分地表现出来。现在,绝大部分首饰是女士首饰,如戒指、项链、胸针、耳饰等。

2) 男士首饰

男士首饰一般线条明快、粗犷,设计大方,突出首饰材料的特点及价值。大部分男性佩戴首饰是为了突出自己的个性,如男士戒指、领带夹、袖扣等。

3) 儿童首饰

儿童首饰指专门为儿童设计的,表达吉祥、祝福寓意的首饰,多为手镯、手链、长命锁、项圈等。

6. 按设计风格分类

1) 古典主义风格的首饰

这种风格的首饰造型对称、简单、融洽、中规中矩,颜色柔和,能搭配大部分服装。传统的设计原则和价值在古典首饰里面得以淋漓尽致地体现。

2) 自然主义风格的首饰

自然主义风格的首饰从丰富多彩的自然世界获取灵感,用天然物做图案,线条简明,给人的感觉是舒适、随意、轻松,有柔和的线条和花纹,显露出天然的美感。自然主义风格的首饰(图 2-17)通常不大,最常见的图案有动物、花和植物等,体现出一种纯洁的自然美和天然的灵性。

3) 浪漫主义风格的首饰

这类风格的首饰设计优美精致,线条娇柔细腻,充满浪漫色彩。常用心形、橄榄形及梨形宝石,镶嵌后往往给人温馨雅致的美感。宝石的颜色一般都选择柔和娇艳的色调,如红色、紫色、渐变色,设计造型多为花朵、蝴蝶、心形等。浪漫主义风格的首饰有浓厚的女性味道,温柔、娇艳而浪漫,是晚宴、舞会等场合引人注目的最佳饰物。

图 2-17　自然主义风格首饰

4) 创新风格的首饰

创新风格的首饰通常具有独特的设计,如比例大、细节少、图案夸张、颜色夺目、做工特别、花式富有想象力、设计不合规则。喜爱此类风格首饰的人多是思想创新、性格奔放、不受压制、头脑过激、希望引起别人重视和注意的人。如果应用得好,是佩饰者增强自信、树立形象的一个强有力的手段,但创新风格的首饰也容易将人们的注意力吸引到首饰上而非佩戴者身上。

7. 按首饰的功能分类

1) 单件首饰

单件佩戴的首饰,有戒指、项链、耳环、手链等。

2) 套件首饰

套件首饰是指采用相同材料,设计协调,款式呼应且由若干件首饰组成的成套首饰。其特点是装饰效果强烈,整体表现和谐完美。主要包括二件套、三件套、四件套、五件套。

3) 多用首饰

这类首饰一件可做两件以上首饰使用(图 2-18),或者一件首饰具有两种以上功效。如一条项链,通过一定的结构变化,可用作手链;一枚戒指,根据需要可用作一幅吊坠或耳环。多用首饰新颖实用、设计巧妙、价格合理,深受市场欢迎。但由于工艺要求高,结构复杂,产量不大。

图2-18　Yaguruma多功能珠宝

4)时装首饰

时装首饰是指与时装色彩、款式协调配合的装饰物和首饰,基本只用于舞台表演和时装展示,所以一般不使用贵金属和高档天然宝石,用材大多选用折光强烈的材料。

5)流行首饰

这类首饰能够在某一时期被消费者接受并广泛传播,一般具有一定的时效性,表现在款式、色彩、材料和功能等方面的时效性尤为明显。流行首饰与社会、经济、地域、文化、季节等因素有关,若能掌握流行规律,对经营多有裨益。

6)纪念首饰

纪念首饰是为纪念人生中的重要事件如出生、订婚、结婚、金婚、钻石婚、获奖等设计制作。它是在恋人双方具有特殊意义的日子或节日购置的,可以永久收藏或随身佩戴的首饰。

第三章 最古老的贵金属——黄金

第一节 黄金概述

黄金(Gold),化学元素符号 Au,是一种软的、金黄色的、抗腐蚀的金属。Au 的名称来自罗马神话中的黎明女神欧若拉(Aurora)的一个故事,意为闪耀的黎明。

黄金是人类较早发现和利用的金属,是从自然金、含金硫化物等矿石中提取的一种具强金属光泽的黄色贵金属。黄金的质地纯净,拥有骄人的特性,是最受人们欢迎的金属。地质学家的分析报告表明,除了在 1802 年才发现的钽(Tantalum)之外,金是世界上最罕有的金属,这更证明金的罕有性。马克思认为:金实质上是人类所发现的第一种金属。根据科学考察发现,早在新石器时代人类就已识别出了黄金,公元前 12000 年古埃及人就已使用黄金,公元前 4 000 年埃及人就已经采集黄金、白银,并已广泛应用。其实,地球自身并不具有生产黄金元素的能力,黄金是通过宇宙间陨石聚落地球而来,是"超级新星"毁灭爆炸时产生的,连"太阳"级别的恒星在爆炸时也无法产生黄金这种元素。

一、黄金的历史

黄金自古至今被称为"百金之王""五金之首",是最稀有、最珍贵、最被人看重的金属,具有"贵族"的地位,是财富和华贵的象征。在古代,黄金主要用作货币、装饰和首饰。正是因为将黄金作为几千年人类文明象征的精美首饰和各种工艺品,才得以流传到现代。

远在 4 000 年前,即商代之前,我们的祖先就开始淘金、采金和制作饰物。从河南安阳出土的文物中发现许多金丝、金箔(厚度仅有 0.01mm),其他地方也出土了金质贝币和贴金贝币,从而,反映出古代金匠对黄金加工技艺已有了相当高的水平。东周时期的楚国已使用含金 90% 的金币。战国时期的出土文物中发现有含金量高达 99% 的"金饼"。后来的各个朝代,金碗、金钵、金杯、金柄刀和金质鸟兽等黄金饰物,以及宗教庙宇中的神龛佛像和舍利金棺等黄金制品的设计及加工更为精良。例如满城汉墓出土的鎏金《长信宫灯》(图3-1)，陕西法门寺出土的金棺、金宝塔都是文物极品。

图3-1　河北满城中山靖王墓出土的《长信宫灯》

黄金能被人类最早发现和利用的原因，主要是它能在自然界中以自然金状态存在，并且自然金不会氧化，金灿灿的光泽，容易被人发现和惹人喜爱。古埃及、印度、伊朗以及非洲、美洲等国家和地区出土的黄金饰品尤其精致。

黄金的稀有使之更显珍贵，黄金的稳定性使之便于保存，所以黄金不仅成为人类的物质财富，而且成为人类储藏财富的重要手段，故黄金得到了人类的格外青睐。

19世纪之前，人类社会的黄金生产力很低。据研究，19世纪之前数千年中，人类总共生产的黄金不到1万t，如18世纪的100年仅生产200t左右黄金。19世纪一系列黄金资源的发现，使得从那时起黄金产量得到了大幅度的提高，尤其是在19世纪后半叶的50年里，黄金产量超过了之前5 000年的总量。如今，世界每年矿产黄金2 600t左右。

国际上黄金一般都是以益司为单位,中国古代是以两作为黄金单位。黄金有价,且价值含量比较高。要参与未来黄金投资,在黄金市场中获得投资增值、保值的机会,就必须对黄金属性、特点及其在货币金融中的作用有所了解。

二、黄金的基本特征

化学符号:Au。

颜色:金黄色、红色。

光泽:强金属光泽。

硬度:2.5。

密度:19.32g/cm³。

熔点:1 064℃,掺入银、铜等杂质,其熔点会下降。

沸点:2 808℃。

延展性:强,适合于机械加工,现代已能够生产 2.3μm 的金箔和直径 10μm 的金丝。

导电、导热性:极强,纯金是最好的电子导体材料。

良好的化学稳定性:不易氧化,不溶于酸和碱,但溶于王水和氰化物(氰化钠、氰化钾)。金能溶于汞(水银)中,形成一种名为金汞齐(白色)的液态合金。

三、黄金首饰的类型

1. 千足金

对含金量千分数不小于 999 的饰品,在首饰上打印记"千足金""Au999"或"G999"。2014 年国家标准化管理委员会公布 GB11887—2012《首饰贵金属纯度的规定及命名方法》第 1 号修改单,剔除了首饰中"千足金(银、铂、钯)"等称谓,此后,千足金将退出市场。

2. 足金

对含金量千分数不小于 990 的饰品,在首饰上打印记"足金""Au990"或"G990"。

3. K金

K 金为黄金与其他金属元素(Ag、Cu、Zn、Ni、Fe 等)的合金。24K 的理论纯度为 1 000,故 1K 的含金量约为 4.166%。

四、黄金的价值与地位

1. 黄金的财富属性

黄金的稀有性使黄金十分珍贵,而黄金的稳定性使黄金便于保存,所以黄金不仅成为人类的物质财富,而且成为人类储藏财富的重要手段(图3-2),故黄金得到了人类的格外青睐。

图3-2 黄金是财富的象征

黄金史学家格林就指出:古埃及和古罗马的文明是由黄金培植起来的。掠取占有更多的黄金是古埃及、古罗马统治者黩武的动力。

公元前2000—公元前1849年,古埃及统治者先后对努比亚(尼罗河上游一个小国,有丰富的黄金资源)进行了4次掠夺性战争,占领了努比亚全部金矿。公元前1525—公元前1465年古埃及第十八王朝法王又先后发动了两次战争,从巴勒斯坦和叙利亚掠夺了大量的金、银。大量金、银流入古埃及,使古埃及财富大增,使他们有能力兴建大型水利工程,发展农业,兴建豪华宫殿和陵园,古埃及为人类留下了巨大的阿蒙神庙遗迹图坦卡蒙的金棺(图3-3)和金字塔。

公元前47年古埃及被罗马帝国占领,古罗马凯撒大帝展示了从古埃及掠夺的2 822个金冠,每个金冠重8kg,共计22.58t,还展示了白银1 815t,抬着游行的金、银重约1 950t。金、银的积累使罗马帝国的国力大增,使他们有能力建起

图 3-3 古埃及图坦卡蒙的金棺

一批宏伟的建筑。这些建筑,现在大多已是残垣断壁,但至今仍在文学、史学、法学、哲学诸方面给人类以深刻的影响。

  黄金也是近代工业文明的物质基础。16世纪新航线的开辟与新大陆的发现,对欧洲经济生活产生了巨大的影响,其中美洲、非洲的黄金及白银流入到欧洲,使欧洲资本主义的原始积累增加。16世纪,葡萄牙从非洲掠夺黄金达276t;西班牙从美洲掠夺的金、银更多,16世纪末西班牙控制了世界黄金开采量的83%。金、银的大量流入,造成了欧洲物价的上涨,出现了第一次价格革命,对欧洲封建主义的解体和资本主义生产关系的建立起到了巨大的推动作用。17世纪葡萄牙为了对抗西班牙,而与英国结盟,并向英国的工业品开放了市场。此时在葡萄牙控制下的巴西黄金开发高潮兴起,巴西黄金完全有可能转化为资本,而使葡萄牙完成工业革命,但由于统治者的封建专制,葡萄牙成了黄金漏斗,大部分黄金流向了英国。仅流入英国国库的黄金就有600t,再加上其他国家的流入,使英国迅速地积累了巨额的货币资本,率先于1717年施行了"金本位制",为英国的金融体制提供了可靠的经济担保。所以此时发生的第二次价格革命,不仅没有影响英国的金融业,反而为英国商品的出口创造了条件,英国产品出口量占了全世界总量的1/4,工业革命终于在英国发生了。

  当代黄金所扮演的角色虽已有所改变,但是各国仍然储备了约3.1万t的黄金财富,以备不测之需,还有2万多吨黄金是私人拥有的投资财富。所以有人认为现在人类数千年生产的约14万t黄金中有4成左右作为金融资产,存在于金融领域,而6成左右是一般性商品,主要的功能是用于消费。

2. 黄金的货币属性

黄金作为货币的历史十分悠久,出土的古罗马亚历山大金币,距今已有2 300多年,波斯金币已有2 500多年历史。现存中国最早的金币是战国时楚国铸造的"郢爰"(图3-4),距今也有2 300多年的历史,但是这些金币只是在一定范围、区域内流通使用的辅币。黄金成为一种世界公认的国际性货币是在19世纪出现的"金本位"时期。"金本位制"即黄金既可以作为国内支付手段用于流通结算,也可以作为外贸结算的国际硬通货。

图3-4 战国货币"郢爰"

虽然早在1717年英国首先施行了"金本位制",但直到1816年才正式在制度上给予确定。之后德国、瑞典、挪威、荷兰、美国、法国、俄国、日本等国先后宣布施行"金本位制"。"金本位制"是黄金货币属性表现的高峰,世界各国实行"金本位制"长者达200余年,短者数十年,而中国一直没有施行过"金本位制"。由于世界大战的爆发,各国纷纷进行黄金管制,"金本位制"难以维持。第二次世界大战结束前夕,在美国主导下,召开了布雷顿森林会议,通过了相关决议,决定建立以美元为中心的国际货币体系,美元与黄金挂钩,美国承诺担负起以35美元兑换1盎司黄金的国际义务。但是20世纪60年代相继发生了数次黄金抢购风潮,美国为了维护自身利益,先是放弃了黄金固定官价,后又宣布不再承担兑换黄金义务,因此布雷顿森林货币体系瓦解,于是开始了黄金非货币化改革。这一改革从20世纪70年代初开始,到1978年修改后的《国际货币基金协定》获得批准,可以说制度层面上的黄金非货币化进程已经完成。

马克思认为:货币天然是金银,金银天然不是货币[①]。正如在"金本位制"之前,黄金就发挥着货币职能一样,在制度层面上的黄金非货币化并不等于黄金已完全失去了货币职能,这主要体现在以下几个方面。

(1)外贸结算不再使用黄金,但最后平衡收支时,黄金仍是一种贸易双方可

---

① 卡尔·马克思.《政治经济学批判·第一分册》货币篇.人民出版社,1995.

以接受的结算方式。

(2)黄金非货币化并未规定各国庞大的黄金储备的去向,就连高举黄金非货币化大旗的国际货币基金组织也仅规定处理掉 1/6 黄金储备,而保留了大部分黄金储备,显然为自己留了一根货币黄金的尾巴。

(3)20 世纪 90 年代末诞生的欧元货币体系,明确了黄金占该体系货币储备的 15%。这是黄金货币化的回归。

(4)黄金仍是可以被国际接受的继美元、欧元、英镑、日元之后的第五大国际结算货币。大经济学家凯恩斯(1936)揭示了货币黄金的秘密,他指出:"黄金在我们的制度中具有重要的作用。它作为最后的卫兵和紧急需要时的储备金,还没有任何其他的东西可以取代它。"现在黄金可视为一种准货币。

3. 黄金的商品属性

做黄金饰品(包括首饰、佛像装饰、建筑装饰等)和黄金器具(图 3-5),是黄金最基本的用途。如果说有什么变化的话,那就是金饰日益从宫廷、庙宇走向了民间,由达官贵人们的特权变成了大众消费。现在每年世界黄金供应量的 80% 以上是由首饰业所吸纳的。

由于黄金价格昂贵和资源的相对稀少,限制了黄金在工业上的使用,工业用金占世界总需求量的比例不足 10%。但是有专家认为,今后首饰用金将会趋向平稳,工业用金的增长将是带动黄金供需结构变化的重要力量,所以黄金的商品用途还需从多方面去开拓。

当前黄金商品用途主要是首饰业、电子工业、医疗业、金章制作业及其他工业用金。应该承认,目前黄金的商品用途仍

图 3-5 战国时期狼噬牛纹金牌饰

是十分狭小的,这也是黄金长期作为货币金属而受到国家严格控制的结果。今后随着国际金融体制改革的推进,金融黄金的商品属性的回归趋势加强,黄金商品需求的拓展对黄金业的发展将具有更为重要的意义。

第二节　黄金资源与用途

黄金是人类最早发现和使用的金属之一,我国黄金的开采至少有 4 000 年的历史。

一、金矿

中国在商代中期已掌握了制造金器的技能,在河南安阳等地出土的殷商文物中即有金箔。《周礼·地官》中说:"卝(音矿)人掌金玉锡石之地"。这是古代文献关于矿冶的最早记载,说明当时已特设专职官员掌管官营矿冶了。春秋时期,齐相管仲作的《管子·地数篇》中有"上有丹砂,下有黄金;上有磁石,下有铜",说明春秋时期已有采金知识。

大多数国家的采金都是从采淘砂金开始的。我国采金活动始于奴隶社会早期,淘洗的砂金(图 3-6)是从含金的砂砾层中得到,称"河金",后来又根据砂金赋存地质条件的差异,分为"水砂中"淘洗的砂金和"平地掘井"开采的砂金两种。脉金的开采时代远远晚于砂金,大约起于唐代、宋代之间。劳动人民为获得宝贵的黄金付出了巨大的努力,唐代诗人刘禹锡把生产黄金的艰辛和贵族们的奢侈写入诗中:"日照澄洲江雾开,淘金女伴满江隈,美人首饰侯王印,尽是沙中浪底来。"

图 3-6　砂金

中国黄金生产始于商、兴于汉、衰于两晋南北朝,复于唐。唐代以后的宋代、元代、明代、清代,对黄金时而禁采,时而开禁,高亢和低迷交替出现,阻碍了国家快速发展黄金生产的脚步。

金矿,即含金的矿石,采金的矿山。金矿石(图3-7)是指具有足够含量黄金并可工业利用的矿物集合体。金矿山是通过采矿作业获得黄金的场所。金矿床是通过成矿作用形成的具有一定规模的可工业利用的金矿石堆积。

图3-7 金矿石

世界上没有任何一种金属能像黄金一样源源不断地介入人类的经济生活,并对人类社会产生如此重大的影响。它那耀眼夺目的光泽和无与伦比的物理、化学特性,有着神奇的、永恒的魅力。黄金的社会地位虽在人类数千年的文明史中,历尽沧桑,沉浮荣辱,升降变迁不定,但至今在众多的人群之中仍保持着神圣的光环,为世人共同追求的财富。

黄金在自然界中是以游离状态存在而不能人工合成的天然产物。黄金分布的范围很广,存在于铜矿和铅矿中,存在于石英矿中,也存在于河流的砂砾中以及硫化矿中;海水中也有惊人的金矿含量,但是利用海水采集黄金非常不经济,现在还没有此种采金方法。黄金按其来源的不同和提炼后含量的不同分为生金和熟金。

1. 生金

生金亦称"自然金""荒金""原金",是熟金的半成品,是从矿山或河底冲积层开采的没有经过熔化提炼的黄金。生金分为矿金和砂金两种。

生金是自然产生的金元素矿物,在地壳中都是分散的细小金砂或金渣,但也有自然金块存在,俗称"狗头金",是河床中的砂金千百万年间被碳酸化合物络合的凝聚物,因形状酷似狗的头形而得名,常含银或微量的铜。狗头金(图3-8)单块最小的十几克,最大的几十千克,罕见的大块金几百千克,印度科学家曾发现过两块近2.5t的狗头金。含银量超过20%的金称为"银金",自然金以自然金块或银金为主,金的颗粒粗大,一般以肉眼即可辨别,一般呈块状、散粒状、薄片状、针状、海绵状、毛发状或不规则树枝状集合体,个别块体可重达数十千克。自然界纯金极少,常含银、铜、铁、钯、铋、铂、镍、碲、硒、锇等伴生元素。自然金中含银15%以上者称"银金矿",含铜20%以上者称"铜金矿",含钯5%~11%者称"钯金矿",含铋4%以上者称"铋金矿"。

图3-8 俄罗斯出产的"狗头金"

当矿石中含有自然金时,金会以粒状或微观粒子状态藏在岩石中,通常会与石英或硫化物的矿脉同时出现,这称为"脉状矿床金"或"岩脉金"。自然金由岩石中侵蚀出来,最后形成冲积矿床的砂砾,称为"砂矿"或"冲积金"。冲积金比脉状矿床的表面含有更丰富的金,因为在岩石中的金与邻近矿物氧化后,再流入河流,借助流水作用形成金块。

自然金的颜色变化与金的成色有关,高成色的金呈深黄色—黄色,并呈浅红色调,一般成色的金为深黄色、黄色、黄白色,低成色的金具淡绿色。

(1)矿金。矿金也称"合质金",产于矿山、金矿,大都是随地下涌出的热泉通过岩石的缝隙而沉淀积成,常与石英共生夹在岩石的缝隙中。矿金大多与其他金属伴生,其中除黄金外还有银、铂、锌等金属,在其他金属未提出之前称为"合质金"。矿金产于不同的矿山,所含的其他金属成分不同,因此成色高低不一,一般在50%~90%之间。矿金开采的工序相对复杂而艰辛,一般开采出1t矿石,才能提炼出几克黄金。

(2)砂金。砂金是产于河床弯曲的底层或低洼地带,与石沙混杂在一起,经过淘洗出来的黄金。相对于矿金,砂金多数细微如沙。砂金起源于矿山,是由于金矿石露出地面,经过长期风吹雨打,岩石经风化而崩裂,金便脱离矿脉伴随泥沙顺水而下,自然沉淀在石沙中,在河流底层或砂石下面沉积为含金层,从而形成砂金。金在地表环境具有十分稳定、密度大、颗粒小等特点,所以冲积砂金矿层主要产于基岩上面的砾石层底部,矿层延长可以很大,离原生矿床或岩石可以很远。由于这类矿床埋藏浅,易于用简单的淘洗工具淘取,所以,远在几千年前已经为人们所开采。砂金矿是古代和近代历史上世界黄金生产的主要矿床,经过几千年的开采,富矿砂多已枯竭,现在主要以矿金为主。

砂金的特点是:颗粒大小不一,大的像蚕豆,小的似细沙,形状各异。颜色因成色高低而不同,9成以上为赤黄色,8成为淡黄色,7成为青黄色。

2. 熟金

熟金是生金经过冶炼、提纯后的黄金,一般纯度较高,密度较细,有的可以直接用于工业生产。常见的有金条、金块、金锭和各种不同的饰品、器皿、金币,以及工业用的金丝、金片、金板等。由于用途不同,所需成色不一,或因没有提纯设备,而只熔化未提纯,或提的纯度不够,形成成色高低不一的黄金。人们习惯上根据成色的高低把熟金分为纯金、赤金、色金3种。

(1)纯金。黄金经过提纯后达到相当高纯度的金称为"纯金"(图3-9),一般指达到99.6%以上成色的黄金。100%的纯金是不存在的,目前电解提炼法一般也只能提到99.999%。

图3-9 周大生纯金玉面狐狸吊坠

第三章 最古老的贵金属——黄金

(2)赤金。赤金和纯金的意思相接近,但因时间和地方的不同,赤金的标准有所不同。国际市场上出售的黄金,成色达99.6%的称为"赤金"。而国内的赤金成色一般在99.2%~99.6%之间。

(3)色金。也称"次金""潮金",是指成色较低的金。这些黄金由于其他金属含量不同,成色高的达99%,低的只有30%。

按含其他金属的不同划分,熟金又可分为清色金、混色金、K金等。

黄金中只含有白银成分,不论成色高低统称为"清色金"。其成色在95%左右的为赤黄色,80%左右的为正黄色,70%左右的为青黄色,俗称"七青、八黄、九五赤"。高色金性质柔软,敲无长音,色泽光润,火烧后不变色。清色金较多见,常见于金条、金锭、金块及各种器皿和金饰品。

混色金是指黄金内除含有白银外,还含有铜、锌、镍、铅、铁等其他金属。根据所含金属种类和数量不同,可分为小混金、大混金、青铜大混金、含铅大混金等。

黄金所含杂质总量中,含铜不超过1/10者,称为"小混金"(如95%成色黄金,含杂质量5%,含铜量不超过0.5%)。其特征为:颜色比清色金微红,体质较硬;金宝、金条面上有麻点,不光润,击之稍有长韵。

黄金所含的杂质总量中,含铜超过1/10者,称为"大混金"(如90%成色黄金,杂质含量10%,含铜量超过1%)。其特征为:红铜大混金,其表皮微显紫红色,经火烧后,即变黑色,成色在90%以下者,剪折的碴口呈壳晶沙碴,体质坚硬而发脆,击之有长韵;青铜大混金,表皮发皱不光润,体质轻飘,击之有铜音,磨道时打滑。

二、全球黄金资源的分布

1. 世界黄金资源

人类赖以生存的地球上,究竟分布着多少黄金?

据科学家估算,地壳中的黄金资源大约有48万亿t,人均约1万t。乍听起来,这是一个天文数字。但实际上,地球上99%以上的金分布在地核,约47亿t,地幔内的约8 600万t,地壳内的约960万t,海水中的约440万t。也就是说,99.71%的黄金,深藏于地核与地幔中,金的这种分布是在地球长期演化过程中形成的。地核与地幔中的黄金,即使在无限遥远的未来,也永远无法开采到。即使蕴藏在地壳和海水中的1 400万t黄金,因埋藏过深和品位过低,也有90%可望而不可即。

世界黄金协会报告中指出,截至2010年,全球已查明的黄金资源储量约为

10万t。主要分布在南非、俄罗斯、中国、澳大利亚、美国等十几个国家。

地球上的黄金分布很不均匀,虽然世界上有80多个国家生产黄金,但是各国黄金产量差异很大,各地产量也颇不平均。南非是全球最大的黄金资源拥有国,已探明资源储量为3.1万t。从1898年起,其金产量就高居世界之首。著名的旅游城市约翰内斯堡素有"黄金城"之美誉,它地处世界最大的黄金脉矿中心,周围240km的弧形"金带"内分布着几十个金矿,估计储量占世界储量的60%。这里每年采掘冶炼黄金600～700t,占世界总产量的2/3以上。第二位是俄罗斯,约有7 000t。中国目前已探明黄金储量达6 328t,居第三位。

2. 世界黄金产量

19世纪的产金大国目前仍然是当今世界最重要的黄金出产国。2010年世界黄金产量前10名:中国、澳大利亚、美国、俄罗斯、南非、秘鲁、印度尼西亚、加纳、加拿大、乌兹别克斯坦。

进入20世纪后,世界黄金的生产总体呈上升趋势,分别出现过几次产量大增的现象。1900年世界黄金产量每年300t,在20世纪早期最高产量达到每年700t,30年代最高产量达到每年1 300t,60年代最高产量接近1 500t,80年代世界黄金年产量突破2 000t,90年代至今产量总体还在增长。20世纪90年代以来,世界黄金产量还是比较稳定的,21世纪以来世界黄金平均产量稳定在2 600t左右。截至2011年,人类采掘出的黄金总量不过16万t,约占总储量的三亿分之一。

自20世纪80年代以来,南非的产金量呈稳步下降趋势,尤其90年代以后,下降速度加快。虽然一些国家和地区的黄金产量有所提高,如澳大利亚、秘鲁、阿根廷以及东南亚,但是南非、美国等黄金大国的产量在下降。由于金矿产业投资周期长、开采成本高,从历史数据来看,全球产金量不可能快速增长。

据调查,目前全球还有580个储量100万盎司(28.3t)以上黄金的矿藏,最好的情况下,将有18.2亿盎司(56 608t)黄金最终可被开采出并且进入供应流中。目前从事黄金开采的公司面临的挑战不是没有找矿潜力,而是容易找的金矿都已被发现了。据统计,目前处于开发阶段的金矿储量和资源量基本上与正在生产的矿山相当。

3. 中国黄金资源和产量

中国是黄金矿产资源丰富的国家,世界上已知的金矿类型在我国都有发现,据推测,我国蕴藏的黄金资源量为3万～5万t。我国虽没有南非约翰内斯堡那样的特大金矿,但黄金产地遍布全国各地(图3-10)。

《2013年中国国土资源公报》显示,2013年我国矿产资源勘查取得了显著成

图 3-10　浙江遂昌明代金矿矿洞

果,新发现大中型矿产地 173 处,新增查明金资源储量 761t。截至 2012 年底,中国被探明的黄金资源储量为 8 196t,居世界第二。加上新增查明储量,中国目前被探明的黄金储量达到 8 957t。

我国历代王朝都在开采黄金,古籍中对金矿产地、采金活动的盛况、金矿的描述和金矿床等都有不同程度的记载。就黄金产地而言,先秦时期分布在云南丽水、湖南洞庭、湖北汉水、河南汝河。汉至北宋时期分布在山东蓬莱、掖县,陕西西城(今安康)洛南、四川眉州、广元。元、明、清各朝分布的金矿产地剧增,有河北迁安、丰润,山西忻州,江西饶州、抚州,山东栖霞、莱州,湖南岳州,陕西蓝田。此外,四川、云南、两广、东北三省皆有金矿产出,且有很多地方延续到现在仍是我国重要的产金基地及重要的产金地。

中国黄金产地遍布全国各地,几乎每个省均有黄金储藏。但黄金资源在地区分布上并不平衡。从地域上看,山东、河南与福建,是我国的产金大省。

山东作为我国重要的黄金生产基地之一(图 3-11),其黄金总产值、产量、利润、创外汇和黄金储量,均居全国首位。山东的金矿开采至少可追溯到北宋时期。山东的黄金主要集中在胶东半岛的招远—掖县一带,产地较为集中,易于大规模开采。在全国 10 个重点金矿中,山东就占 5 个,其中知名的有招远金矿和三山岛金矿。

黄金是河南优势金属矿产之一,2008 年河南共完成矿产金产量 24.799t,连续 25 年在全国名列第二位。河南金矿主要分布在豫西、豫西南一带。

福建西南山区上杭县的紫金山金矿近几年已成为国内单体矿山保有可利用储量最大、采选规模最大、黄金产量最大、矿石入选品位最低、单位矿石处理成本最低、经济效益最好的黄金矿,福建因而成为矿产金产量排名第三的省份。

江西虽然矿产金数量不高,但该省丰富的铜矿中含金量却很高,因而伴生金矿最多,占总伴生金矿储量的 12.6%,在黄金总储量中仅次于山东排名第二。

中国黄金开采基本上实行国家专营,私人禁止采矿。现代科技的应用使得金矿矿源勘探非个人能力所能承担,一般只有在传统的产金区还有零星的私人淘采。

图 3-11　山东黄金露天采矿

随着我国开采技术的提高,黄金的产量与日俱增。1949 年中国黄金产量仅为 4.07t,1975 年仅为 13.8t,国内黄金总存量很少。从 20 世纪 70 年代开始,中国对黄金生产采取扶持政策,加大对黄金行业的投入,改善技术装备,逐步摆脱了人拉肩扛的落后生产方式,黄金工业进入了发展的快车道。

1978 年中国黄金产量仅为 19.67t,1995 年中国黄金产量突破 100t,2003 年达到 200t。2007 年黄金产量达到 276t,黄金产量首次超越南非跃居全球头号黄金产金国,获得世界第一产金国的宝座。该宝座曾被南非霸占了 100 年之久。2010 年,中国黄金产量达 340.876t。2013 年,中国黄金产量达 428t,我国已连续 7 年蝉联全球第一产金大国的地位。2013 年金价大跌,中国消费者出手使得中国超越印度成为了全球黄金消费第一大国。

目前,全国产金地达 500 多个,黄金工业成为 100 多个地区的支柱产业和重要的财政收入来源。其中,2010 年中国黄金产量排名前 5 位的省份依次为山东、河南、江西、云南、福建,它们的产量占全国总产量的 59.82%。

三、黄金的用途

黄金有着神奇的魔力,稀少、珍贵、价值稳定,是财富和身份的象征。对人类而言,黄金有着超过其他金属的魅力和诱惑力,历来是人们追求的目标且地位长盛不衰。黄金有多种用途,但在人类社会发展的过程中,黄金最重要的作用是货币。黄金是财富的象征,更是国家财政储备货币(图3-12)、世界贸易的硬通货。除此之外,黄金还有着十分广泛的其他用途,例如大量用于首饰、工艺品,以及电子工业、航天工业、化学工业和现代通信等产品中。

图3-12 黄金货币

根据现有的统计数据,自人类发现黄金以来,全世界黄金存量总共为16万t左右,有人估计其中40%以金锭的形式储存在各国金库中,有40%以各种镶金珠宝、货币保存着,另有20%被损失和被工业消耗掉。

1. 用作货币、国家储备

黄金被发现后,由于价值高,产量稀少,铸造困难,并具有良好的耐腐蚀性、延展性和分割性,同时符合固定充当一般等价物的条件,即形式统一、质地均匀、坚固耐用、价值稳定、便于携带,成为最适于充当货币的商品,于是黄金成为货币。黄金很快成了各国追求的资源,历史上黄金多的国家一般都有过侵略战争,鸦片战争前中国的黄金储备是世界第一,战乱使黄金迅速流散。

在我国古代，黄金一直作为货币流通，目前发现最早的金币是战国时代楚国铸造的。世界上金币的铸造，最早可以追溯到公元前8世纪初—7世纪末位于西亚的亚述帝国。

资本主义初期，黄金已进入货币流通领域，而且数量逐渐增多。到19世纪，黄金在世界主要国家垄断了货币的作用。各国规定黄金作为货币金属后，就规定货币单位的名称和它所包含的货币金属质量，例如英国的货币单位定为镑，每镑含纯金7.32g。

20世纪70年代以来黄金与美元脱钩后，黄金的货币职能也有所减弱，但仍保持一定的货币职能。目前许多国家，包括在西方主要国家国际储备中，黄金仍占有相当重要的地位。"储备"一词在《辞海》中的解释是：储存起来以备使用。黄金储备量作为国际储备的一个部分只是衡量国家财富的一个方面，黄金储备量高则抵御国际投资基金冲击的能力强，有助于弥补国际收支赤字，有助于维持一个国家的经济稳定。不过，过高的黄金储备量会导致央行的持有成本增加，因为黄金储备的收益率从长期来看基本为零，而且在金本位制度解体以后黄金储备的重要性已大大降低。对一个国家来说，黄金是具有无限权威性的储备资产。可以说，拥有黄金的国家不必惧怕外国政府做出任何有关变更黄金价值和改变黄金使用条件的决定。对任何一个国家的货币或任何一种国家货币来说，这两种情况都是有可能发生的。

黄金的货币商品属性决定了黄金被广泛用于金融储备。由于黄金的优良特性，历史上的黄金有充当货币的职能，如价值尺度、流通手段、储藏手段、支付手段和世界货币。

2. 用作珠宝首饰、工艺品等

黄金最早的用途之一是制作首饰，我国历史上有许多著名的黄金首饰，如魏晋时期的金戒、元末的金镯、隋朝的金链、明代的璎珞、宋代的耳环、明清时期的耳坠、唐明时期的凤钗、清代的凤冠（图3-13）等，均巧夺天工，令人叹为观止。在世界其他国家，用黄金制作首饰也源远流长。哥伦比亚的印第安人早在公元前20世纪就开始用黄金制作耳环、鼻环、项链、别针、手镯和脚镯，显示了高超的辗箔、压花、包金和焊镀技术。

华丽的黄金饰品一直是社会地位和财富的象征。19世纪以前，极其稀有的黄金基本上是统治阶级独占财富和权势的象征，或为修饰、保护神灵形象的材料。在中国古代，人们往往在供奉的佛像上覆上一层金箔（图3-14）。一方面是因为黄金具有不易被氧化，表面光泽华丽的特点；另一方面因为黄金是高贵和财富的象征，表达着信徒们对神佛的崇敬。随着现代工业和高科技的发展，用黄金制作的珠宝、饰品、摆件的范围和样式不断拓宽深化。而随着人们收入的不断

图 3-13 皇后冬朝冠

提高、财富的不断增加,以及保值和分散化投资意识的不断提高,也促进了这方面需求的逐年增加。近几年来,珠宝首饰用金更是在实物黄金的整体需求量中占到了 70% 左右。

3. 在工业与科学技术上的应用

黄金具有独一无二的完美性质:它具有极高的抗腐蚀性和稳定性;良好的导电性和导热性;金的原子核具有较大捕获中子的有效截面;对红外线的反射能力接近 100%;在金的合金中具有各种触媒性质;还有良好的工艺性,极易加工成超薄金箔(图 3-15)、微米金丝和金粉;很容易镀到其他金属和陶器及玻璃的表面上,在一定压力下容易被熔焊和锻焊;可制成超导体与有机金;等等。这些特性使黄金广泛应用到现代高新技术产业中,如电子技术、通讯技术、宇航技

图 3-14 明代鎏金铜金刚萨埵坐像

术、化工技术、医疗技术等。随着科学的发展和新技术不断出现,黄金的应用领域将不断扩大。

图 3-15　成都金沙遗址出土的金箔制成的金冠带

(1)在电子工业中的应用。黄金具有优异的稳定性,良好的导电导热性能,这使黄金在电子工业上的应用愈来愈广泛。黄金被用作电接触材料、电阻材料、测温材料、厚膜浆料、特种精密电子仪器中用的拉丝导线、电镀金的高频导体、高温焊接用金合金,以及在计算机、收音机、电视机、收录机等方面用的涂金集成电路等。

(2)在化学工业中的应用。在化学工业中,黄金也有独特的用途。黄金可用作石油化工催化剂,如金和钯(3%或20%)的合金可作为催化剂用在捕收铂的生产上。黄金还可用作核化工厂用的材料及人造纤维类工厂用的合金喷丝头等。

(3)在航空航天业中的应用。在航空航天业中,金的用途也在发展与开拓之中。黄金主要用作焊、镀材料。如:用金镍合金钎焊航空发动机的叶片;镀金用在各种宇航仪表上可以防止太阳的辐射,反射掉98%以上的红外线;在宇航服上镀一层0.2μm厚的黄金,就可免受辐射和太阳热;飞机和其他空间运输工具中可用镀金红外装置及热反射器;喷气发动机和火箭发动机用涂金防热罩或热遮护板;飞机、汽车、轮船等交通工具涂有薄层金的挡风玻璃;等等。

(4)在医疗事业中的应用。在医疗事业中,黄金主要应用在制药、理疗和镶牙方面。如利用金的同位素 ^{198}Au 放射线治疗恶性肿瘤和肝脏病的检查;用含有金盐的各种制剂治疗肺结核等疾病;现代牙科除使用包金齿套外,主要使用金、钯、银、铜、铟制成合金人造瓷牙。

(5) 在传统工业中的应用。在镶牙、照相和制笔等传统工业中，黄金的应用仍具有一定的消耗量。金在科学技术上的应用，正处在不断开发中。日本学者秋洪良三曾发现金晶体堆积，可构成超导薄膜。薄金膜的防辐射功能在其他工业部门中也得到了应用。如在建筑物的玻璃窗上镀一层 $0.13\mu m$ 的金膜，就可把红外线反射回去，使室内在夏季也相当凉爽。如果在镀有金膜的玻璃上通上电，玻璃窗会长期保持清洁透明。在船舶上的望远镜玻璃上面镀上一层金膜，就可以使望远镜一年四季保证视野清晰。

四、世界主要的黄金交易市场

世界的黄金交易市场主要分布在欧洲、亚洲、北美洲 3 个区域。欧洲以伦敦、苏黎世黄金市场为代表，亚洲主要以东京、中国香港和新加坡为代表，北美洲主要以纽约、芝加哥和加拿大的温尼伯为代表。世界各大金市的交易时间，以伦敦时间为准，形成伦敦、纽约（芝加哥）、东京连续不断的黄金交易。

1. 美国黄金市场

美国黄金市场以做黄金期货（期金）交易为主，纽约黄金市场已成为世界上交易量最大和最活跃的期金市场。纽约商业交易所是世界最具规模的商品交易所，同时也是世界最早的黄金期货市场。美国黄金市场是 20 世纪 70 年代中期发展起来的，在 1974 年 12 月 31 日，黄金非货币化以后，美国开始允许自由交易黄金和私人拥有黄金。美国黄金市场由纽约商业交易所（New York Mercantie Exchange, InC., NYMEX）、芝加哥商品交易所（Chicago Mercantie Exchange, CME）、底特律、旧金山和水牛城共 5 家交易所构成。

2. 伦敦黄金市场

伦敦黄金市场有近 300 年交易传统，堪称世界上最古老的黄金交易市场，也是世界上最大的黄金市场。19 世纪中叶从银本位转向金本位以后，黄金交易变得更为重要了。此外，全世界的黄金当时大都产于大英帝国，并通过英格兰银行进入市场，直至今日，国际上仅有的几条通用交易规则都基于伦敦市场的模式。1804 年，伦敦取代阿姆斯特丹成为世界黄金交易的中心。1919 年伦敦金市正式成立，每天进行上午和下午两次黄金定价。由五大金行定出当日的黄金市场价格，该价格一直影响纽约和中国香港的交易。市场黄金的供应者主要是南非。

3. 苏黎世黄金市场

苏黎世黄金市场是二战后发展起来的世界黄金市场。20 世纪 30 年代成为世界主要的黄金交易中心，第二次世界大战后，它开始成为世界第一大黄金交易市场。苏黎世黄金市场的地位是基于国外的黄金需求而不是瑞士国内的需求，大部分用于满足国外工业需求,特别是首饰和钟表业。苏黎世黄金市场从一开始靠的就是国内钟表对黄金的大量需求,当然也曾受益于瑞士作为金融中心的总体优势。由于瑞士特殊的银行体系和辅助性的黄金交易服务体系,为黄金买卖者提供了一个既自由又保密的环境。瑞士与南非也有优惠协议,获得了80%的南非黄金,前苏联的黄金也聚集于此,使得瑞士不仅是世界上新增黄金的最大中转站,也是世界上最大的私人黄金存储与借贷中心。苏黎世黄金市场在世界黄金市场上的地位仅次于伦敦。

4. 东京黄金市场

1960—1973年间,日本银行曾在伦敦以35美元/盎司的价格购买黄金,然后在东京以高得多的价格出售。然而在1973年以后,日本黄金交易商允许直接进口黄金,日本的黄金交易市场从此诞生。由于本身几乎不产黄金,日本的黄金依赖于进口,他们的电子工业尤其需要大量的黄金,而黄金首饰的需求量相对较少。尽管如此,该国较高的生活水平,意味着这里仍旧是一个潜力很大的市场。

5. 香港黄金市场

香港黄金市场已有90多年的历史,以香港金银贸易市场的成立为标志。1974年,香港政府撤消了对黄金进出口的管制,此后香港金市发展极快。由于香港黄金市场在时差上刚好填补了纽约、芝加哥市场收市和伦敦市场开市前的空挡,可以连贯亚洲、欧洲、美国时间形成完整的世界黄金市场。其优越的地理条件引起了欧洲金商的注意,伦敦五大金商、瑞士三大银行等纷纷进港设立分公司。他们将在伦敦交收的黄金买卖活动带到香港,逐渐形成了一个无形的当地"伦敦黄金市场",促使香港成为世界主要的黄金市场之一。

6. 新加坡黄金所

新加坡黄金所成立于1978年11月,目前时常经营黄金现货和2、4、6、8、10月的5种期货合约,标准金为100盎司的99.99%纯金,设有停板限制。黄金主要从澳大利亚、加拿大、南非和美国进口,从伦敦和苏黎世的进口量较少。在1992年,新加坡进口了全球黄金总产量的20%。黄金市场的重要性基于它在实金交易方面的实力。作为首饰产销中心,新加坡的重要地位与中国和马来西亚相比也许已被削弱,然而在实金交易方面,仍然是一个巨人。

五、影响黄金价格的因素

20世纪70年代前,黄金价格基本由各国政府或中央银行决定,国际上黄金价格比较稳定。70年代初期,黄金价格不再与美元直接挂钩,黄金价格逐渐市场化,影响黄金价格变动的因素日益增多,具体来说,可以分为以下几个方面。

1. 供给因素

(1) 地球上的黄金存量。全球目前大约存有 16.6 万 t 黄金,而地球上黄金的存量每年还在以大约 2%的速度增长。

(2) 年供求量。黄金的年供求量大约为 4 200t,每年新产出的黄金占年供应的 60%以上。

(3) 新的金矿开采成本。要将一块灰头土脸的金矿石变成亮闪闪的黄金,需要经过采矿、粉碎、选矿、细粉、精炼、熔炼、提纯等多个环节。黄金开采成本不断上升。十几年前,从地下开采 1 盎司黄金的平均成本是 200 多美元;到 2010 年,该费用已高达 857 美元。

(4) 黄金生产国的政治、军事和经济的变动状况。这些国家的任何政治、军事动荡无疑会直接影响该国生产的黄金数量,进而影响世界黄金供给量。

(5) 央行的黄金抛售。中央银行是世界上黄金的最大持有者,1969 年官方黄金储备为 36 458t,占当时全部地表黄金存量的 42.6%,而到了 1998 年官方黄金储备大约为 34 000t,占已开采全部黄金存量的 24.1%。由于黄金的主要用途由重要储备资产逐渐转变为生产珠宝的金属原料,或者为改善本国国际收支,或为抑制国际金价,因此,中央银行的黄金储备无论在绝对数量上和相对数量上都有很大的下降,数量的下降主要靠在黄金市场上抛售库存储备黄金。例如英国央行的大规模抛售、瑞士央行和国际货币基金组织准备减少黄金储备就成为国际黄金市场金价下滑的主要原因。

2. 需求因素

(1) 黄金实际需求量(首饰业、工业等)的变化。一般来说,世界经济的发展速度决定了黄金的总需求量,例如在微电子领域,越来越多地采用黄金作为保护层;在医学以及建筑装饰等领域,尽管科技的进步使得黄金替代品不断出现,但黄金以其特殊的金属性质使其需求量仍呈上升趋势。

(2) 保值的需要。黄金储备一向被央行用作防范国内通胀、调节市场的重要手段。而对于普通投资者,投资黄金主要是在通货膨胀情况下,达到保值的目的。在经济不景气的态势下,由于黄金相较于货币资产更为保险,导致对黄金的需求上升,金价上涨。

(3) 投机性的需求。投机者根据国际、国内形势,利用黄金市场上的金价波动,加上黄金期货市场的交易体制,大量"买进"或"卖出"黄金,人为地制造黄金需求假象。在黄金市场上,几乎每次大的下跌都与对冲基金公司借入短期黄金在即期黄金市场抛售和在纽约金属交易所(New York Commodity Exchange, Inc.,COMEX)黄金期货交易所构筑大量的空仓有关。

3. 其他因素

(1) 美元汇率的影响。美元汇率也是影响金价波动的重要因素之一。一般在黄金市场上有美元涨则金价跌,美元降则金价扬的规律。美元坚挺一般代表美国国内经济形势良好,美国国内股票和债券将得到投资人竞相追捧,黄金作为价值储藏手段的功能受到削弱;而美元汇率下降则往往与通货膨胀、股市低迷等有关,黄金的保值功能又再次体现。这是因为,美元贬值往往与通货膨胀有关,而黄金价值含量较高,在美元贬值和通货膨胀加剧时往往会刺激对黄金保值及投机性需求的上升。

(2) 各国的货币政策与国际黄金价格密切相关。当某国采取宽松的货币政策时,由于利率下降,该国的货币供给增加,加大了通货膨胀的可能,会造成黄金价格的上升。

(3) 通货膨胀对金价的影响。从长期来看,每年的通胀率若是在正常范围内变化,那么其对金价的波动影响并不大;只有在短期内,物价大幅上升,引起人们恐慌,货币的单位购买力下降,金价才会明显上升。

(4) 国际贸易、财政、外债赤字对金价的影响。债务,这一世界性问题已不仅是发展中国家特有的现象。在债务链中,债务国本身如果发生无法偿债的现象将导致经济停滞,而经济停滞又进一步恶化债务的恶性循环,就连债权国也会因与债务国的关系破裂,面临金融崩溃的危险。这时,各国都会为维持本经济不受伤害而大量储备黄金,引起市场黄金价格上涨。

(5) 国际政局动荡、战争、恐怖事件等。国际上重大的政治、战争事件都将影响金价。政府为战争或为维持国内经济的平稳而支付费用、大量投资者转向黄金保值投资,这些都会扩大对黄金的需求,刺激金价上扬。如第二次世界大战、美越战争、1976 年泰国政变、1986 年"伊朗门"事件等,都使金价有不同程度的上升。比如 2001 年 9 月 11 日的恐怖组织袭击美国世贸大厦事件曾使黄金价格飙升至当年的最高,近 300 美元/盎司。

(6) 股市行情对金价的影响。一般来说股市下挫,金价上升。这主要体现了投资者对经济发展前景的预期,如果大家普遍对经济前景看好,则资金大量流向股市,股市投资热烈,金价下降。反之亦然。除了上述影响金价的因素外,国际金融组织的干预活动,本国和地区的中央金融机构的政策法规,也将对世界黄金价格的变动产生重大的影响。

(7) 石油价格的影响。黄金本身作为通涨之下的保值品,与通货膨胀形影不离。石油价格上涨意味着通货膨胀会随之而来,金价也会随之上涨。

图 3-16 为 2014 年黄金下半年走势图。

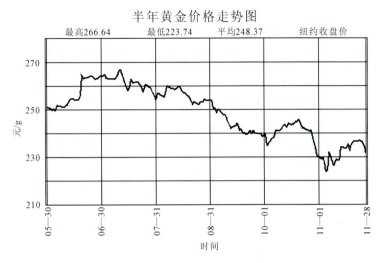

图 3-16 2014 年黄金下半年走势图

第三节 黄金的物理、化学性质

黄金作为最古老的贵金属，有良好的物理特性，一般火焰下黄金不容易熔化；黄金密度大，有压手的感觉，韧性和延展性好；黄金具有艳丽的黄色，质地柔软，易被磨成粉状，这也是金在自然界中呈分散状的原因，纯金首饰也易被磨损而减少分量。

在元素周期表中，黄金的原子序数为 79，即金的原子核周围有 79 个带负电荷的旋转电子，因此，金具有很好的化学稳定性。

一、黄金的物理性质

1. 黄金的颜色和光泽

黄金代表了太阳的颜色，耀眼的金黄色是黄金的最纯颜色，在所有金属中，黄金的颜色最黄（图 3-17）。在自然界中见不到纯金，而金属杂质（首先是铜和银）赋予金以各种颜色和色调，黄金中含有其他元素的合金能改变颜色，如金铜合金呈暗红色，含银合金呈浅黄色或灰白色。市场上最多的是 18K 金，是由 75% 的黄金与 25% 的其他贵金属熔合而成。不同的金属配比，就会产生出不同颜色的 K 金，如玫瑰金、白色金、黑色金等。

黄金的颜色也取决于该金属块的厚度及其聚集体状态。例如，把黄金铸成

图 3-17　古埃及黄金饰品

很薄的金箔,对着亮处看发绿色的光,黄金熔化时发出的蒸气也是绿色的,而未熔化的金则呈黄绿色。在冶炼过程中,金粉通常是咖啡色,细粒分散金一般为深红色或暗紫色。自然金有时会覆盖一层铁的氧化物膜,这种情况下黄金的颜色可能呈褐色、深褐色,甚至是黑色。

黄金具有强金属光泽。

2. 黄金的硬度

黄金是一种很柔软的金属,摩氏硬度为 2.5,与人的指甲硬度不相上下,因此,用指甲在纯金上可划出痕迹。黄金这种柔软性使它非常易于加工,这对黄金首饰的加工来说,又很不理想,因为这样很容易使首饰留下划痕,失去光泽以至于影响美观。所以在用黄金制作首饰时,一般都要添加铜和银等金属,以提高其硬度。

黄金与其他金属在一起熔化,可以改变黄金本身的机械性能:含银和铜可明显提高金的硬度;含砷、铅、铂、锶、铋、碲能使金变脆,铅在这方面的特点就更为突出,仅含 1% 铅的合金,如果冲压一下,就会变成碎块,而纯金中含 0.01% 的铅,它的良好可锻性就将完全丧失。

3. 黄金的延展性

黄金低硬度使它的韧性和延展性异常强,易于锻造和延展。黄金的这个特性使它成为众金属中拉力最强的,适合于机械加工,可以制成极细的金丝和极薄、易于卷起的金片。现代,人们已能够生产直径 2.3μm 的金箔和直径 10μm

的金丝。1g 纯金能拉成 3 000 多米长的细丝,可锻压成 9m² 的金箔(图 3-18)。古代人将黄金锤成薄片,铺在庙宇和皇宫上面做装饰。据说 1 盎司的金可以用来铺满一所屋子的顶盖。

图 3-18　金箔

黄金的延展性令它易于加工,成为制造首饰和工艺品的首选。

纯金的抗压强度为 $10kg/mm^2$,其抗拉强度与预处理的方法有关,一般在 10～30kg/mm^2 之间。冷拉金丝时,受力最大。

4. 黄金的密度

黄金的密度很大,手感较沉,有压手感。在常温常压下,黄金的密度是 19.32g/cm^3,直径仅为 46mm 的金球,其质量就有 1kg。黄金的密度仅次于铂,约是水的 20 倍,铁的 3 倍多。这里指的是化学意义上纯金的密度,而在自然界中这样的纯金在某种程度上是不存在的,自然界大部分黄金的密度在 15～19g/cm^3 之间。黄金的质量对其开采十分有利,用最简单的方法,如采用溜槽淘洗,就能获得很高的回收率。

5. 黄金的熔点

黄金的熔点为 1 064℃,"真金不怕火炼"就是指黄金的熔点高(图 3-19)。熔融黄金有较高的挥发性,随着温度的升高,其挥发性不断增强。金粉在温度较低的情况下,必须加压才能熔结在一起。

黄金能与许多金属形成合金,可以降低其熔点,原因是这些金属的原子半径

图 3-19 熔金

与黄金的原子半径非常接近;黄金可以形成金银合金、金铜合金、金铂合金、金钯合金等,这些合金并不是化合物,而是固熔体。合金中的所有金属都比其纯金属熔点低,假如把黄金加热到接近熔点,黄金就可以像铁一样熔结,纤细的金粒可熔结成金块。

6. 黄金的导电、导热性

黄金是热和电的良导体,或者说是非常好的导体,但不如银、铂、汞、铅 4 种金属。

7. 黄金的其他性质

黄金有吸收 X 射线的本领。

二、黄金的化学性质

黄金的电离势高,难以失去外层电子成正离子,也不易接受电子成阴离子,比其他元素的亲和力微弱,在自然界多呈元素状态存在,因此,黄金的化学稳定性强,这是黄金被用作货币和珠宝首饰原材料的重要原因之一。

1. 黄金的化学性质

黄金虽然与银、铜等属同类元素,但其化学稳定性很强,具有很强的抗腐蚀性,与铂族元素十分相近,从常温到高温一般均不氧化。黄金的电离势很高,不溶于单一的盐酸、硝酸、硫酸等强酸中,硒酸(H_2SeO_4)、碱溶液(NaOH 或 KOH)、酒石酸、柠檬酸、醋酸、硫化氢、水和空气等试剂或气体也不能与之相互作用。但某些单酸、混酸、卤素气体、盐溶液及有机酸等却有溶解黄金的性能。例如王水、氯水、溴水、溴化氢(HBr)、碘化钾中的碘溶液、酒精碘溶液、盐酸中的氯化铁溶液($FeCl_3+HCl$)、氰化物溶液(NaCN,KCN)、氯(温度高于 420K,1K$=272.15℃$)、硫代尿素 $CS(NH_2)_2$、乙炔(C_2H_2,温度为 753K)、硒酸和碲酸、硫酸的混合酸等均可与黄金相互作用。在含有氯、硫酸或腐植酸的水中也可以溶解少量的黄金。

有一个故事,就体现了黄金的这种特性。有一个珠宝店,大量的黄金被盗,警察调查是一个化学家所为,在其住处和实验室搜查时,一无所获。后来警察想到此人是化学家,怀疑其对黄金做了化学处理,但搜遍了整个实验室,也没发现半点黄金的踪迹。仔细研究后,警察眼睛一亮,说:我知道他把黄金藏在哪里了——就是实验室的王水里。最后调查果然是王水溶解了黄金,只要在王水溶液中,放入一个铜片,就可以把溶解的黄金吸附上去,并还原出来!警察果然通过这个方法找到了丢失的黄金。

黄金也可溶于碱金属、氰化物、酸性的硫脲溶液、溴溶液、沸腾的氯化铁溶液,以及有氧存在的钾、钠、钙、镁的硫代硫酸盐溶液等。碱金属的硫化物会腐蚀黄金,生成可溶性的硫化金。土壤中的腐殖酸和某些细菌的代谢物也能溶解微量金。

黄金的结晶属等轴晶系。晶体的形状常呈立方体或八面体。晶体经溶化后再凝结时,呈不规则的多角形,冷却得越慢,晶体就越大。

在自然界中,只存在金与碲的化合物,金与汞的化合物极少。所有其他化合物都是用人工制得的。用人工方法还可以制得"雷金","雷金"在冲击或加热时容易爆炸。

2. 黄金的地球化学性质

黄金具有亲硫性,常与硫化物如黄铁矿、毒砂、方铅矿、辉锑矿等密切共生,易与亲硫的银、铜等元素形成金属互化物。

黄金具有亲铁性,陨铁中含金($1\,150\times10^{-12}$)比一般岩石高 3 个数量级,黄金经常与亲铁的铂族元素形成金属互化物。

黄金还具有亲铜性,它在元素周期表中占据着亲铜和亲铁元素之间的边缘位置,与铜、银属于同一副族,但在还原地质环境下,黄金的地球化学行为与相邻元素相似,表现了更强的亲铁性。铜、银多富集于硫化物相内,而金、铂多集中于金属相。黄金在地球中元素丰度为 0.8×10^{-6},地核为 2.6×10^{-6},地幔为

$0.005×10^{-6}$,地壳为 $0.004×10^{-6}$。黄金在地壳中的丰度只有铁的 $1/1×10^{-7}$,银的 1/21,汞的 1/25,铂的 1/13。

地球上 99% 以上的金进入地核,黄金的这种分布是在地球长期演化过程中形成的。地球发展早期阶段形成的地壳含金的丰度较高,因此,大体上能代表早期残存地壳组成的太古宙绿岩带,尤其是镁铁质和超镁铁质火山岩组合,黄金丰度值高于地壳各类岩石,可能成为黄金矿床最早的"矿源层"。

综上所述,黄金在地壳中丰度值本来就很低,又具有亲硫性、亲铜性、亲铁性及高熔点等性质,要形成工业矿床,黄金要富集上千倍;要形成大矿、富矿,黄金则要富集几千、几万倍,甚至更高。可见,规模巨大的金矿一般要经历相当长的地质时期,通过多种来源,多次成矿作用叠加才可能形成。

第四节　黄金的成色与计量单位

公元前 200 年左右,阿基米德(Archimdes)曾为判断一顶皇冠是否为纯金做成的而发愁。他在洗澡的时候发现了阿基米德比重定律:浸入液体的物体受到向上的浮力,浮力的大小等于它排开液体的流体重力。于是,便用这一定律来确定王冠上的金银含量。

现实生活中黄金的纯度究竟应该如何认识呢?

一、黄金的成色

黄金的成色是指金的纯度和含量。黄金可与多种金属形成合金,而这些合金中含金量的多少就是黄金的成分,也称"成色"。黄金的优劣、价值的尊贵与否,取决于含金量的多寡,就像钻石的好坏由钻石的 4C 等级来决定一样。成色越高,含金量越高,表示越清纯,质量就越好;反之,成色越差,含金量越低,品质就越差。

市场上的黄金制品成色有 3 种表示方法:成色法、百分率法、K 数法(表 3-1)。

(1)成色法:以 1 000 为单位的表示法,也就是最高质量为 999,往下递减质量越差。

(2)百分率法:把 1 000 换算成百分比,最高等级就是 100%。

(3)K 数法:K 金表示黄金纯度,是英文 Carat、德文 Karat 的缩写,是饰品金的成色表示法。

表 3-1　3 种黄金成色的换算

百分率(%)	成色(‰)	K 金(Karat)
100	999	24K
91.6	916	22K
83.3	833	20K
75	750	18K
58.5	585	14K
41.6	416	10K

在理论上我们把含量 100% 的金称为"24K",所以计算方法为 100/24,国家标准规定,每"K"含金量约为 4.166%,那么:

8K=8×4.166%=33.328%(333‰)

9K=9×4.166%=37.494%(375‰)

10K=10×4.166%=41.660%(417‰)

12K=12×4.166%=49.992%(500‰)

14K=14×4.166%=58.324%(585‰)(为方便标志,把它定在 58.5%)

18K=18×4.166%=74.998%(750‰)

20K=20×4.166%=83.320%(833‰)

21K=21×4.166%=87.486%(875‰)

22K=22×4.166%=91.666 666%(916‰)(为方便标志,把它定在 91.6%)

24K=24×4.166%=99.984%(999‰)

纯金的成色是以 1 000 为目标作为挑战最高极限的质量,但通常没有这种黄金成色,因此,纯金最高等级就是 999,表示里面几乎完全不含银的成分,而成色越低表示含银量越高,含银量超过 20% 则称为"银金"。黄金成色要在 99.6% 或 996 以上才能称为"纯金",有些只要 995 以上就称"纯金",而要达到交易标准的黄金成色,也必须在 99.5% 或 995 以上。

在现实中不可能有 100% 的黄金,所以我国规定:含量达到 99.6% 以上(含 99.6%)的黄金才能称为"24K 金",低于 9K 的黄金首饰不能称之为"黄金首饰"。

在选购金饰的时候,可以先检视一下应该要标志成色的项链扣环、戒指内圈或坠子的背面。

黄金成色的计算方法:

$$成色 = \frac{自然金内含纯金的质量}{自然金内金+银的总质量} \times 1\,000$$

二、黄金的纯度标准

对于黄金制品含金量的成色问题,国家标准有很明确的规定,即商家销售的每件黄金饰品必须挂牌标明其含金量和质量。黄金饰品的质量一律使用国家法定计量单位。其含金量应该使用"K金"(不含24K金)、"足金"(含金量不少于99％),不得使用"千足纯金""纯金"等不规范的标法。我国对黄金制品的印记和标志牌都有规定,一般要求有生产企业代号、材料名称、含量印记等,如X金990、XAu990、X足金等,其中,字母X为厂家代号,无印记者则为不合格产品。当采用不同材质或不同纯度的贵金属制作首饰时,材料和纯度应分别表示,国际上也是如此。但是,对于一些特别细小的制品也允许不打标记。

如黄金首饰上、金条及金砖上打有文字标记,其规定为:金件上标注"9999"的为99.99％,而标注"585"的为58.5％。比如,在上海黄金交易所中交易的黄金主要是99.99％与99.95％成色的黄金。

含金量千分数不小于990的称"足金"。印记为"足金""990金""gold990"或"g990",也称"二九金"。

关于"万足金",国家并没有相关标准。"万足金"来源于一家企业为自己的金饰品注册的商标,因为其更高的纯度和成色受到消费者的喜爱。但是,以现有的仪器精密度,即便黄金饰品纯度确实达到了99.99％(即万足金),一般的检测机构也检测不出来。

按照2009年颁布的GB11887—2012《首饰贵金属纯度的规定及命名方法》的规定,黄金及其合金有6种纯度,9K金代表黄金纯度不低于375‰,14K金不低于585‰,18K金不低于750‰,22K金不低于916‰,足金不低于990‰。24K金理论纯度为1 000‰,但一般人们所讲的24K黄金,纯度应该不低于999.9‰。

我们平常购买的黄金首饰,以18K金居多,而投资金条,纯度一般是999.9‰,投资金条也叫9999金,或万足金。

黄金成色越高,就越软,强度不够,抗拉性就越弱。像项链、手镯(图3-20)、耳环这类有多个活动环节或焊接点的饰品,还有一些工艺比较复杂的大型摆件,为了保证其牢固度,国家标准允许采用很少量低纯度的合金来做焊接点或环扣,但它们的纯度也不能低于900‰。

全世界对饰品黄金的成色要求,中国人最高,特别喜欢千足金以上的品种,实际上还是在追求黄金的保值、增值功能。而欧美一些国家比较流行9K、14K

图 3-20　金镶宝石手镯

黄金,因为低成色黄金,无论是色泽还是造型,都可以做得更丰富一些,装饰功能更多一些。

三、黄金的计量单位

黄金的计量单位为盎司、克(g)、千克(kg)、吨(t)等。目前,国际上一般通用的黄金计量单位为盎司,我们常看到的世界黄金价格都是以盎司为计价单位。国内一般习惯于用"克"来表示。国内虽然采用的是公制,但中国的黄金计量单位与国际市场约定成俗的习惯计量单位"盎司"是不同的,国内投资者投资黄金必须首先要习惯适应这种计量单位上的差异。

1. 盎司

在香港又称为"安士",既是质量单位又是长度单位,在表示质量单位时,盎司又叫金衡盎司,是专门用于黄金等贵金属的计量单位。

1 盎司=31.035 克(g)

2. 市制单位

市制单位是我国黄金市场上常用的一种计量单位,主要有市斤和两两种。其折算如下:

1 市斤=10 两

1 两=1.607 536 金衡盎司=50 克(g)

3. 日本两

日本两是日本黄金市场上使用的交易计量单位，其折算如下：

$$1\text{日本两} = 0.120\,57\,\text{金衡盎司} = 3.75\,\text{克(g)}$$

4. 托拉

托拉是一种比较特殊的黄金交易计量单位，主要用于南亚地区的新德里、卡拉奇、孟买等黄金市场上。其折算如下：

$$1\text{托拉} = 0.375\,\text{金衡盎司} = 11.663\,8\,\text{克(g)}$$

5. 漕平两

在中国古代，黄金交易还使用过漕平两作为黄金交易的计量单位。漕平两是我国明末清初杆秤制单位，其折算如下：

$$1\text{斤} = 16\,\text{漕平两}/1\,\text{漕平两} = 1.004\,71\,\text{金衡盎司} = 31.249\,978\,09\,\text{克(g)}$$

6. 盘

解放前我国还使用过一种称为"盘"的黄金交易计量单位，其折算如下：

$$1\text{盘} = 70\,\text{漕平两} = 4.375\,\text{斤}$$

第五节 纯金与K金

一、纯金

纯金指不含杂质的金，也就是理论上含金量为100%的黄金。纯金色泽赤黄，质软，光泽夺目。

"金无足赤"，绝对的纯金是不存在的，以现代科学技术水平可提炼出纯度为99.9999%专门用作标准化学试剂的试剂金。由于试剂金的生产成本高昂，仅从首饰的使用价值来说，用试剂金制作首饰的意义不大。目前中国市场上常见的纯金以24K为主，含金量在99.6%以上。纯金成色有3种："四九金"，成色为99.99%；"三九金"，成色为99.9%，俗称"千足金"；"二九金"，成色为99%，俗称"足金"。

2014年，全国首饰标准技术委员会通过了对强制性国家标准《首饰贵金属纯度的规定及命名方法》的修改，修改后的"新国标"中，剔除了首饰中"千足金（银、铂、钯）"等称谓。这意味着千足金即将消失在大众视野，明确了足金成为贵金属首饰最高纯度标准，最高纯度贵金属将以单一的"足金、足银、足铂、足钯"存在。

纯金首饰具有抗氧化、耐腐蚀、不变色等特点，同时，因其硬度低、易磨损、易变形，不易保持精细花纹，不能做镶嵌款式的缺点，在首饰制造时会加入其他金属增加硬度。足金首饰因使用需要，其配件含金量不得低于75%，须向消费者明示。

硬金的由来源于黄金质地的软硬，硬金又称为"千足硬金"。"3D硬千足金"饰品，是以电铸模式生产而成，相较于纯金，质地更硬。3D硬金（图3-21）通过对电铸液中的黄金含量、pH值、工作温度、有机光剂含量和搅动速度等进行改良，大大提升了黄金的硬度及耐磨性，从而解决了现有电铸工艺的黄金饰品的不能佩戴及触摸等问题。

图3-21 周大生3D硬金吊坠

二、K金

为了克服纯金价格高、硬度低、颜色单一、易磨损、花纹不细腻的缺点，通常在纯金中加入一些其他金属元素以增加首饰金的硬度，变换其色调并降低熔点，这样就出现了成色高低有别、含金量明显不同的金合金首饰，冠之以"Karat"一词。

1. K金

黄金与其他金属熔炼在一起后形成的黄金合金，简称"K金"。K金制是国际流行的黄金计量标准，K金的完整表示法为"Karat Gold"，并赋予K金以准确的含金量标准。

在黄金中添加非黄金金属的目的主要包括以下几点。

（1）添加黄金硬度，以利于制作出明朗、表面耐磨、抛光光洁的黄金饰物。

（2）不易变形，便于制作镶嵌饰物。

（3）增加黄金系列首饰的品种。

（4）降低成本，价格便宜。

K金首饰（图3-22）的特点是用金量少，成本低，又可以配制成各种颜色，且不易变形和磨损，特别是镶嵌宝石后牢固美观，更显现出宝石的珍贵艳丽。

2. K金的颜色

由于在黄金中加入其他金属的比例不同，K金的成色、色调、硬度、延展性及熔点等性质均不相同。比如18K金中除了75%的金之外，其他金属元素的不同

图 3-22　18K 金戒指

比例会使 K 金显现为不同颜色：如中国人喜欢黄色，故配方中银、铜各半；欧洲人喜欢偏红色，故在 25% 的杂质中铜占 2/3 以上或全部为铜；美国人喜欢偏淡的黄色，则加入银的成分多些。科学技术的发展，使我们能配制成各种颜色的黄金合金。国际上流行的 K 金颜色丰富，最常见的是黄色和白色（图 3-23）。

图 3-23　原生态 K 金树叶吊坠

在 K 金中添加的金属种类主要有银和铜，另外还有钯、铝、镍、铁、锌等金属。目前研究成功的有红色 K 金、黄色 K 金、绿色 K 金、蓝色 K 金、白色 K 金、黑色 K 金、灰色 K 金等。

(1) 红色 K 金。金、银、铜 3 种金属配制而成，加大铜的比例，颜色向铜的色调靠近，不是很亮丽。亮红色 K 金是金和铝配制成的合金，性脆，难以加工。减少铝的比例可形成紫色 K 金，其淡紫色相当迷人，同样性脆，难以加工。

(2) 黄色 K 金。金、银、铜 3 种金属配制而成，黄色是金的本色，大部分首饰商业用金都是这种颜色，它尽量保持了黄金的本身颜色。

(3) 绿色 K 金。金银铜合金中加入少量镉，可配制成绿色 K 金。

(4) 蓝色 K 金。金和铁的合金在表面上加入钴而得。

(5) 白色 K 金。金铜合金中加入镍或钯后形成的。

(6) 黑色 K 金。金中加入高浓度铁而形成，有一种黑色 14K 金配比约为金 58%、铁 42%。

(7) 灰色 K 金。灰色 K 金的灰色通常来自适当浓度的铁。

需要注意的是，有些彩色 K 金是表面镀金，不是冶炼制成的。这种表面镀金法的色彩很容易磨损。市场上的白色 18K 金有些表面镀镍或铑、钯，磨损后饰品泛黄，显现出 18K 金的本色。

3. K 金的成色

由于 K 金中其他金属的加入量有多有少，便形成了 K 金首饰的不同 K 数，首饰金中主要包括以下几种。

(1) 22K 金。含金量 916‰，含少量的银、铜，硬度较纯金略高，可用于镶嵌较大的单粒宝石，款式不宜过于复杂，在首饰上打印记"金 916""G22K""Au916"。

(2) 18K 金。含金量不低于 750‰，含少量银、铜，色泽与银、铜的比例有关。银的比例较高时，呈青黄色，铜的含量较高时呈紫黄色。理想 18K 金具有美丽的颜色和反射性，硬度适中，有适当的冷加工性，延伸率 25%，且适于加工、易于抛光，成品不易变形等。18K 金首饰上打印记"金 750""G18K""Au750"。

(3) 14K 金。含金量 585‰，为银、铜等合金，金属色泽以暗黄色为主，没有红光，质地较硬，韧性较高，可镶多种宝石，在首饰上打印记"金 585""G14K""Au585"。

(4) 9K 金。含金量 375‰，其余为银、铜，色泽紫红，质地坚硬易断，延展性差，宜制作造型简单或只镶单粒宝石的首饰，在首饰上打印记"金 375""G9K""Au375"。

表 3-2 为 K 金成分表。

表 3-2 K 金成分表

成色	用料	红色	红黄	浅红	深黄	金黄	浅黄
22K	金		916‰			916‰	917‰
	银					42‰	83‰
	铜		83‰			41‰	
18K	金	750‰		750‰	750‰	750‰	
	银			80‰	125‰	95‰	
	铜	250‰		170‰	125‰	155‰	
14K	金	585‰			585‰		585‰
	银	70‰			150‰		205‰
	铜	345‰			265‰		210‰

K 金成色计算方法有以下两种。

(1)减少黄金含量:$X=$原质量×(原来黄金纯度－所需黄金纯度)/所需黄金纯度,X 是增加非黄金的金属量。

原有 90g22K 金,因需求变化要变成 18K 金,需加入多少其他金属?

$$X=90×(22-18)/18=20(g)$$

(2)增加黄金含量:$Y=$原质量×(所需黄金纯度－原来黄金纯度)/(24K)纯金纯度－所需黄金纯度,Y 为加入黄金量。

原有 12g14K 金,现需求 18K 金,需在 14K 金中加入多少黄金?

$$Y=12×(18-14)/24-18=8(g)$$

4. 白色 K 金

白色 K 金就是白色的黄金(图 3-24),是指黄金中含不同的白色金合金材料,颜色略带青黄的白色,常用的合金材料有镍、锌、铜、银等,标记方法:"WG"(White Karat Gold)。750 白色 K 金是由 75%的黄金和 25%贵金属组成的合金,常见的印记是"750"或"18K"。白色 K 金具有良好的反射性,不易失去光泽,是用来镶嵌宝石的银白色金属之一。

白色 K 金的特点:①色泽洁白,在一定程度上可取代铂金;②硬度高于 3.5,光洁度高,不易变形,可加工各种工艺首饰;③可用于制作镶嵌首饰;④饰品典雅大方,价格便宜。

白色 K 金的配方主要有 3 个系列:①以黄金为主,加上银、镍、锌组合的合金;②以黄金和钯为主,加上铜、镍、锌组合的合金;③以黄金为主,加上意大利

图 3-24　18K 金钻石戒指

铜、镍、锌、铬组合的合金。

白色 K 金由于其颜色光泽与铂金相似,尤其再镀一层铑,更是典雅大方,可以假乱真,而价格却远低于铂金,因此受到许多人的青睐。市场上习惯称白色 18K 金为"18K 白金",这是一种容易与铂金饰品混淆的称呼,为此引起的误解和纠纷不少,故按国家标准,这种称谓是不允许的。

因为白色 K 金与铂金及其 K 金具有很大的相似性,在鉴定或选购时需要注意识别以下几点。

(1)看印记,二者的标注不同。

(2)颜色与光泽比铂金及其 K 金要略暗些。

(3)白色 K 金的硬度通常小于铂金及其合金。

三、易与黄金首饰混淆的金属

生活中,有很多易与黄金相混淆的金属首饰,主要包括镀金首饰、包金首饰、铜质首饰,还有一些不法分子制造假牌号、仿制戳记,用稀金、亚金、甚至黄铜冒充真金,因而在分辨黄金时要根据饰品进行综合判定来确定真假和成色高低。

1. 包金首饰

包金首饰(图 3-25)是以银、铜、铅、锌、钨及其他合金制成坯胎,然后用机械或其他方法将金箔牢固地包裹在金属制品的表面上形成黄金外衣,以取得金光灿烂的外观效果。古时用木槌捶打出来的,现代用机器轧制出来的比纸还要薄的金箔,使用时用清漆粘贴,而不能拌和。贴金多用在硬件上,如神物菩萨、庙宇供器、人物雕塑。

图 3-25　法国 IDee 包金戒指

包金的材料一般为 24K 或 22K 的金箔,如金箔的 K 数太低,则柔软性较差。包金首饰的外观与真黄金首饰相似,金光闪闪,又不易褪色,使人真假难辨。但仔细观察首饰的凹陷处、夹角处、背后等,可以发现有金箔凹凸不平,有翘边起皮的现象。如首饰上有断裂接头,可从此看到金属材料的断面是外黄里白。此外,包金首饰的手感也较轻,质地较纯金首饰硬,牙咬无印,不易弯曲,久戴金箔易起皮脱落。包金饰品上往往打"24KF""18KF"印记。

2. 锻压金

锻压金是 K 金,是通过高温锻压在合金表面上,类似于包金。国际 K 金锻压工艺制造协会及美国国会于 1962 年 7 月 1 日通过法律规定由含量不低于 10K 的金板永久性地通过高温锻压在合成金属的表面或多面上,其中被锻压的 K 金总质量不低于成品的 1/20。

3. 填金

填金是指一种金属组合物,利用高温及压力将一层K金压在较便宜的金属基底上,这样可以形成K金的外观,并且较便宜。在技术上,K金至少须为货品质量的1/20以上,可以含量更多。纯度印记:"1/20""12K""GF"。

4. 滚金

滚金与填金以相同方式制成,不过金属可以更薄,因此更便宜,但不持久,其纯度及含量的印记:"1/40""12K""R.G.P"。

5. 镀金首饰

镀金首饰是通过电解法在其他的金属首饰表面用电镀法镀上一层黄金,颜色与真金首饰相仿,金黄光亮,新时较难辨认。镀金是得到黄金外观的最便宜方法。要求镀金的含金量不得低于14K,其厚度不小于$0.5\mu m$。镀金首饰(图3-26)一般体质较轻,弯折时较硬,手感较轻,质地较硬,牙咬无印,用久易褪色。镀金首饰在砂纸上用力一擦,即可露出基底颜色,经过火烧,颜色变白的是银,变黑的是铜。镀金首饰上常有"18KGP""24KGP"印记。

图3-26 镀金首饰

6. 粘金

粘金就是金粉在使用时调以清漆作为粘合剂,它是一种以金代墨的理想用料。文人墨客多用它在纸、绸、布、棉上挥毫文字,如寿幛、扇子、对联、堂幅等,都是粘金的用武之地。

7. 铜质首饰

铜质首饰颜色黄中带红，光泽较暗，质地较软，质量轻飘。铜合金首饰，颜色发白，质硬量轻，久戴掉色，会使皮肤发黑。

8. 稀金首饰

稀金首饰是稀土元素与铜组成的合金，为少量稀土加大量黄铜。耐磨性好，硬度可达 3.5 以上。

9. 亚金首饰

亚金首饰是以铜为基础材料形成的一种铜合金，辅以银元素熔烧的仿金材料，外观与 18K 黄金相似。

10. 钛金首饰

物化的镀钛工艺（氮化钛），一般以铜为主体，外观与 K 金外观类似（图 3-27）。

无论是镀金首饰、包金首饰，还是铜质首饰、亚金首饰，一般不带类似黄金首饰的印鉴，或所带印鉴不同于黄金首饰，如有的首饰刻有英文字母"GK"，其含义是"镀金"。或者印鉴字迹模糊不清，歪歪斜斜，消费者应通过辨认首饰上是否有印鉴、印鉴是否符合上述规定、印鉴是否清晰等方面内容，以判别黄金首饰真伪。

图 3-27 钛金钻石戒指

第六节 黄金及黄金饰品的鉴别方法

黄金，是地球稀有而珍贵的有色金属。以其稀有的价值、无穷的魅力和提取的艰辛，成为稀世之宝，备受世人的青睐。因此，在购买首饰时，需要学会鉴别真伪和成色，不要上当受骗。

一、黄金的基础鉴别法

鉴别黄金需要一定的经验，各种不同成色的黄金，其颜色和光泽是各不相同的。经过长期的实践摸索和分析，人们也总结出一些简单的基础鉴定法。

1. 辨色泽

俗语说，黄金"七青、八黄、九五赤、四六不呈金"，这句口诀是古人鉴别黄金成色的方法之一。"七青"，是指 7 成（含金 70%）的黄金所呈现出来的颜色为青黄颜色。"八黄",是指8成(含金80%)的黄金所呈现出来的颜色为正黄色。"九赤",是指9成(含金95%以上)的黄金呈现出来的颜色为深赤黄色,90%～95%的黄金所呈现出来的颜色为浅赤黄色。"四六不呈金",是指成色低于6成(含金60%)的黄金,所呈现出来的颜色已不是黄金所具备的颜色了。6成以下的黄金为白中带微黄色,4成以下的黄金则颜色完全泛白了。若对久藏初出的首饰来说,则有"铜变绿,银变黑,金子永远不变色"的说法。

现在黄金的合金有很多种配方,在没有分析测试的条件下,光靠肉眼看颜色、辨别真伪是不可行的,因为黄金可以加入其他的元素,改变颜色,所以,这个鉴别方法并不能作为完全的鉴定依据。

2. 掂质量

黄金的密度为 $19.32g/cm^3$,比一般铜、银、铅、锌、铝等常见金属都要大。同等体积的黄金质量是白银质量的1.8倍,铜的2.2倍,铝的6.1倍。因而用手掂质量,再根据其体积的大小,就可以判定真伪。黄金用手一掂就有沉甸甸的感觉,这就是所说的"金坠手",假金饰品则觉轻飘,此法不适用于镶嵌宝石的黄金饰品。

掂质量只可以作为辅助检测手段,掂黄金质量需要很多前提条件,如首饰的体积、外观、形状要差不多。掂质量还需要一定的经验,最好的办法还是用专业仪器测定,所以,掂质量辨别真假也不是鉴定黄金的准确依据。

3. 试软硬

纯金柔软、硬度低,用指甲能划出浅痕,成色高的黄金饰品比成色低的柔软,含铜越多则越硬。成色高的黄金用大头针划、牙咬,能留下明显的痕迹;若为黄铜饰品,用大头针划之时,用力大则痕迹模糊不清,指甲划则无痕迹。97%以上成色的黄金首饰,弯折两三次后,弯折处出现皱纹,也叫"鱼鳞纹";95%左右成色的黄金首饰,弯折时感觉硬,鱼鳞纹不明显;90%左右成色的黄金首饰,弯折时很硬,没有鱼鳞纹;含杂质较多的黄金首饰,弯折两三次即断;如为生金制作,弯即断,断面有明显的砂粒状。用此法时应考虑到首饰的宽窄与薄厚,厚的、宽的就硬些,薄的、窄的就软些。

实验证明,牙咬金片、铜片、银片,3种物质上都能留下明显的牙齿痕迹。牙齿的摩氏硬度为6～7,黄金和银的相对摩氏硬度是2.5～3,纯铜是3,所以,很多金属材料的硬度都比较低,用牙齿咬都会留下明显的咬痕。

4. 听音韵

将黄金抛掷于硬质地方,成色高的黄金会发出"噗嗒"的声音,有声无韵且无弹力,俗称"死声",落地之后极少弹跳。成色低或假的黄金掷地之后,其声稍尖、微高,稍有短韵。而铜制饰品掷地之后发出"当当当"的清脆响声,有韵且声响尖长,掷地后有弹跳。

5. 火烧法

"真金不怕火炼",黄金在 1 000℃的高温下也不变色、不熔化;在 1 063℃,开始溶化但不变色。用火将要鉴别的饰品烧红,冷却后观察颜色变化,若表面仍呈原来黄金色泽则是纯金;若颜色变暗或不同程度地变黑,则不是纯金,一般成色越低,颜色越浓,全部变黑,说明是假金饰品。

实验证明,用 1 000℃以上的温度烧黄金,真的金子会越烧越亮,黄金熔化做成金块后,前后的质量也不会发生任何变化。如果不是纯金,用火烧过后,颜色和质量都会发生变化。但是针对消费者而言,没有专业设备操作具有较大危险,所以,这个方式不是最好的辨别真假的方法。

6. 看标记

国产黄金饰品都是按国际标准提纯配制成的,都盖有含金量和生产厂标记,如 24K 金标"足赤"或"足金",18K 金标"18K"等字样,如无标记者,一般都是伪品。

7. 试金石

这一方法是利用金对牌(已确定戒色的金牌)和被试首饰在试金石上磨道,通过对比颜色,确定黄金首饰成色。此法应在自然光和日光灯下进行,不能在直射的太阳光线和白炽灯下进行。试金石(图 3-28)是一种含碳质的石英和蛋白石等混合黑色矿物,将黄金在试金石上面划一条纹,就可以看出黄金的大致成色。

图 3-28　试金石

纯金:发亮的深黄色、浓黄色。

含银金:色浅,微带淡绿色;含银大于25%的金:土白色。

含铜的金:颜色加深,呈红色色调。

含银、铜的金:黄色。

含锌、铜、镍的金:白金色。

8. 试剂法

用45%的硝酸点试,黄金无变化,银变黑色,铜冒绿色泡沫。这是因为金的化学性质稳定,在任何状态下都不会被氧化,在水、空气、硫化氢或盐、碱环境中也非常稳定。金难溶于任何一种单一的酸,仅溶于王水。

在试金石上也可以通过点试剂鉴定黄金。在试金石上磨出被鉴定首饰的金道,用玻璃棒点试硝酸在金道上,若颜色不变,则为纯金。若非金或非纯金,金道则消失或起变化。变化规律是"三快、三慢",即成色低的消失快,成色高的消失慢;混金消失快,清金消失慢;大混金消失快,小混金消失慢。视其金道消失情况,比对金牌就可确定黄金首饰的成色。

二、黄金的鉴别

黄金的鉴别一般分为黄金原料的鉴别和黄金首饰的鉴别。黄金的鉴别都利用了黄金的某一项化学或物理性质。

1. 黄金原料的鉴别

黄金原料的鉴别不考虑原料的形状,一般均采用火烧试验法。取样于陶瓷坩埚中,使用汽油火枪直接对准样品加热至熔化,然后冷却至室温,再观察样品的颜色有没有发生变化。含金量在98.5%以上的颜色无任何变化;低于此成色者颜色有不同程度的改变,多见变黑、变灰。可以根据变色程度与纯金相比较估计出样品的成色。有经验者要求误差在0.1%的范围内。

有经验的鉴定师通过观察熔融状态下的黄金液体表面是否有漂浮物,以及黄金液体冷凝时整体速率是否均一来准确判定黄金的成色。

2. 黄金首饰的鉴别

一般对于黄金首饰的鉴别要求不能损坏待测件。一般手段有感官识别法与仪器法。常用的仪器有贵金属分析仪、电子探针、反射式显微镜。传统的还可使用试金石配合盐酸和硝酸以及标准比色卡。

(1)感官识别。传统的感官识别方法总结起来包括"看、摸、敲、听、折"。所谓"看"是指观察黄金的颜色。足黄金的颜色是草黄色(图3-29),黄色亮丽、柔和,其中显得有一点白。而所谓"赤黄色"是特定的富含红光的光线下黄金呈现的颜色。平时自然光下黄金显示的就是草黄色。在夜间的日光灯下,由于富含蓝光,黄金的颜色显得没有那么黄而是明显发白。"摸"是利用黄金的表面润滑性好的特点来识别。有弧面的黄金在弧面上用手摸过去是光滑的,以此区别与其他金属。"摸"还包括"掂"的意义,就是说将待测件置于手心掂试,根据压手的程度估计其密度大小。"敲"和"听"是共同使用的,先敲后听。具体做法是用左手食指和大拇指圈住待测样,用右手轻轻敲击待测样,迅速置于耳边听其回音。若回音深沉,则黄金含量高;若回音清脆,则含金量低。有经验者使用此法甚至可以区分足金与千足金。"折"是对待测件的一种轻微损坏的鉴别方法。一般人的做法是将待测件某一处用手轻轻折,若是纯度高则质地软,可以轻易折弯,若纯度低则不易折弯。然而这样的方法具有较大的偏差。一般的,我们进一步观察折痕,如果折痕处出现了细小的褶皱,类似于鱼鳞,我们称之为"鱼鳞纹"。凡出现鱼鳞纹者纯度高,且细小、不掉皮。纯度低的鱼鳞纹出现裂纹或者掉皮。

图 3-29　草黄色金冠形饰

(2)仪器识别。使用电子探针或 X 射线荧光光谱仪可以准确而且快速地分析出待测件表面成分,准确得出表面的成色。但是考虑到夹层金的存在,电子探针的结论适合于参考而非最终结果。贵金属分析仪与电子探针类似。

事实上,国家贵金属检测部门对于黄金首饰的检验往往是抽样进行破坏性鉴定,一般采用的就是火烧试验法和化学药品法。常见的是使用火烧试验法,原因是火烧试验法可以完全暴露出待测件的内外成分,检验结论是最终结论。

第四章　平民贵族：白银

第一节　白银概述

白银，即银，因其色白，故称"白银"，与黄金相对。银是一种美丽的白色金属，英文名称Silver，银的化学元素符号Ag，来自拉丁文名称"Argentum"，是"浅色、明亮"的意思。我国也常用"银"字来形容白而有光泽的东西，如银河、银杏、银鱼、银耳、银幕等。在所有贵金属中，银是在自然界中分布最广的，是金含量的20倍，几乎等于铂族金属含量的总和。

银和黄金一样，是一种应用历史悠久的贵金属，至今已有4 000多年的历史。中国是开采银最早的国家，我国古代把银与金、铜并列称为"唯金三品"。银光泽柔和、明亮，是少数民族、佛教和伊斯兰教喜爱的装饰品。银首饰亦是全国各族人民赠送给初生婴儿的首选礼物。

一、白银的历史

银比金活泼，虽然它在地壳中的丰度大约是黄金的15倍，但很少以单质状态存在，天然银多半是和金、汞、锑、铜或铂成合金，天然金几乎总是与少量银成合金，因而它的发现要比金晚。在古代，人们就已经知道开采银矿，由于当时人们取得的银量很小，使它的价值比金还贵。我国古代已知的琥珀金，就是一种含银20%左右的金银合金。

古埃及法典规定，银的价值为金的两倍，甚至到了17世纪，日本金、银的价值还是相等的。银最早用来做装饰品和餐具，后来才作为货币①。

人类发现和使用银的历史至少已有4 000年了。我国考古学者从近年出土的春秋时代的青铜器当中就发现镶嵌在器具表面的"金银错"。从汉代开始，出土的银器已经十分精美。图4-1为明代错金银铜牺尊。在古中国、古朝鲜、古印度、古巴比伦王朝各皇家贵族均将银制成餐具器皿，以作为高贵的象征。《本

---

① 卡尔·马克思.《政治经济学批判·第一分册》货币篇.人民出版社，1995.

草纲目》中记载银的功效:银屑,安五脏、定心神、止惊悸、除邪气,久服轻身长年。

图 4-1　明代错金银铜牺尊

公元前 700 年,美索不达米亚的商人们开始用白银作为交换形式。后来,其他先民开始认识到白银作为交易金的内在价值。古希腊人铸造了德拉马克(Drachma)银币,含银量为 1/8 盎司。在罗马,基本的钱币为迪纳里厄斯(Denarius)银币,重 1/7 盎司。英国以先令为单位的货币最初也是表示一定数量的白银。

15—16 世纪欧洲人发现了新大陆,英国人自北美运回了大量的贵金属,加上英国本身在制银的技术上大为改进,因此英国此时期成为银器品的重镇,图 4-2 为英国伦敦千年纯银角形纪念花插。而同一时期的西班牙由于在南美殖民地如墨西哥、玻利维亚和秘鲁都有庞大的银砂矿,这也使得西班牙占有银器市场的一席之地。到了 20 世纪,意大利脱颖而出,反而成为了世界银制品制造业的领导者,90 年代意大利每年平均加工上千吨的白银,而其中约有 60% 用于出口。

二、白银的基本特征

颜色:银白色。

化学符号:Ag。

光泽:强金属光泽。

密度:10.49g/cm³。

图4-2　英国伦敦千年纯银角形纪念花插

硬度:纯银为2.7,925银硬度在3左右。

熔点:961℃。

沸点:2 213℃。

银具有良好的延展性,仅次于金,在金属中居第二位,可捶打成薄形银叶,制作成各种镂空首饰。纯银可碾成厚度为0.025mm的银箔,拉成直径为0.001mm的银丝,但含有少量砷、锑、铋则变硬。

银的导电、导热能力为所有金属中最强的。在高温下,银的挥发性非常显著,在氧化性气氛中的挥发性比在还原性气氛中高。当氧化强烈,熔融面上无覆盖剂以及含有较多的铅、锌、砷、锑等易挥发金属时,银的挥发性就会显著增加,如有贱金属的存在,氧化银就会很快被还原。银在空气中熔融时,能够吸收自身体积21倍的氧,这些氧在银冷凝时放出并形成沸腾状,俗称"银雨"。银对可见光谱有很高的反射性,其反射率可达93%,因而最接近纯白色,有洁白悦目的金属光泽(图4-3)。

银能与任何比例的金或铜形成合金。银的化学性质稳定,与普通酸碱无反应(不溶)。遇硝酸会生成硝酸银,与盐酸反应生成氯化银。银易于氧化,与空气中的二氧化硫反应生成硫化银。银能与砷化合成黑色砷化银,古代就是利用银的这种性质,来检验食物是否有砒霜(氧化砷)。银在常温下与卤族元素缓慢发生反应。银的卤化物(溴化银、碘化银)都有感光性能,是照相术中的感光材料。银最常见的化学特征如下。

图 4-3　银钥匙扣(洁白悦目的金属光泽)

(1)在潮湿的空气中,银容易被硫的蒸气及硫化氢所腐蚀,产生硫化银,使表面变黑(古时鉴别食物中是否含硫化物)。

(2)银在空气中加热容易被氧化,生成氧化银,但到 400℃ 时氧化银便出现明显分体。

(3)不论是固态还是液态,银都能溶解氧,液体银所能熔解的氧竟超过其体积的 70 倍,固态银的含氧量则随温度的降低而减少,银及合金的薄膜具有选择性透氧能力。

(4)银不溶于盐酸和稀硫酸中,但溶于浓硫酸和硝酸中。

(5)银具有强的耐碱性能,故被尊为"烧碱工业的母亲"。

(6)银有奇强的杀菌性,银离子有极强的杀菌作用。

三、白银的价值

白银在古代价值几何?苏轼被贬至黄州时,尽管觉得"廪入既绝,人口不少,私甚忧之",但"痛自节俭"之后,全家每月用四千五百钱尚能有所结余,基本生活仍能得到保障[①]。可是对于苏轼一家来说,每月的生活开支也仅值银三两。在

---

① 源自苏轼《答秦太虚书》,为苏轼 1080 年被贬黄州时写给友人秦观的一封回信。

明代，平民一年的生活只要一两半银子就够了。袁崇焕杀毛文龙，得到士兵两万八千人，上书皇帝要求："岁饷银四十二万，米十三万六千。"①就是说，一万人的部队，每年需要军饷15万两。每名战士一年花费15两白银，按明代一两等于37.8g白银计算，那么567g白银就是一个士兵全年的生活费了。再如戚继光在东南沿海募兵，规定每人年饷银为10两，到北方蓟镇后，守卫边墙的募兵年饷增至18两。这都是战略要地的募兵价格，如果不是要参加重要战斗，或者不是在重要地域，募兵的价格要更低。明修《武进县志》称当地"受募者日银一分"，年饷还不足4两。

明清时期中国和日本的银价都明显高于世界市场，在19世纪中叶之前，中国在与西方的贸易中拥有巨额顺差（与英国的鸦片贸易除外），而中国采取白银结算，于是欧美的白银大量流入中国。即使在中国已经不再拥有巨额顺差的情况下，与中国的贸易也导致了世界白银价值的不稳定。

20世纪，国际"金本位制"在建立之后屡经颠簸，而白银似乎成了被遗忘的角落。随着黄金在国际储备和贸易中的地位日益增加，白银的价格也日益滑落。1910年，每盎司黄金的价格是每盎司白银价格的38倍左右，到了1930年则提升到近63倍，1940年提升到近100倍。也就是说，在1910年选择持有白银作为储备工具的人，在30年后的财富将只有选择黄金为储备工具的人的30%。

2002年，白银价格开始了新一轮的牛市。金融市场流动性泛滥及其后金融危机引发的避险需求使得市场对贵金属的需求大幅增加，黄金价格一路飙升，白银也在其带动下迅速上涨。由于白银价格相对金价便宜很多，其价格波动也更加剧烈。2011年4月28日，在欧债危机的影响之下，白银价格迅速攀升至30年高点49.44美元/盎司，逼近上一轮牛市的历史最高点，5个月内几乎翻了一倍，相比1902年前上涨了9倍。

从历史上看，大宗商品价格波动一个大周期约30年。白银从上一轮牛市高点即1980年的49.45美元至2011年的48.44美元基本上经过一个轮回。当前白银价格主要受到两个方面的支撑，一是随着世界经济的发展，白银在工业领域的应用越来越广泛；二是随着白银投资产品的增多，在金融市场整体动荡的环境下，白银的投资需求成为影响价格的重要因素。

第二节　银的分类

我国是最早使用白银的国家，在漫长的历史长河中，白银曾作为一种货币和

---

① 源自明代历朝官修的编年体史书《明实录》。

民间工艺品的金属原料,在出土文物中占有相当的比例。白银具有白色光泽,容易氧化,广泛应用于首饰和装饰品。现代白银的适用范围进一步扩展,主要按以下几种方式进行分类。

一、按生产分类

20世纪,中国人民银行总行规定了银的种类,分以下几种。

1. 成品银

成品银是由中国人民银行总行指定冶炼厂按一定成色、质量、规格和标准提炼的银,包括高成色首饰银与普通首饰银两种。

(1)高成色首饰银包括纯银与足银两种。

纯银:含银量在99%以上,千分数不小于990,又称"宝银",古称"纹银",标志"S990"。这类银饰是所有银饰中纯度最高的,也最为柔软,一般都做手镯、较大的戒指等传统工艺的银饰。

足银:含银量在98%以上,千分数不小于980。印记为国内标志"足银"(图4-4)、"98银",国外标志"S980"或"silver980"。

(2)普通首饰银又称"色银"或"成色银",指在银当中加入一定量的物理、化学性能与银相似的金属元素,构成银的合金。加入其他金属的目的是提高银的硬度,提高加工性能。

图4-4 足银首饰

普通首饰银主要分以下几种。

纯银：在我国大多采用纯银制造手镯、手链、项链、银锁、戒指等首饰，现在多数都采用经电解提纯后达到 99.99% 的纯银。

98 银：含银 98%、含铜 2% 的银合金。

925 银（标准银）：标志"925S"或"silver925"，表示含银 92.5%、含铜 7.5% 的首饰银，其具有一定的硬度，又有一定的韧性，比较适合镶嵌宝石。

80 银：含银 80%、含铜 20% 的银合金。

粗银：蒙、壮、苗、维吾尔、哈萨克等少数民族沿袭古老的民风，大量制作、佩戴、使用银装饰品和银器。民间艺人制造的银首饰，一般是从矿山直接得到的粗银，银含量在 92%～99% 不等，成色不足。老式银器的纯度一般为 96%，其余为铜和锌。

2. 杂色银

杂色银是指除成品银外的各种银基合金材料，又称"色银"。因而，凡收藏于民间，不论成色高低的白银或厂矿企业生产的非国家标准的白银（低于 99.9%），统称为"杂色银"，包括国外常见的银合金。常见的杂色银包括以下几种。

98 银：含铜 2%，比纯银、足银稍硬，一般作保值性首饰用。

925 银：含银 92.5%，含铜 7.5%，硬度较大，可镶嵌宝石。这是市场上银首饰中最常见的银的品种（图 4-5）。

图 4-5　Tiffany 手镯

80银:含铜20%,硬度大,宜做餐具、帽花等。

另外,还有70银、60银、50银等。

国外的银制品一般不采用纯银,而是采用含银量高于85%的合金,银仍为银白色,银亮的程度稍有下降,但硬度、耐磨性等得到了大大提高。如币银(含银90%、铜10%)、英国生产的银含量不小于95.4%的不列颠银、英国等国家使用的含银量92.5%的货币银合金——史特令银,以及墨西哥银等,甚至包含银量更低的合金。

二、按成分分类

银根据成分含量可分作纯银和色银两大类。纯银指纯度为99.999%以上的银,色银指纯度99%或99%以下的银。色银包括足银、纹银、潮银等。

1. 纯银

纯银又称"宝银",理论为100%,由于纯银在熔化、冶炼、冷凝的过程中表层会结成很好看的纹路,因此旧时又称"纹银""纯银""宝银",3个概念的含义是相等的。目前现有的科学技术能够提炼的最高纯度为99.999%以上,纯银一般作为国家金库的储备物,所以纯银的成色一般不低于99.6%。

2. 色银

色银又称"普通首饰银"或"次银"。在纯银或足银中加入少量其他金属,一般加入物理、化学性质与银相近的铜元素,形成质地比较坚硬的银合金。色银富有韧性,并保持了纯银的延展性,同时可以减低空气对银的氧化作用,因此,色银首饰的表面色泽较之纯银、足银更不易改变。色银主要分以下几种。

(1)足银。是过去流通交易使用的标准银,纯银与足银质地都很软,大多数用于简单的不镶宝石首饰的制作当中,或用于制作保值性首饰。

(2)925银。925银是国际公认的标准银,英文标志为"925S",表示含银量为92.5%、含铜量为7.5%的首饰银。这种银既有一定的硬度,又有一定的韧性,比较适宜制作首饰,便于镶嵌宝石。通常925银饰要镀上一层铑,以防止银在氧化或硫化情况下变黄、变黑。没有镀铑的925银,称为"素银",素银在空气中比较容易氧化。

(3)潮银。潮银又称"80银",英文标志为"800S"(图4-6),表示含银量为80%、含铜为20%的首饰银。这种银硬度大,弹性好,适宜制作领带夹、帽花、餐具、茶具、烟具或首饰上的扣、弹簧或针等类。

色银根据使用需要还包括70银、60银、50银等多个品种。

了解了上述分类,就可知925银和98银都不能算作纯银。因为银的化学性

图 4-6　德国 80 银天使茶漏

质不如黄金稳定,在空气中会渐渐变暗发黑,一些银首饰在出厂前常镀了一层铑,显得很光亮。

三、银首饰分类

银首饰的分类很多,依据成分主要分为足银首饰和银合金首饰。

1. 足银首饰

足银首饰表面光洁,银白色,延展性好,看起来高雅、大方。纯银较软,容易变形,在制作银饰品时,一般会在银中加入一定的其他金属来提高硬度,以满足各种花色、款式及镶嵌珠宝的需要。

2. 银合金首饰

银合金首饰表面光亮,仍有银白色、硬度和延展性适中、加工方便等特点,并且看起来玲珑、精巧,装饰性强。饰品用的银合金主要是银铜合金,银铜合金的优点是比银坚硬,热处理可提高硬度,降低熔点,改善可铸性,但抗变色能力未提高,易生成硫化物使银器变色。为了解决这一问题,人们做了很多研究,发现银钯合金成本最低。另外,近几年许多首饰厂家还把电镀技术引入银饰品加工,在饰品表面镀铑等金属以提高首饰的耐磨、耐腐蚀能力。

最常见的银合金是925银。1851年Tiffany推出第一套含银925‰的银器(图4-7),925银很快成为银饰市场的主力,由于加入了7.5%的铜,银的硬度和光泽都有所改善。925银与纯银不同,纯银纯度高,非常柔软,难以做成复杂多样的饰品,925银能做到。另外也有含银更低的首饰,特别是一些具有民族风格的首饰,十分漂亮、精致。900合金称为"货币银",饰品用80银或其以上合金。

图4-7　Tiffany纯银茶具

四、银焊料

用于焊接银首饰的焊料,它是银、铜、锌的三元合金,其含量大致为银67%～82%,铜14%～24%,锌4%～9%。

银焊料按熔点可分为5个等级:①极易熔的,熔点为680～700℃;②易熔的,熔点为705～723℃;③中等的,熔点为720～765℃;④难熔的,熔点为745～778℃;⑤烧蓝用的,熔点为730～800℃,在烧蓝过程中不会变软。

五、仿银材料

现在市场上还有很多具有白银一样的金属光泽的饰品,它们通常用来作为银的替代品。

1. 镀银

镀银饰品(图4-8)的胎体是一种以铜为主的金属合金材料,常加入锌和镍等金属,表面镀银以改善光泽。该种材料的优点是抗腐蚀性比铜材好,且工艺性质又近似K金。

图4-8 英国金属镀银茶壶

2. 包银

包银是用机械或其他方法将银包裹在金属制品的表面。

3. "夹心"银

"夹心"银饰品是一种较新的银饰品的仿制品,表层为银,而内部为有害元素镉的夹心。镉元素的最大缺点是存在很大的安全隐患,会对人的神经系统造成永久的伤害。

4. 藏银

藏银是西藏、尼泊尔生产的一种含银较少的合金,主要成分包括镍、铜等。按照历史定义是含银30%以上的一种合金,但是现在市场上的藏银,几乎不含银。目前流行的许多所谓藏银首饰制品(图4-9),大多是用白铜(铜镍合金)仿制的,并非真正的藏银。真正的藏银或藏铜手镯,上面的花纹应该是经过"拔丝"附着上去的,而不是雕刻或套印而成。

图4-9 藏银饰品

5. 泰银

泰银最早源自于泰国,所以通常叫"泰国银",又称"乌银"。从严格意义上讲,泰银是千足银,即999‰的银含量,但现在的泰银其实是925纯银,泰银只是一种特殊工艺的称呼。泰银是利用了银遇到硫而发黑的特性制成的,它是在银首饰上把银与硫的混合物加热融化,并以玻璃质状态形成覆盖层。乌银覆盖层疏松乌黑,与白银的光洁银白形成鲜明对比,产生特殊的视觉效果,再经过了特殊的防旧处理,乌银首饰不仅长期不变色,而且表面硬度也比普通银大大增强。别具一格的质感和色泽,让人感受到这类首饰的粗犷和古朴。

6. 苗银

苗银也非纯银,是苗族特有一种银合金。其成分有银、白铜、镍等。一般银含量在20%~60%不等。苗银往往比925银贵,主要是苗银做首饰都非常精美,其价值主要体现在艺术上(图4-10)。苗银饰品长期放置不戴,表面金属会氧化变色,但用软布或纸巾擦拭就可以光亮如新了。

图4-10 苗族银饰

7. 镍银

镍银又称"德国银""亚银",是一种铜60%、镍20%、锌20%的合金材料,并不含任何银的成分。镍银有一定的硬度和延展性,多用来制作便宜的镶嵌类饰物。

8. 乌银

乌银是一种由银、铜、铅和硫磺组成的黑色混合物。通常用来填入金属镶饰的图案,其效果较像搪瓷而不像合金。

9. 假银

假银是完全用其他金属制造,只在外面镀一层银的饰品,是不良商家用以欺骗顾客的伪品。在珠宝部门鉴定时,因为检验的只是表层的一部分,反而因为外镀了一层薄薄的999银或925银而极容易被鉴定为999足银或925银的银饰。

假银一般是用红铜、黄铜、白铜、铅、锡、铝等制造,其特点如下。

(1)红铜质:外表紫红色,茬口黑红色,生绿锈;

(2)黄铜质:外表黄色,茬口豆绿色,生绿锈;

(3)白铜质:外表灰白色,茬口砖灰色,生绿锈;

(4)铅质:灰蓝色,质软,用指甲可划出道痕;

(5)锡质:银白色,质软,用指甲可划出道痕;
(6)铝质:白灰色,体质较软且轻。

第三节 银的用途

银与金一样,也是金属中的贵族,具有诱人的白色光泽,深受人们的青睐。与黄金相比,白银因供应充足且价值较低,多用于制造货币,进入流通领域,很多国家均建立"银本位制",把银币作为主流货币。除此以外,银因其美丽的颜色、较高的化学稳定性和收藏观赏价值,广泛用于制作装饰品、首饰、银器、餐具、礼品、奖章和纪念币等;同时,银在工业上有3项重要的用途:电镀、制镜与摄影。

一、用作货币

白银,在历史上曾经与黄金一样,作为世界很多国家的法定货币(货币原料),具有金融储备职能,也曾是国际支付的重要手段。中国对白银的认识和利用有着悠久的历史,白银很早就被制作成工艺品和货币。据了解,我国历史银两的货币功能始于汉代以前,唐宋时期以后,白银货币开始大量使用,隋唐时期以前银币称为"银饼""银笏",宋金时期称为"银锭",元代称为"元宝"(图4-11)。这时"元宝"一词含有"元朝之宝"的意思。明清时期,白银作为主要货币流通,铸锭盛行。我们今天所见的元宝尤以明清制作的居多。

图4-11 元朝银元宝

1816年，英国实施《金本位法》，确定英镑纸币只盯住黄金，英国由此成为世界上第一个从国家层面废除白银货币地位的国家。19世纪下半叶，西方各国在货币方面开始跟随英国实行金本位。20世纪初，世界主要国家只有中国还是完全的"银本位制"。1935年，民国政府实施"法币改革"，彻底放弃了用银元作货币的做法，这意味着世界上最后一个重要的国家放弃了银本位，白银价格随后跌到历史的最低水平，其商品属性超过金融属性。1971年8月15日，美国总统尼克松宣布美元与黄金脱钩，布雷顿森林体系宣告瓦解，美国政府开始放开对金、银的价格管制。白银价格得以随市场需求自由波动，银币的内在价值也超过了面值。

银币曾经作为"银本位制"国家的法定货币，盛行一时。随着货币制度改革、信用货币的产生，银币逐渐退出了流通领域。目前铸造的银币主要是投资银币和纪念银币。

二、用作珠宝首饰、装饰品

白银和黄金一样，都是富贵的象征，在封建社会，黄金是富贵人家的奢侈品，一般的百姓家中不会有这种东西。而白银则不同，虽然也昂贵，但稍微富足些的家庭，还是能买得起白银的。在这种情况下，基于人们对美的追求，白银因润泽、质感又不张扬的感觉受到人们的喜爱。因此，白银就成为了平民百姓制作首饰的最好材质，也是最主要的材料。白银首饰（图4-12）的使用在中国已有数千年的历史。

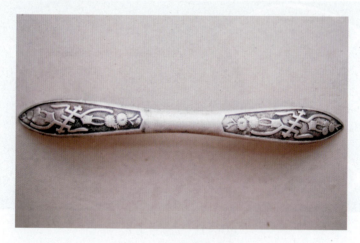

图4-12　民国老银饰

白银的加工性能与黄金类似,都具有良好的反射率,磨光后可以达到很高的光亮度。纯银不易失去光泽,为使制作的首饰光泽持久,通常会在其中掺入少量的铜。银也与其他金属一起应用于金合金中。14世纪以来,纯度为92.5%的标准银是制作银器的标准,特别是作为制造容器和餐具的标准。

三、在医学上的应用

跟黄金相比,白银除了同样被作为货币和富贵的象征之外,在人们的眼里还是辟邪驱毒的材料。在古代,上层社会的人们用黄金、白银作为日常餐饮用具的材料,这不仅显示了人们的财富和社会地位,而且充分利用了银饰查毒的功能。

银自古就被用于加速伤口愈合、治疗感染、净化水和保存饮料。远古时代,富人用银器存放食物,防止细菌生长(图4-13);波斯皇帝居鲁士大帝从特定河里取水并煮沸,装在银器中,由四轮货车运送,跟随他到任何地方;古代马其顿人用银片覆盖伤口来加速愈合;古代腓尼基人为了保鲜,在航海过程中用银质器皿盛水、酒、醋等液体……银离子和含银化合物可以杀死或者抑制细菌、病毒、藻类

图4-13　星座银壶(用于存放食物)

和真菌,反应类似汞和铅。因为它有对抗疾病的效果,所以又被称为"亲生物金属"。我国内蒙古一带的牧民,常用银碗盛马奶,可以长期保存而不变酸,这是由于有极少量的银以银离子的形式溶于水。银离子能杀菌,每升水中只需含有一千亿分之二克的银离子,便足以使大多数细菌死亡。古埃及人在2 000多年前把银片覆盖在伤口上,进行杀菌。在现代,人们用银丝织成银"纱布",包扎伤口,用来医治某些皮肤创伤或难治的溃疡。

19世纪中叶,人们开始用硝酸银及胶态银处理伤口。银化合物在药物上应用的一个突破是开发了磺胺嘧啶银用于治疗烧伤。该药物比较稳定,可制成质量分数为1%的药膏使用,有广谱活性,除能导致白细胞减少外,几乎无副作用,目前被广泛用于治疗烧伤和传染性皮肤病。

银最重要的化合物是硝酸银,在医学上,常用硝酸银的水溶液作眼药水,因为银离子能强烈地杀死病菌。银的昂贵和抗生素时代的到来,让人们立刻弃用了银。银首先被磺胺类药代替,然后是青霉素,接着是数以百计的抗生素。

四、银在工业上的应用

随着电子工业、航空工业、电力工业的大发展,近年来,白银的工业需求正稳步快速增长。有数据表明,工业用银占了白银开采总量的70%。

1. 在电镀上的应用

纯银是一种美丽的银白色的金属,其首饰和器皿具有良好的反射率,磨光后可以达到很高的光亮度,在首饰和家庭装饰中用途很广泛。在其他金属表面镀一层银,也可以达到纯银的装饰效果(图4-14),外表光亮细致、耐磨、抗腐蚀、抗变色能力强,而且还可以延长使用寿命,因此具有广泛的应用。银基合金电镀主要用于提高镀层硬度、耐磨性和耐腐蚀性。银电镀液一般用氰化银、氯化银、硝酸银或氧化银等配制。纯银电镀一般用于防腐、装饰、电子仪器、电接触件、反光器材和化学器皿等。电镀银器的镀层通常厚20~30μm,镀金首饰厚度只有3~5μm。世界上绝大多数的镜子都是用镀银的方法制造出来的,热水瓶胆同样也是镀了银的。

2. 电子电器材料

银具有最好的导电性、导热性和反射性能,以及良好的化学稳定性和延展性,因此,银在电子工业中具有广泛的用途。银丝可用来制作灵敏度极高的物理仪器元件,各种电器中重要的接触点接头就是用银制作的,无线电系统中重要的元件在焊接时也要用银作焊料。现在,电子电器是用银量很大的行业,各种自动化装置、火箭、潜水艇、计算机、核装置以及通讯系统,所有这些设备中都有大量

图 4-14 镀银首饰

的接触点。在使用期间,每个接触点要工作上百万次。为了能承受这样严格的工作要求,接触点必须耐磨,性能可靠,还必须能满足许多特殊的技术要求。这些接触点一般都是用银制造的,如果在银中加入稀土元素,性能就会更加优良。用这种加稀土元素的银制作的接触点,寿命可以延长好几倍。

3. 感光材料

银在制造摄影用感光材料方面,具有特别重要的意义。照相纸、胶卷上涂着的感光剂,都是银的化合物——氯化银或溴化银。这些银化合物对光很敏感,一受光照,马上分解。光线强的地方分解得多,光线弱的地方分解得少。不过,这时的"图像"还只是隐约可见,必须经过显影,才能使它明朗化并稳定下来。显影后,再经过定影,去掉底片上未感光的多余氯化银或溴化银。底片上的图像,与实景相反,叫作负片,光线强的地方,氯化银或溴化银分解得多,黑色深(底片上黑色的东西就是极细的金属银),而光线弱的地方则显得白一些。在印照片时,相片的黑白与负片相反,于是便与实景的色调一致了。现代摄影技术已能在微弱的火柴光下、在几十分之一到几百分之一秒中拍出非常清晰的照片。

在胶片时代,感光材料是消耗银的大户,溴化银是生产感光材料不可缺少的原料。20世纪90年代,世界照相业用银量在6 000~6 500t。现代电子成像、数

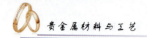

字化成像技术的发展,使卤化银感光材料用量有所减少,但卤化银感光材料的应用在某些方面尚不可替代,仍有很大的市场空间。如医用 X 光胶片需要存档,在一些国家规定儿童的 X 光胶片要保存到成年,这些胶片应用了大量的银,仅美国各大医院保存的 X 光胶片估计用银量就达 3 000～4 000t。

4. 化学工业

在化学工业中除直接使用金属银以外,大量使用的是各种银盐。硝酸银是一种重要的化工原料,除少部分供直接使用(镀银、药用、化学分析等)外,主要是以硝酸银为原料再加工生成其他银盐供使用。

5. 牙科合金材料

汞齐作为牙科充填材料已经有很长的历史了,最古老的汞齐是将银与汞按质量比 1∶1.6 的比例混合而成。

6. 原电池

银-锌蓄电池的质量轻,体积小,适合于大电流放电,一般用于航天业,如在火箭上用作化学电源等。

五、银的其他用途

我国古代法医早就懂得用"银针验尸法"来测定死者是否中毒而死,帮助破获了不少谋杀案件。

银还可以预防一些自然灾害。如:火山爆发及某些大地震前,地表均有可能渗出含硫的气体。这种气体会使银器的表面很快变成黑色,从而显示出火山将要爆发、大的地震将要来临的某种征兆。

银还是一种包裹食物的金属,在我国和印度均有用银箔包裹食品和丸药服用的记载。同时银还是某些生物的食物。据我国古籍《天香楼外史》记载:古时候有一个妇人藏了 150 两私房银。有一天她开箱查看藏银,银竟不翼而飞。妇人大惊,怀疑被人盗走,弄得全家人心惶惶。后来再开箱寻找,只见一堆白蚁正团集在一起吃残存的银粒。妇人一气之下,把白蚁投入炉中,以解心头之恨。"火烧蚁死,白银复出",一称,恰好 150 两。

未来,银的许多有潜力的应用将从实验室走向市场。银在电流传输的超导体方面的应用也取得了长足进步。银最值得关注的领域就是生物杀灭剂,纳米粒子的研究和生产技术的进步才推动了白银作为杀菌剂的广泛应用,大量研究表明,银生物杀灭剂对木材真菌、昆虫及其他有机生物的破坏效果显著。同样,银表面消毒剂的应用也有所突破,更广泛地应用于食物加工器、消毒中心和家居用品领域。含有银的新产品目前已经成功地商业化,从作为人造物品的一部分到用极少的量来达到杀菌的目的,银都取得了成功的应用,如洗衣机在清洗衣物时可以释放银离子。绷带释放出银离子可以缩短治疗时间以减少更换频率,现已有创伤用品制造商采用了这种技术,这使它们的发展空间扩大。运动服装可以通过加入银离子来调节体温,也可以减少体味。

银的另一个得到发展的应用就是高温超导线领域。陶瓷芯复合银套的高温超导线已开发用于新的发电厂和配电网。

第四节　银矿分布与提炼加工

一、银矿

银在地壳中的平均含量约为 1×10^{-7},在地壳中元素的分布情况属微量元素。银在自然界中很少以单质状态存在,大部分是化合物状态。银矿成矿的一个重要特点,就是80%的银是与其他金属,特别是与铜、铅、锌等有色金属矿产共生或伴生在一起。因而它的发现要比金晚,一般认为在距今6000年以前。

目前已知以主要元素、次要元素和不定量形式存在的银矿物及含银矿物有200多种,其中以银为主要元素的银矿物和含银矿物有60余种,都具有重要的经济价值。作为白银生产的主要原料有12种,如自然银、银金矿、辉银矿、硒银矿、锑银矿等。我国古代已知的琥珀金,在英文中称为Electrum,就是一种天然的金银合金,含银量约20%。

由于银的化学性质较稳定,在自然界中有部分呈单质和自然银(图4-15)形式存在,人们曾发现过一块重达13.5t的纯银。

天然的银矿通常呈矿块和晶粒的块状,但也可能呈生硬的树枝状集合体。自然界刚刚采掘出土的天然银具有银白色的金属色,泛亚光,抛

图4-15　自然银

光以后显现炫目的银白色光泽,但是如果长期曝露在空气中容易产生一层黑色的氧化物,失去表面的光泽,这是银的氧化现象,氧化层可以清洗。除此之外,银本身硬度不高,无法以纯质形式制作珠宝,而常与其他金属合铸,或在表面覆以黄金。自希腊时代起就一直被人们使用的洋银,即是金与银的合金,只含20%~25%的银。标准纯银(含银量92.5%),或更高比例的纯银,这两种合金都被用作界定银含量的标准。

世界上银的主要开采地在南美、美国、澳洲和苏联,最大的单产银国家是墨西哥,大约自1 500年前起就一直开采至今。中国是银矿资源中等丰富的国家,总储量11.65万t,居美国、加拿大、墨西哥、澳大利亚、秘鲁等国家之后,约处世界第六位。

2005年世界银储量为27万t,储量可保证生产28年。从世界分布情况来看,波兰、中国、美国、墨西哥、秘鲁、澳大利亚、加拿大和智利等国的储量占到世界总储量和储量基础的80%,其中波兰的储量和储量基础均位居世界首位,分别为51 000t和140 000t,占到世界银储量和储量基础的18.8%和24.6%。按照2005年世界银矿产量19 257.4t计算,世界银储量和储量基础静态保证年限分别为14年和30年,说明世界白银储量的保证程度并不是很高。全球约2/3的银资源是与铜、铅、锌、金等有色金属和贵金属矿床伴生的,1/3是以银为主的独立银矿床。预计未来银的储量和资源仍主要来自富产银的贱金属矿床,而银从这些矿床中的提取将主要取决于银金属市场的需求。

1. 世界最大银矿山——澳大利亚坎宁顿铅锌银矿

该矿是澳大利亚最主要、最大的白银生产企业,矿体赋存于芒特艾萨构造岩带的芒特艾萨铅锌银矿带,是一个盲矿床,埋深10~60m,储量铅+锌718万t,银2.3万t。1997年3月开始开采,平均含铅10.7%、锌4.6%和银470×10^{-6},该矿同时也是世界上最大、生产成本最低的铅锌生产者。

2. 世界第二大银矿山——墨西哥普罗阿诺银矿

该矿位于墨西哥中部萨卡特卡斯州弗莱斯尼勒附近,2001年产银983t。

3. 世界第三大银矿山——俄罗斯杜卡特银矿

该矿位于俄罗斯著名的多金属产区马加丹州,银矿的白银产量2004年为375t,2006年为392t。

4. 世界第四大银矿山——秘鲁乌丘查库银铅锌矿

该矿位于秘鲁利马省,布埃纳文图拉矿业公司主要开采利马省乌丘查库和万卡维利卡省的胡尔卡尼矿床,乌丘查库银铅锌矿2004年白银产量为306t。

5. 世界第五大银矿山——美国格林·克里克铅锌银矿

该矿隶属于美国肯内科特采矿公司,位于阿拉斯加州,是全美最主要的铅锌矿和潜在的最大银矿。1988年开发以后,生产能力为日处理1 000t矿石,估计可开采10~30年。2004年产白银302t。

我国银矿分布较广,在全国绝大多数省区均有产出,探明储量的矿区有569处,以江西银储量为最多,占全国的15.5%;其次云南、内蒙古、广西、湖北、甘肃等省(区)银资源亦较丰富。我国重要的银矿区有江西贵溪冷水坑银矿、广东凡口铅锌银矿、湖北竹山银洞沟银矿、辽宁凤城银矿、吉林四平银矿、甘肃白银矿、河南桐柏银矿等。

二、银的提取及加工

银矿石(图4-16)经选冶后,所得到的产品有银精矿、银泥和各种有色金属的含银精矿。目前对前两者通常采用火法熔离(反射炉、电炉、坩埚、鼓风炉、闪速炉),或者用湿法冶金分离提取,再行电解精炼。后者主要是在冶炼有色金属过程中,半银富集到阳极泥(主要是铜、铅阳极泥)中综合回收。我国98%的白银是从各类有色金属矿的冶炼阳极泥中回收的。

图4-16 银矿石

为了提高独立银矿浮选的回收率,采取了3个方面的措施:一是针对银矿物嵌布粒度的粗细特点,尽可能地使银矿物充分解离,提高银的回收率;二是选择中性或弱碱性的浮选矿浆和选用碳酸钠作为浮选矿浆的调整剂,提高银的浮游性;三是搭配使用黄药与黑药,增强对银的捕收能力。在国家一系列优惠政策的鼓励下,我国在共生、伴生银矿的综合选矿回收方面得到了加强,许多矿山和冶炼厂重视了银的回收,但是总的来看,选矿技术设备没有重大突破,银的回收率不高,不同矿山尾矿中含银很高而未予回收。

白银生产的重要分水岭是1492年哥伦布发现了新大陆,从而发现墨西哥、玻利维亚和秘鲁的银矿,因此带来了世界白银生产快速增长的巅峰时期。这段巅峰时期同时伴随着白银提炼技术的升级,从质和量上提高了开采银矿的利用率。随后的技术革新,尤其是在19世纪晚期和20世纪初期,加强了白银生产的基础,并且提高了银矿开采的速度。从累计产量来看,世界上只有大约25%的白银是生产于1770年以前。1900年以前的纪录仍然不完整,但是对历史累计产量却具有十分重要的意义。

银矿集中开采大约是从公元前3000年开始的。首次成熟的银矿石加工是在公元前2500年,占星家使用"灰吹法"从铅银矿中提取出白银。公元前1600年克里特文明遭遇灾难性毁灭,大约公元前1200年迈锡尼文明陨落之后,白银生产的中心地区转向靠近雅典的劳瑞姆(Laurium)地区,该地区为处于萌芽时期的希腊文明提供白银。另外,小亚细亚和北美地区的白银贸易在公元前8世纪开始大规模扩张。

西班牙在近1 000年的时间内都是重要的白银来源。西班牙银矿不仅满足了罗马帝国大部分内在需求,还是开展亚洲香料贸易的重要白银资源。摩尔人入侵西班牙,让白银开采在更多的国家普遍起来,主要是在欧洲中部。在750—1200年间发现了几个重要银矿,包括德国著名的开姆尼斯、哥斯拉和萨克森州。

在十五六世纪,英国人从北美运回了大量的贵金属,加上英国本身在制银的技术上大为改进,英国成为银制品的重镇。同一时期的西班牙也生产白银,加上在南美殖民地如墨西哥、玻利维亚和秘鲁都有庞大的银砂矿,也使得西班牙占有银器市场的一席之地。

在1500—1800年间,玻利维亚、秘鲁和墨西哥占世界白银生产和贸易的份额超过85%。其余份额主要来源于德国、匈牙利和俄罗斯等欧洲国家,以及智利和日本。在1850年后,一些其他国家白银产量上升,尤其是美国发现了内华达州的康斯托克矿脉。全球白银产量持续扩大,到17世纪70年代,已经从4 000万盎司/年增加至8 000万盎司/年。

1876—1920年间全球产银技术创新和新产地开发呈现爆炸式增长。19世纪最后 25 年内白银年产量是前 75 年平均产量的 4 倍,达到近 1.2 亿盎司。美国境内新矿的发现为全球产量添色不少,尤其是内华达州的康斯托克矿、科罗拉多州的里德维尔以及犹他州一些地区。澳大利亚、中美洲以及欧洲也在全球产量增加中居功至伟。在随后的 1900—1920 年间,加拿大、美国、非洲、墨西哥、智利、日本及其他部分国家继续发现新矿,产量也因此扩大一半,至 1.9 亿盎司/年。技术方面的升级包括蒸气钻井、采矿、脱水,拖运技术的改善也是一个重大突破。采矿技术的进一步升级增强了矿石处理的能力,能够同时处理更多含有银的矿石。比如说,一种从锌中提取贵金属、被称为"Fuming"的技术,能从中等级别的矿石中提炼出有经济价值的贵金属。

20 世纪早期的许多进步让世界各地白银产量都有所提高。由于到 18 世纪末期,世界上许多高等级矿石都已经被耗尽,所以这些进步显得格外有意义。这些进步包括:批量采矿方法,包括应用于地表和地下,能够处理大量含有一定银的低等级贱金属矿石;提炼技术,能够从矿石中分离出不同种类的贱金属浓缩液;改进矿石分离技术,尤其是能从铅、锌和铜浓缩液中分离出银的浮选技术(1910 年后);改进电解精炼技术,能够从精炼黏土中分离出银和其他贱金属,也逐渐成为提炼银的一个重要来源。

20 世纪中期,意大利脱颖而出,成为了世界银制品制造业的领导者(图 4-17),90 年代意大利每年平均加工约上千吨的白银,而其中约有 60% 用于出口。

图 4-17 意大利银器

贯穿20世纪的各种基础金属产量爆炸式增长,令含银残渣的产量增加,最终提高了提炼银的产量。

第五节　白银的物理、化学性质

银的原子序数为47,属周期表ⅠB族元素,原子量为107.8682,已知的银同位素有^{107}Ag、^{109}Ag。银在金属中属较稳定的元素,在常温下不氧化,只有遇到空气中的硫化氢气体才会慢慢发黑。纯银具有面心立方晶格,能与任何比例的金或铜形成合金。随着金、铜含量的增高,颜色逐渐变黄。银与铅、锌共熔,也可形成合金,与汞接触可形成银汞齐。

一、银的物理性质

1. 银的颜色和光泽

银是一种美丽的银白色金属,纳米级的银是黑色的。银能与任何比例的金或铜形成合金,随着金、铜含量的增高,颜色逐渐变黄,呈灰色、红色。银具有金属光泽,对可见光谱有很高的反射性,其反射率可达93%(铂为69%,钯为57%),而高反射率显示高亮度,因而银最接近纯白色,有洁白悦目的金属光泽,故银的色彩、光泽十分引人注目(图4-18)。

2. 银的密度

银的密度为10.49g/cm³。

3. 银的硬度和延展性

银的硬度为2.7。

银质软,有良好的延展性和柔韧性,延展性仅次于金,能压成薄片,拉成细丝(图4-19)。运用现代技术,1g银可以拉成长1 800~2 000m,直径为0.001mm的细丝,可轧成4~10cm厚的银箔。银比金硬而比铜软,当其中含有少量的砷、锑或铋时,银即变得硬而脆。

图4-18　Tiffany银饰

图 4-19 银橄榄树（将银拉成细丝）

4. 银的熔点、沸点

熔点：在 960℃左右。

沸点：在 2 212℃左右

5. 银的导电、导热性

银的导电性和导热性是所有的金属中最高的。

常温下导电最好的材料是银，20℃时银的电阻率为 $1.59 \times 10^{-8} \Omega \cdot m$。其次是铜，电阻率为 $1.72 \times 10^{-8} \Omega \cdot m$。

6. 银的其他性质

银还有一个很有趣的性质，就是银在空气中熔融时，能够吸收自身体积 21 倍的氧，这些氧在银冷凝时放出来，若释放的速度过快，银液呈沸腾状，并可能造成银珠的喷溅而损失，这就是俗称的"银雨"。有时候即使形不成银雨，也常会在银锭表面形成菜花状的鼓包。

二、银的化学性质

银具有较高的化学稳定性，在常温下与水、大气中的氧都不发生反应，普通酸碱中也无反应。所以银在自然界中能以单质形式存在。

银不溶于盐酸,这是因为生成了难溶的氯化银,覆盖在银的表面。银不溶于稀硫酸,但热的浓硫酸、浓盐酸能溶解银,银与硝酸会生成硝酸银。银也不能溶于王水,王水中的氯离子易与银离子形成氯化银薄膜而阻止反应继续进行。

银具有很好的耐碱性能,不与碱金属氢氧化物和碱金属碳酸盐发生作用,所以在化学实验室中,熔融氢氧化钾或氢氧化钠时,常用银坩埚。但是,银溶于空气饱和的碱金属和碱土金属的氰化物水溶液。

银与氢、氮、碳不直接发生反应,磷只有在高温的条件下与银反应,生成磷的化合物。

银能与砷化合成黑色砷化银。古代就是利用此性质,用银来检验食物是否有砒霜(图4-20)。砒霜,又叫"信石""红矾",主要化学成分为三氧化二砷(As_2O_3),白色粉末,没有特殊气味,与面粉、淀粉、小苏打很相似,所以容易误食中毒。

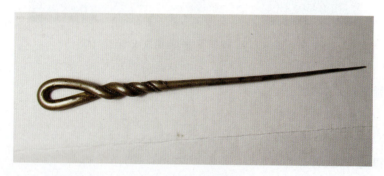

图4-20 验毒银针

银不会与氧气直接化合,化学性质十分稳定。在加热的条件下,银很容易与硫反应生成硫化银。当有水分和亚硫酸氢存在或在硫化氢的作用下,银会被硫化而发黑。银接触蛋类和其他含硫的食品或橡胶也会变黑,一般所说的银的氧化,其实是银的硫化。现在有专用的925银抗硫化的补口用于银首饰以减缓硫化发黑,但习惯称之为"抗氧化银"。

空气中含有微量的硫化氢,因此,银器在空气中放久了,表面也会渐渐变暗、发黑。另外,空气中夹杂着微量的臭氧,它也能和银直接作用,生成黑色的氧化银。正因为这样,古代的银器到了现在,表面不像古金器那么明亮。不过,含有30%钯的银钯合金,遇硫化氢不发黑,常被用来制作假牙及装饰品。

在高温下,银的挥发性非常显著,在氧化性气氛中的挥发性比在还原性气氛中高。当氧化强烈,熔融面上无覆盖剂以及含有较多的铅、锌、砷、锑等易挥发金属时,银的挥发性就会显著增加。如有贱金属的存在,氧化银就会很快被还原。

银也可以与游离氯、溴和碘相互作用,生成相应的卤化物,在常温下作用很慢,当有水分存在或在加热和光的作用下,则反应速度加快。银的卤化物(溴化银、碘化银)都有感光性能,是照相术中的感光材料。

第六节 银及银饰品的鉴别方法

13—14世纪,我国和欧洲都采用灰吹法检验金、银。这也是一种分离金、银中杂质的方法,又称"烤钵冶金法"。这种方法是将待检验的金、银试样或采得的金、银放置在用动物骨灰制成的钵中加热,铅和其他杂质形成氧化物,部分被鼓风吹去,部分渗入灰中,留下未氧化的金、银。这样可以计算出试样或矿金中含金、银的量和纯度。这种方法至今还用在分析化学中。

一、银的鉴别方法

银制饰品的鉴别可采用诸如看标志、辨色泽、查硬度、掂质量、听音韵、试剂点试等方法。

1. 看标志

正规厂家生产的白银首饰一般都有标志,首饰标志应包括厂家代号、贵金属材料名称及含量。国际惯例以千分数加"S""Silver""银"字样表示白银首饰及其成色,标准银的印记是"S925"(图4-21),足银的印记是"S990","800S"或"80银"则表示成色为8成的银首饰。而镶银首饰则用"SF"表示。正确识别标志就可以鉴别饰品是否是白银以及白银成色的高低,但也有许多国家的银首饰上没有印记。

2. 辨色泽

辨色泽是用眼力来识别其成色及真假。银质饰品成色在97%以上的,表皮洁白细腻,光泽柔和悦目,纯度愈高,银色愈洁白。

图4-21 Tiffany戒指

成色较低者表皮颜色呈青白色或灰白色,有时呈黄、黑等杂色,色泽昏暗无光。如果含铅,首饰会呈现出青灰色;如含铜,首饰表面会显得粗糙,饰品颜色偏黄白,易出现粗糙及烂心,颜色没有润泽感;银铜合金成色越低,颜色越黄;银白铜合金颜色偏灰白色,成色越低,则越偏灰色甚至灰黑色,如 80 银呈灰白色,70 银呈灰色,50 银呈黑灰色。

被氧化了的白银尽管表面有"黑锈",但其色泽黑且呈现光亮;铅、锡、白铜则没有光泽,其色发暗。除了有纯银首饰外,还有黑银首饰、藏银首饰和彩银首饰。假的银首饰色泽灰暗,不光洁。

3. 掂质量

白银密度比铂金、黄金小,较一般常见金属略大,比其他银白色金属要大得多。"铅质轻、银质重、铜质不轻又不重。"因而掂质量可对其是否为白银做出初步判断。若饰品体积较大而质量轻,则可初步判断该饰品属其他金属。

银饰品有时是按质量和加工费来计算价格的,饰品的质量是重要指标之一,按照标准规定饰品质量的计量单位是克。每件银饰品允差为 $-0.05 \sim 0.04 \mathrm{g}$。

4. 查硬度

银饰成色越高质地越柔软,用手拉伸、弯折就能使之变形。用手弯折银首饰,软弱,易弯不易断的,成色较高;僵硬,或勉强能弯折,有的甚至无法用手指弯折的,成色较低。经弯折或用锤子敲几下就会裂开的,为包银首饰;经不起弯折,且易断的为假货。以 60g 左右的银镯子为例,如用手一拉就开,没有弹力,其成色在 95% 左右;如有点弹力,成色为 80%~90%;如弹力较大,成色则在 70% 以下。

白银硬度较铜低,而较铅、锡大,用大头针稍用力划饰品的表面,若针头打滑,表面很难留下痕迹,则可判定为铜质饰品;若为铅、锡质地,则痕迹很明显、突出;若留有痕迹而又不太明显,便可初步判定为白银饰品。

5. 听音韵

高成色纯银首饰品掷地有声无韵,无弹力,声响为"噗嗒噗嗒"。成色越低,声音越低,且声音尖、高、带韵;若为铜质,其声更高且尖,韵声急促而短;若为铅、锡质地,则掷地声音沉闷、短促,无弹力。

6. 看茬口

把银饰品剪开或折开,看其茬口的颜色。如饰品柔软,茬口粗而柔,稍带微红色,成色在 95% 左右;如用手弯折较硬,茬口白而带灰,或略有微红色,成色在 90% 左右;如硬度较大,茬口呈淡红色、黄白色或灰色,成色在 80% 左右;如弯折坚硬,茬口呈微红、微黄、土黄等色,成色在 70% 左右;如茬口红中带黑,或黄中带黑,成色在 60% 以下。

7. 酸试法

将硝酸滴于白银饰品表面,抹去后饰品仍然呈银白色;用玻璃棒将硝酸滴于银首饰锉口处,成色高的呈糙米色、隐绿色或微绿色;成色低的呈深绿色,甚至黑色。在银首饰的内侧滴上一滴浓盐酸,会立即生成白色苔藓状的氯化银沉淀,而其他贵金属则无此现象。

二、仿银材料的鉴别

银的原材料虽然很便宜,但仍有部分厂家在银饰中掺入镉、铁、铜等更便宜的金属。镉对人体有害,按规定是不允许掺在首饰中的。生产厂家这样做主要是为了降低成本,取得更高的利润。铜丝主要是掺在银锁里做中间的支撑架,但按照国家规定银锁里的支撑架也应该是银质的。由于铜丝藏在银锁里面,所以消费者根本看不到,只有在进行首饰检测的时候将它破坏掉才能见其"庐山真面目"。只有等到时间长了,里面的铜锈渗出来,消费者才能发现。

白银的造假、掺假是一个较为复杂的问题,下面几种情况值得特别注意。

(1)夹馅,又称"吊铜""卧铁",多见于银宝、银锭及大元镯子。其做假过程如下。一是将银锭用钢锯锯开,挖去中间的银,将铜填入后用焊枪焊好,再用白矾水煮,使焊缝处变白即成。二是在铸造时将铜铁凝固到里边。鉴定这类银制品的方法除听声音、称重等外,有时还需锯开。因银锭内包有铜、铁,其声音一定不贯通,且高而尖,帮边底部虽有蜂窝但不自然,有的面部有肿起现象,体大质轻,用酒烧传热慢。有了这些疑问时,就应锯开查看了。

(2)包铜的银镯子比正常银镯轻,且硬而有弹力。经折弯即有皱纹,用錾子轻轻錾即可露馅。

(3)灌铅也多见于元宝和银锭中。其作假过程为:在银宝翅下边或底部用钻挖空,将熔化的铅液灌入其中,然后用银将钻口补住,用锤子锤平,表面与真元宝一样,翅起封口处多用戳记掩盖。从底部灌铅的,封口处的蜂窝因人工改制,孔小洞大,浅而圆,不自然,敲击时发声沉闷,传热慢。其最大弱点是灌铅银宝遇火烧,宝锭未红铅即流出。

金银器是用贵金属制成的,而贵金属本身就具有极高的收藏和保存价值,再加上金银器的制造极为复杂,因此,相对于其他质地的器物,金银器在时代上的伪造现象要少得多。一般伪造金银器最常见的是在材料质地上作假,如以铜、铅等冒充金、银或以鎏金银器假冒金银器等,以此谋取高额利润(图4-22)。只要掌握了上述鉴定要领,假质地的金银器是不难被识破的。

单凭银的物理性质和经验来检验银首饰并不能很理想地检测白银饰品。只有用化学方法才能检验出银饰的真假优劣,但化学方法无法普及,因此,在购买银首饰的时候除了要掌握一些基本的检验知识外,还应注意银首饰有没有相关的证书、证明、标签,只有通过检测机构检测过的银首饰才能放心购买。

图 4-22　假银手镯

三、其他银制品的鉴别

(1)白银原材料的鉴别。白银原材料的鉴别通常直接采用高温熔融法,观察液态白银的熔融状态可以准确地判定白银的真伪以及成色。此法与黄金类似。

(2)古银币的鉴别。古银币或者古银器的鉴别属于历史文物鉴别的范畴,我们一般不把它归于白银鉴别一类。

古银器和古银币的鉴定绝对不能使用破坏性鉴定法,以保持文物的完整。鉴别古银器和古银币蕴含两层意思:第一,判断器物材料;第二,器物断代。

对于判断器物材料是否为白银,我们在古器物上可以通过硫化银的存在以及分布关系,掂试密度和器物细微处金属材质的发黄、发灰或者发黑现象来判定。必要时可以在不显眼的部位用小石膏块划一道痕来辅助鉴别。在实际的操作中不使用石膏依然可以通过前面提到的白银的光泽、被硫化氢侵蚀后形成的硫化银来准确判定器物的材料。在不使用电子探针等仪器的条件下,可以通过观察器物凹角等处的铜绿情况,大致判断白银的成色。对于古银器和古银币而言,白银的成色鉴定几乎没有多大意义,其价值主要体现在其作为文物的价值上。

第五章 贵金属的贵族:铂金及钯金

第一节 铂族金属

铂族金属,又称"铂族元素"。铂族元素包括铂(Pt)、钯(Pd)、铑(Rh)、钌(Ru)、铱(Ir)和锇(Os)六种金属元素,其中又分为轻铂元素(钯、铑、钌)和重铂元素(铂、铱、锇),又称为"稀有元素"。在自然界中,它们经常一起产出,与金、银一起统称为"贵金属元素"。在铂族元素矿物中,这6种元素彼此之间通常构成范围广泛的类质同象现象,其中同时还有铁、钴、镍等类质同象混入物的出现。自然界的铂族元素多存在于基性、超基性岩体中,常与硫、砷、碲、铋、锑等形成复杂的化合物,或形成天然的铂族合金和天然的铂、钯。

南美印地安人早在15世纪前就制作铂金首饰,西班牙人到南美后,称自然铂为"小银"(Platina)。使欧洲人知道"小银"的第一个人是西班牙人德·乌略阿(D. A. Deulloa)。此后即参照Platina命名铂为Platinum。1741年伍德(Wood)把"小银"带到欧洲,引起了科学家的兴趣。1803年英国人沃拉斯顿(Wollaston)确立了提纯铂的工艺,同时还从铂的王水溶液中分离出两个新的元素钯和铑。

在矿物分类中,铂族元素矿物属自然铂亚族,包括铱、锇、钯和铂的自然元素矿物。铂族元素矿物均为等轴晶系,单晶体极少见,偶尔呈立方体或八面体的细小晶粒产出;一般呈不规则粒状、树枝状、葡萄状或块状集合体形态;颜色和条痕均为银白色至钢灰色;金属光泽,不透明;无解理,锯齿状断口,具延展性;为电和热的良好导体。

一、铂

铂的化学符号为Pt,原子序数78,在元素周期表中排在过渡元素Ⅷ族(铂族元素),晶体结构为面心立方体。在自然界中常以自然矿状态存在,极为分散。多用原铂矿富积、萃取而获得。

铂的熔点很高,为1 773℃,沸点为3 827℃。铂的密度在金属中最高,达

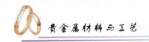

21.45g/cm³，硬度不高，摩氏硬度 4～4.5。铂有银白色金属光泽，色泽鲜明。铂具有很好的延展性和可锻性，其延展性随着铂中杂质含量的增加而降低。铂有很高的化学稳定性，除溶于王水和熔融的碱外，还溶于盐酸和过氧化氢、盐酸和高氯酸的混合物中。不与一般强酸、碱和其他试剂反应。

铂由于有很高的化学稳定性和催化活性，因此多用来制造耐腐蚀的化学仪器，如各种反应器皿、蒸发皿、坩埚、电极、铂网等。铂和铂铑合金常用作热电偶，来测定 1 200～1 750℃的温度，在化学工业中常用作催化剂。

二、铂族其他元素

1. 钯（Palladium）

钯金主要用作贵金属的合金材料。密度为 12.16g/m³，熔点为 1 554℃，硬度比铂稍高；化学性质极为稳定，只溶于王水和硝酸。

1803 年由英国化学家沃拉斯顿在分离铂金时发现钯金，从此钯开始拥有了属于自己的姓名 Palladium。这个名字来源于 1802 年新发现的太阳小行星 Pallas‑Athena。那是颗纪念古希腊神话中智慧与工艺女神——雅典娜的行星。钯金与铂金相似，具有绝佳的特性，常态下在空气中不会氧化和失去光泽，是一种异常珍贵的贵金属资源。

钯金与铂金、黄金、银同为国际贵金属现货、期货的交易品种，且历史上曾一度比铂金价格还高。钯金是一种不可再生的稀缺资源，随着不断的开采和市场需求的提高，其未来价值还将逐渐体现出来。

钯金是世界上最稀有的贵金属之一，地壳中的含量约为 $1/1 \times 10^9$，比黄金要稀少很多。世界上只有俄罗斯和南非等少数国家出产，每年总产量不到黄金的 5‰，比铂金还稀有。2008 年，钯金的世界总产量与铂金相近，不及黄金总产量的 8%。钯金异常坚韧，钯金制成的首饰（图 5-1）不仅具有铂金般自然天成的迷人光彩，而且经得住岁月的磨砺，历久如新。钯金几乎没有杂质，纯度极高，闪耀着洁白的光芒。钯金的纯度还十分适合肌肤，不会造成皮肤过敏。

钯除了制作首饰外，还主要用于生产汽车催化剂、电子及牙科医疗器具等方面。近年来，钯金在解决了生产技术后，还开发了以钯为材料的名贵腕表，并已推向国际奢侈品市场，售价每只折合人民币为几十万元乃至上百万元。

2. 铑（Rhodium）

铑因为坚硬耐磨的特性成为白色 K 金首饰和银首饰的主要电镀材料。在银首饰表面镀铑可以防止银的氧化发黑。铑的密度为 12.41g/cm³，熔点为 1 955℃，化学性质稳定。

图 5-1　钯金首饰

铑英文名 Rhodium，源自希腊语，意为"玫瑰"，因为铑盐的溶液呈现玫瑰的淡红色彩。1803 年英国化学家和物理学家沃拉斯顿从粗铂中分离出两种新元素铑和钯。铑在地壳中的含量为 $1/10 \times 10^9$，常与其他铂系元素一起分散于冲积矿床和砂积矿床中。天然稳定同位素只有 ^{103}Rh。

铑可用来制造加氢催化剂、热电偶、铂铑合金等，纯银镀铑袖扣也常镀在探照灯和反射镜上，还用来作为宝石的加光抛光剂和电的接触部件。

3. 锇（Osmium）

锇为蓝灰色，密度为 $22.59g/cm^3$，熔点为 3 045℃。它是用来制造超高硬度的合金。锇同铑、钌、铱或铂的合金，用作电唱机、自来水笔尖及钟表和仪器中的轴承。

1804 年，泰纳尔发现并命名了它们。锇曾被命名为 Ptenium，后来改为 Osmium（锇），元素符号定为 Os。Osmium 来自希腊文 Osme，原意是"臭味"。这是由于四氧化锇 OsO_4 的熔点只有 41℃，易挥发，有恶臭，它的蒸气对人的眼睛特别有害。锇是处于元素周期表中 ⅧB 族中能生成 8 价化合物的两个元素之一。

4. 铱（Iridium）

铱呈白色，密度为 $22.56g/cm^3$，熔点为 $2 410 \pm 40$℃。铱金是稀有贵重金属，是铂和铱的合金，稀有程度在铂金之上。其熔点、强度和硬度都很高。颜色为银白色,具有强金属光泽,摩氏硬度为 7。相对密度为 22.40,性脆,但在高温下可压成箔片或拉成细丝,熔点高,达 2 454 ℃。化学性质非常稳定,不溶于水。主要用于制造科学仪器、热电偶、电阻绫等。高硬度的铁铱和铱铂合金,常用来制造笔尖和铂金首饰。由于其极高的熔点和超强的抗腐蚀性,铱在高水平技术领域中得到了广泛的使用,如航天、制药和汽车行业。

铱在地壳中的含量为千万分之一,常与铂系元素一起分散于冲积矿床和砂积矿床的各种矿石中。自然界存在两种同位素:^{191}Ir、^{193}Ir。其中一个命名为 Irdium(铱),元素符号定为 Ir。这一词来自希腊文 Iris,原意是"虹"。

5. 钌 (Ruthenium)

钌呈蓝白色,密度为 12.3g/cm³,熔点为 2 334 ℃,沸点为 4 150 ℃。钌是极好的催化剂,用于氢化、异构化、氧化和重整反应中。纯金属钌用途很少。它是铂和钯的有效硬化剂,可用于制造电接触合金,以及硬磨硬质合金等。

钌是铂系元素中在地壳中含量最少的一个,也是铂系元素中最后被发现的一个。它比铂晚发现 100 多年,比其余铂系元素晚 40 年才被发现。不过,它的名字早在 1828 年就被提出来了。当时俄国人在乌拉尔发现了铂的矿藏,塔尔图大学化学教授奥桑首先研究了它,认为其中除了铂外,还有 3 个新元素。奥桑把他分离出的新元素样品寄给了贝齐里乌斯(瑞典化学家),贝齐里乌斯认为其中只有 Pluranium 一个是新金属元素,其余的分别是硅石和钛、锆以及铱氧化物的混合物。

1844 年,俄罗斯喀山大学化学教授克劳斯重新研究了奥桑的分析工作,肯定了铂矿在残渣中确实有一种新金属存在,就用奥桑为纪念他的祖国俄罗斯帝国而命名的 Ruthenium 命名它,元素符号定为 Ru。我们译成钌。克劳斯取得新金属钌后,也将样品寄给贝齐里乌斯,请求指教。贝齐里乌斯认为它是不纯的铱。可是克劳斯和奥桑不同,没有理睬贝齐里乌斯的意见,敢于向权威挑战,继续进行自己的研究,并且将每次制得的样品连同详细的说明逐一寄给贝齐里乌斯。最后事实迫使贝齐里乌斯在 1845 年发表文章,承认钌是一个新元素。在俄罗斯帝国,由科学院的几位院士们组成一个专门委员会,审查克劳斯得到的结果,确认了他的发现。

铂族元素中的各个元素有着不同的性质,各自的用途也不尽相同。由于铂族元素发现较晚,作为首饰、工艺品以及货币功能远不及黄金和白银。但是铂族金属在现代科学、尖端技术领域得到广泛的应用,被誉为"先驱材料"。由于钌、锇过于稀少分散,用铂族元素矿物熔炼成金属通常只有钯金、铑金、铱金和铂金 4 种。

三、铂族金属的性质

1. 铂族金属的物理性质

铂族金属是过渡元素,具有非常紧密的原子结构(配合数为R),因此原子间的结合很强,这就是决定了铂族金属元素具有一些特定的物理、化学和机械性能(表5-1)。

表5-1 铂族金属元素的主要物理性质

性质	铂	铱	锇	钯	铑	钌
元素符号	Pt	Ir	Os	Pd	Rh	Ru
原子序数	78	77	76	46	45	44
原子量	195.1	192.2	190.2	106.4	102.9	101.07
晶体结构	立方面心	立方面心	六方晶胞	立方面心	立方面心	六方晶胞
密度(g/cm^3)	21.45	22.56	22.59	12.16	12.41	12.3
熔点(℃)	1 773	2 410±40	3 045	1 554	1 955	2 334
沸点(℃)	3 827	4 130	5 020±100	2 970	3 727±100	4 150
颜色	亮白色	白色	蓝灰色	钢白色	银白色	银白色

铂族金属的密度在 $12.02\sim22.56g/cm^3$ 之间,熔点为 $1\,554\sim3\,045℃$,其中钯的密度最小、熔点最低,锇的熔点最高、密度最大,是已知金属中密度最大的金属。铂族金属既具有相似的物理、化学性质,又有各自的特性。它们的共同特性是:铂族金属对可见光的反射率较高;除锇和钌为偏灰外,其余均为银白色;熔点高、强度大、电热性稳定、抗电火花蚀耗性高、抗腐蚀性优良、高温抗氧化性能强、催化活性良好。

各自的特性又决定了不同的用途,例如铂还有良好的塑性和稳定的电阻与电阻温度系数,可锻造成铂丝、铂箔等。铑是铂族金属中对可见光反射率最高的金属,且稳定性高,故电镀铑通常用作工业用镜及探照灯反光镜。纯铂和钯有良好的延展性,不经中间退火的冷塑性变形量可达到90%以上,能加工成微米级的细丝和箔。锇很脆、很硬,体积弹性模量最大。

大多数铂族金属能吸附氢气和氧气,但以钯最为显著。钯有吸氢和透氢的特性:一定体积的钯常温下能吸收比它本身大900倍甚至2 800倍的氢气,且氢可以在钯中自由通行,钯吸氢的能力随温度的升高而降低,在真空下加热到

100℃,溶解的氢就完全放出来了。铂吸收氧的能力强,1体积铂可吸收70体积的氧。当粒度很细如铂黑、钯黑或呈胶态时,吸附能力更强,故它们有良好的催化特性。

铑和铱的高温强度很好,但冷塑性加工性能稍差。锇和钌硬度高,但机械加工性能差,用粉末冶金方法制得的金属钌在 1 150～1 500℃时才能进行少量塑性加工,而锇即使在高温下也几乎不能进行塑性加工。

2. 铂族金属的化学性质

铂族金属是典型的贵金属,化学稳定性特别高,具有很好的抗腐蚀和抗氧化能力,能抵抗普通酸和化学试剂的腐蚀。

铂具有优良的热电稳定性、高温抗氧化性和高温抗腐蚀性。铂不能被酸、碱侵蚀,只溶于热的王水,生成氯铂酸。

钯是铂族元素中最活泼的元素,对酸的抗蚀能力稍差,能很快溶于浓硝酸。钯耐硫化氢腐蚀,硫酸、盐酸、氢溴酸可轻微腐蚀钯,硝酸、氯化铁、次氯盐酸和湿的卤素可快速腐蚀钯。在所有的贵金属中,铱和铑对酸的化学稳定性最好,甚至不溶于沸腾的王水,能与熔融氢氧化钠和过氧化钠反应,生成溶解于酸的化合物,铱在次氯酸溶液中稍有腐蚀,铑在氢溴酸、潮湿的碘和次氯酸溶液中被腐蚀。致密的铱、钌、锇在加热情况下也不溶于各种酸和王水,锇粉能溶于热硫酸和王水。钌能与氨结合,但不起化学反应,类似某些细菌所特有的性能。锇、钌都易氧化,其氧化物有刺激性、毒性大。

铂族元素的抗氧化性很好,在室温下铂、铑、钯、铱不氧化,能长期保持光泽,但粉状的钌、锇易被氧化而形成易挥发的氧化物。加热时,铂族金属均能形成稳定的具有高蒸气压的氧化物,高温下铂、铑与氧气作用生成挥发性的氧化物,增加它的蒸发速度。粉末状的铱在空气或氧气中于 600℃时氧化,生成一层氧化铱薄膜。这种氧化物在高于 1 100℃时分解,使金属恢复原有光泽。铱是唯一可以在氧化性气氛中使用到 2 300℃而不严重损失的金属。钌、锇容易被氧化,在室温下,锇的表面会生成蓝色的氧化膜。高温时铂族金属氧化物均分解并挥发,这一点在拟定加工工艺时应该考虑,尤其是钌、锇的氧化物蒸气不仅刺激性大,而且毒性也大,对人体相当有害。

在高温时,铂族元素能熔解碳,在凝固时熔解的碳又以石墨状态析出在晶面上,使金属变脆,失去光泽。在高温真空环境下,铂、钯能使氧化铝、氧化硅等材料还原,并被铝、硅所污染。铂族金属不与硫及其化合物蒸气反应,但铂、钯易被有机蒸气所污染,在其表面生成有机物膜而降低其导电性,银的加入,能减少这种倾向。

第二节 铂矿与铂金资源

铂族金属以其可贵的性能和珍稀的资源而著称,与金、银合称"贵金属"。但铂金的发现与利用相对于金、银来说要晚得多。金银饰品在人类纪元之前的墓葬中就有发现,而人类对铂族金属的广泛了解和利用,不过几百年的历史。根据考古资料论证,在公元前700多年时,古埃及人已能将铂金加工成工艺水平较高的铂金饰品;中美洲的印第安人,远在哥伦布发现新大陆之前,也盛行过铂金饰物。除此之外,其他地区的人们对铂金则一无所知。直到16世纪初,大批的西班牙冒险家蜂拥地来到非洲和美洲探金寻宝,在厄瓜多尔的河流中淘金时,发现有一种白色金属混杂在黄金中,这就是珍贵的铂金,但由于当时科学不发达,识别能力低下,面对着银晃晃的铂金,那些殖民统治者却把它称之为"劣等碎银"而弃之。

那么,铂矿是什么呢?

一、铂矿

铂金多用原铂矿富积、萃取而获得,在自然界中常以自然矿状态存在,极为分散。

铂矿是指以铂为主的铂族金属矿产的总称。它具有多种矿床类型。通常,铂金是由自然铂、粗铂矿等铂矿石(图5-2)熔炼而成。它是一种主要含铂或全部由铂组成的稀有贵重金属。

铂及铂族元素的矿石矿物是自然铂、铂族之间及与其他金属的金属互化物、硫化物、硫砷化物等,主要有粗铂矿、铁铂矿、锇铱矿、钯铂矿、砷铂矿等。目前已发现200余种铂族元素矿物,可分为以下四大类。

1. 自然金属

自然金属有自然铂(图5-3)、自然钯、自然铑、自然锇等。自然铂是含有铁、铱、钯等杂质的铂矿物,呈银白色

图5-2 铂矿石

或暗灰色,属于等轴晶系,是不规则的粒状或鳞片状集合体,密度为 13.35～19g/cm³,富有延展性,晶体属等轴晶系。

图 5-3　自然铂

2. 金属互化物

该金属互化物为钯铂矿、锇铱矿、钌锇铱矿,及其铂族金属与铁、镍、铜、金、银、铅、锡等以金属键结合的金属互化物;含铂铜-镍硫化物矿床是铂和钯的重要矿床。铂族矿物主要是砷化物、硫化物、锑化物及金属互化物,如砷铂矿、硫铂矿、锑钯矿及钯铂矿等。铂和钯在黄铜矿、方黄铜矿和镍黄铁矿中含量最高,钌主要赋存在磁黄铁矿中。世界上最著名的铂族金属矿床,是南非的布什维尔德层状杂岩体铜-镍硫化物含铂矿床。铂族金属矿化集中于其中的一个层中。

近年来,世界上发现了一些新的含铂矿床类型。例如:含铂黑色页岩铜矿床,各种铜、金矿脉中的铂矿床,含铂族金属斑岩型铜-钼矿床,含铂黄铁矿型铜矿床,含铂锡石-硫化物矿床,含铂铀-硫化物矿床等多种类型。

3. 半金属互化物

半金属互化物是铂、钯、铱、锇等与铋、碲、硒、锑等以金属键或具有相当金属键成分的共价键型化合物。

4. 硫化物与砷化物

工业矿物主要有砷铂矿、自然铂、等轴铋碲钯矿、碲钯矿、砷铂锇矿、碲钯铱矿及铋碲钯镍矿。砷铂矿和等轴铋碲钯矿多见于原生铂矿床,自然铂多产于砂铂矿。砂铂矿床,主要产在含铂的超基性岩分布地区,重要的是冲积砂矿,特征与砂金矿相似,但共生重矿物以铬铁矿和磁铁矿为主。

铂族金属矿物在矿石中的含量一般甚微,以克/吨(g/t)计,一般为2～20g/t。矿物颗粒小,6个元素在不同的矿床中含量各异。如南非的布什维尔德杂岩中铂是主要元素,以铂为100%计算的话,钯为40%,钌为10%,铑为6%,铱为1%,锇不及1%。俄罗斯的诺里尔斯克则以钯为主(是铂的3倍)。加拿大的萨德伯里矿石中铂、钯比率接近。

铂族金属在矿石中常以有色金属的硫化物、砷化物和硫砷化物为其主要的载体矿物,特别是自然金、自然银、黄铜矿、磁黄铁矿、镍黄铁矿、辉砷镍矿与斑铜矿等,如在自然金中铂可达 600×10^{-6},钯达 $1\,000\times10^{-6}$;黄铜矿中的含钯量是磁黄铁矿中的100倍。

二、世界铂金产量及储量

虽然铂金发现较晚,但人们很快了解到它们可贵的功能,因而被广泛应用于现代工业和尖端技术中,因此被称为"现代贵金属"。

自然界中,铂金的储量远比黄金稀少,根据美国地质勘探局(USGS)2010年铂族金属报告的统计,铂族金属的保有储量和储量基础分别为1.4万t和4.8万t。另据不完全的统计与计算,铂金储量基础约为3.7万t,而钯金的储量基础只有铂金的1/6,相比之下黄金储量基础为16.3万t,白银的储量基础为57万t,从绝对量来说,铂与钯更加珍贵。

虽然有60多个国家都发现并开采铂金矿,但其储量却高度集中在南非和俄罗斯。世界上仅有的几个出产铂金的国家中,南非的铂金产量占全球总产量的80%以上,是最大的产铂国。1908年南非开始开采原生铂矿,南非(阿扎尼亚)的铂金储量约为1.2万t,以德兰士瓦铂矿床最著名,是世界上最大的铂矿床;其余大部分产自俄罗斯,俄罗斯的铂金储量为1 866t,铂矿集中于西伯利亚的诺里尔斯克、塔尔纳赫地区,曾在乌拉尔砂铂矿中发现过重达8～9kg的自然铂,在原生矿中也获得过重427.5g的自然铂。两个国家的总储量占世界总储量的98%。世界铂金的年产量仅85t,只有黄金年产量的5%,远比黄金少,加上铂金熔点高,提纯熔炼铂金较黄金更为困难,消耗能源较高,所以其价格较黄金更加昂贵。

南非、俄罗斯、加拿大是世界上3个主要产铂国家,美国和哥伦比亚也有一定的储藏量。其他国家都只占很少份额,中国仅占世界储量的 $3/1\times10^{4}$。

现在,许多国家都积极勘探和开发本国的铂族金属资源,但观其资源及生产前景,今后世界铂族金属的供给仍然主要靠南非、俄罗斯,其中南非主要产铂,俄罗斯主要产钯。

三、中国的铂金资源

我国是铂金稀缺的国家之一,现在世界铂金的年产量仅 90t 左右,我国铂金年产量在 4t 左右,完全不可能满足我国日益增长的需求,所以只能依靠进口。

我国在 20 世纪 50 年代前只有个别小型砂铂矿,1959 年发现金川含铂铜镍矿,1996 年镍电解车间投产,铂族金属的生产与利用才有了转机。70 年代相继发现了一些小矿体,开始利用低品位的含铂贫矿,也从多金属矿石与斑岩的冶炼过程中回收一些铂族金属,并对铂矿进行了较多的地质地球化学研究,但找矿勘探方面始终未有大的突破。相反,随着经济的发展,铂族金属的供需矛盾日趋尖锐,只能靠进口弥补不足。

我国铂金储量有 300 多吨,铂矿主要集中在甘肃、云南、四川和黑龙江 4 个省。在这 4 个省中,主要的矿床有:甘肃金川的白家嘴、云南弥渡的金宝山和四川的杨柳坪,其中,白家嘴铂金储量占我国总储量的 90%。其他省(市、自治区)如河北、青海、新疆、北京、内蒙古也有一些小矿,储量甚少。

中国铂族金属主要产于硫化铜-镍矿床。其中,主要产于金川硫化铜-镍矿床。在中国云南铂矿中,已发现有 20 多种铂族金属矿物。主要有砷铂矿、碲铂矿、铋碲铂矿、铋碲钯矿、黄铋碲钯矿、铁铂矿、硫铂矿等。具有工业价值的云南铂矿主体属于岩浆晚期熔液-热液成因的贫硫化铜-镍型铂钯矿床类型。在 1983 年,当时中国最大的金宝山铂矿,也是具有工业价值的铂矿产地之一。

四、铂金的提炼

铂金是世界上最稀有的首饰用贵金属之一,铂金的年开采量仅为黄金的 1/20,铂金的年供应量仅为黄金的 5%。铂金的提炼过程也突显其珍贵,1 盎司的铂金需从 10t 的铂金矿石中历经 5 个月才能提炼出来。成吨的矿石,经过 150 多道工序,耗时数月,所提炼的铂金只够制成一枚简单的戒指。相同质量的黄金,只需 3 周的时间就可从 30t 矿石中提炼出来。

第三节 铂族金属的用途

在铂族金属中,铂的应用最广,历史最悠久。钯的用量也很大,且由于其价格低于铂而在某些应用上常常代替铂。铂族金属熔点高、导电性好、化学稳定性高,而且铂族金属的合金耐高温、耐氧化、耐腐蚀、耐摩擦,且热电稳定性好,膨胀系数小,高温强度高,广泛用于各个领域。在珠宝首饰业中,主要用作装饰品和工艺品。铂金产量的40%用于珠宝首饰业。在工业上，铂族金属因其优良性能，成为上天、入地、下海不可缺少的宝贵原料，由于价格昂贵，一般只用于最核心的部位，故被誉为"工业维他命"。其中铂的用途最广，钯次之，二者占铂族金属用量的90%以上。

一、珠宝首饰

铂金产量稀少，拥有迷人的白色光泽，永远不会褪色，硬度高于黄金，使之成为镶嵌各种宝石的理想金属。因其美观、耐用、稀少的特性，铂和铂合金广泛用于制造各种珠宝首饰，特别是镶钻石的戒指、项链、表壳和表针（图5-4），成为新人最喜爱的首饰材质，并被当作爱情最好的见证。铂族金属中的铂、钯和铑可作电镀层，常用于电子工业和首饰加工中，在银和18K金表面镀铑，可增强表面的光泽和耐磨性。

铂金制作珠宝首饰有以下几个优势。

（1）铂金天然色为白色，在空气中不氧化、不变色，将珠宝（尤其是钻石）镶嵌在白金托座上，其色泽可得到最佳显示。

（2）铂金的强度高，耐摩擦，且抗酸耐溶，不易腐蚀，化学性质极为稳定，使宝石镶嵌牢固，不易脱落。

图5-4　Cartier高级珠宝腕表

（3）铂金可煅、可拉性强，易于制作成各种造型。

（4）铂金不但色泽美观，而且与人们的肤色更加匹配。

美国、英国、法国、德国和日本等国一直有佩戴铂金首饰的传统，尤以日本最为突出。在作为世界铂金第一大消费国的日本，铂金主要用于珠宝首饰业，约占其总消费量的一半。

目前出现的一种彩色铂金Platigem是南非最新研制的首饰材料，属于金属间化合物，基体材料为铂、铝，添加剂为铜，其色彩可为金黄色、橙红色、品红色，质地坚硬，适合制作首饰材料。

铂的补口材料多为钯、铑、铱等铂族元素。以Pt900为例，可以加入钴钯合金，也可以加入铱、钯、铜，都可以得到综合机械加工性能良好的铂合金材料，它们的熔点一般在1 740～1 800℃之间，可以根据不同的需要进行选用。这些铂

合金材料的色泽比纯铂金略亮,克服了纯铂金的冷色给人不舒服的感觉,更适合消费者的口味。

在珠宝首饰中,铂金价格普遍高于黄金,主要有以下几个原因。

(1)产量少。在自然界,铂金的储量比黄金稀少。每年铂金的开采量只有黄金的5%,全球首饰行业,每年消耗的铂金,仅为黄金的3%。

(2)能源消耗高。铂金熔点高,提纯熔炼铂金比黄金更为困难,能源消耗较高。

(3)加工困难。加工铂金需要比加工黄金更高的工艺水平。

因此,铂金是一种比黄金、白银等贵金属更为稀有、更加珍贵的贵金属,铂金的价格比黄金更高。

二、化学工业

在化学工业上广泛应用铂族金属作催化剂,催化剂失效后,金属元素数量没有过多减少。因此,铂族金属是最好的、应用最广的催化剂。如用于硝酸生产的铂网触媒、石油化工的催化剂。铂族金属还用作一些关键部件,如人造纤维生产的铂合金喷丝头、生产超纯氢的钯膜和钯管过滤元件、电镀的阳极材料等。在铂铑网下增加金钯捕集网可以减少铂、铑的损失。钯是化学工业中加氢的催化剂。

铂金作为催化剂,被广泛用于汽车排尾气净化装置,为保护环境起到了重要的作用,全世界约有一半以上的汽车中安装了尾气净化器。

铂的化学性质稳定,纯铂、铂铑合金或铂铱合金制造的实验室器皿如坩埚、电极、电阻丝等是化学实验室的必备物。铂铑合金对熔融的玻璃具有特别的抗蚀性,可用于制造生产玻璃纤维的坩埚。在生产优质光学玻璃时,为防止熔融的玻璃被玷污,也必须使用铂制坩埚和器皿。

铂铱、铂铑、铂钯合金有很高的抗电弧烧损能力,被用作电接点合金,这是铂的主要用途之一。铂铱合金和铂钌合金用于制造航空发动机的火花塞接点。钯合金还用于制造氢气净化材料和高温钎焊焊料等。涂钌和铂的钛阳极代替电解槽中的石墨阳极,提高了电解效率,并延长了电极寿命,是氯碱工业中一项重要的技术改进,为钌在工业上的运用开辟了新途径。

中国科学家运用分子纳米技术打造出了一项铂金"纳米皇冠"。铂金在超分子科学的诸多领域,如超分子催化、仿生、人工模拟酶、物质分离与分析以及纳米结构自组装等方面都具有相当广阔的应用前景。

三、电子工业

在电子工业方面,铂族金属用作电气测量仪表、高效电子管和 X 射线管的阴极、各种精密电阻材料、磁和电磁线材料、电子管和微型电子器件材料、特殊用途的电接触材料。铂族金属制成的银钯、银铂、金钯、金铂导电浆料和银钯、钌系电阻浆料广泛应用于集成电路制作,成为微电子技术中最重要的材料之一,1969 年人类首次登月的阿波罗 11 号飞船,仅通讯设备和电子计算机所用贵金属就达 1 000kg。

铂族金属特别是铂铑合金常用作精密电阻材料。纯铂又是最佳的测温材料,以其灵敏度高、稳定性好、重现性佳著称,至今仍是国际温标中最重要的内插温度仪器(图 5-5),铂基合金还可制成抗辐射低温电阻温度计,用于核反应堆和核火箭发动机测温。

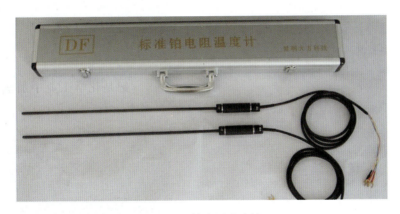

图 5-5　铂电阻温度计

贵金属钎料在有色金属钎料中占有主要的位置,尤其是钎焊温度要求在 650~800℃ 范围的钎料,非贵金属钎料莫属。飞机、导弹、火箭上的一些重要部件,必须用贵金属钎料钎焊。

铂族金属性能优异,用途广泛,但其资源却是有限的。为了解决此问题,人们采用电镀法,在其他基底材料上镀一层铂族金属;还有一个办法就是研究铂族金属的复合材料,按人们的意愿设计、制造具有多种优良综合性质的复合材料。在发达国家此研究卓有成效,在电子电气工业发展十分迅速的情况下,由于铂族金属复合材料的广泛应用,铂族金属消耗量没有明显增加。

四、航空航天、军事用途

铂金的抗氧化力强,熔点高,因此还被用于制作宇航服,以及制造喷气发动机的燃料喷嘴、喷气式飞机和火箭用的起火电触头材料、宇宙飞船前锥体的耐高温保护层、高效燃料电池等。铂金还被用于核工业领域,能有效地制作防护材料和提高燃料效能并实现高标准的环保要求。

第二次世界大战爆发后,铂金作为一种具有高熔点的良好催化剂,具有很重要的军事用途。美国政府曾一度禁止铂金的非军事用途,用白色K金替代铂金,尽管白色K金从光泽、硬度等多方面永远无法取代铂金。

五、医学应用

科学家研究发现,任何人的皮肤对铂金都不会有过敏现象,铂金可做成电极用于电子脉冲调节器,直接插入人体心脏,救治心律不齐患者。铂或钯的合金也可用作牙科材料。铂的络合物顺铂、卡铂还是治疗癌症的药物。铂还用于制作生物传感器的电极,快速探测血液中血红蛋白和小便中各种酶的含量。

六、其他用途

铂金还可用于制造潜水深度达 200m 的防水手表。以前曾用铂铱合金制造标准的米尺和砝码(图 5-6)。在 19 世纪中叶,俄国曾制造铂铱合金币在市场上流通。早年在照相术上采用"铂黑印片术",大量使用铂盐,印出的照片美观而持久,现在一般不用此法。100 多年前还曾有过铂丝酒精灯和铂怀炉。

图 5-6　铂铱合金千克基准砝码

第四节　铂金概述

铂金(Platinum),化学元素符号 Pt,是一种天然的白色贵金属,是世界上最稀有的首饰用金属之一。铂金的名字来源于西班牙语"Platina del Pinto",译意为 Pinto 河中类似银的白色金属。铂族元素矿物熔炼而成的金属有钯金、铱金、铂金、铑金等。由于铂金的稀有性、稳定性和特殊性,以及银白夺目的金属光泽,其价值比黄金还要昂贵。

世界上仅南非和俄罗斯等少数地方出产铂金,每年产量仅为黄金的 5%。成吨的矿石,经过 150 多道工序,耗时数月,所提炼出来的铂金仅能制成一枚数克重的简单戒指。如此稀有,难怪拥有铂金感觉弥足珍贵,众多著名设计师称铂金为"贵金属之王"!

一、铂金的历史

铂金可蕴藏于陨石之中,最早的记录可以追溯至 20 亿年以前,当时有一颗流星撞向地球,从那时起,这种稀有迷人的宝藏在整个历史长河中零星出现,有时突然数个世纪都不见其踪影,既让人困惑,又吸引着那些与它不期而遇的人们。

人类对铂金的认识和利用远比黄金晚,大概只有 2 000 多年的历史。根据考古资料论证,在公元前 700 年,古埃及人已能将铂金加工成工艺水平较高的铂金饰品。考古学家曾发现一个埃及女祭司棺木上缀有铂金制成的象形文字,历经长久时间仍能保持完美,不失其原有光泽,充分证明了铂金的持久与稳定性。到公元前 100 年,南美印第安人成功地掌握了铂金的加工工艺,制成不同款式的铂金首饰。然而,除此之外其他地区的人们对铂金则一无所知。之后很长一段时间,铂金都未被利用,直到南非金伯利矿挖出第一颗钻石之后,铂金才得以大放异彩。

16 世纪初,西班牙殖民帝国逐渐形成,大批的西班牙冒险家蜂拥到非洲和美洲去探金寻宝。当时,在厄瓜多尔的河流中淘金时,发现有一种白色金属混杂在黄金中,那其实就是珍贵的铂金。但由于当时科学不发达,识别能力低下,面对着银晃晃的铂金,那些殖民统治者却把它视为"劣等碎银"而弃之。18 世纪,铂金开始出现在欧洲,不久,它就在炼金的狂热中成为极其重要的成分。

19 世纪晚期,对于铂金的狂热席卷欧洲和俄国。国王、王后、沙皇以及王公们用铂金作为自己的饰品,甚至在皇袍上采用铂金线。西班牙国王卡洛斯四世下令在阿兰惠斯王宫中制作一间铂金宫室。整个房间用镶嵌铂金的硬木装饰,反映了那个年代的奢华和辉煌。

20 世纪初,路易·卡地亚成为首位成功创造出铂金首饰的人,他让这一金属隐藏的内涵第一次得以发掘。Cartier 将铂金应用在他的"花环形"饰品上,令钻石更为华丽。他在铂金工艺上的造诣无人能及,使得英国国王爱得华七世为之倾倒并称其作品为"王者的珍宝,珍宝中的王者"。除了国王,王公侯爵们也为卡地亚作品而痴狂,图5-7为卡地亚创作的钻石项链。

图5-7 Cartier钻石项链

20世纪初,铂金已成为美国最受喜爱的首饰用贵金属。它天然的白色光泽征服了无数名门贵族的心。到了近代,世界著名首饰设计品牌Cartier、Faberge、Tiffany均利用铂金创造出不朽的杰作。名钻"霍普",又名"希望"(图5-8),也被永远地镶嵌在铂金链上。如今,它已经是电影明星和上层人士首选的贵金属。

图5-8 名钻"希望"

第二次世界大战爆发后,由于铂金具有很重要的军事用途,美国政府曾一度禁止铂金的非军事用途,用K白金(黄金与其他白色金属的合金)替代铂金,尽管K白金从光泽、硬度等多方面永远无法取代铂金。二战后,随着人们对首饰的日益热衷,铂金再次风行起来。在1947年的纽约"白色热潮"展览会上,一批珍贵的铂金和钻石首饰被展出,更印证了人们对铂金的喜爱程度。

今天,铂金的首饰用途又得以继续,它的稀有、纯净、坚硬三大特性以及其天然白色光泽依然令追求时尚的男女所倾倒。

二、铂金的特征

颜色:亮白色。

化学符号:Pt。

光泽:强金属光泽。

密度:21.45g/cm³。

硬度:4~4.5。

熔点:1 773℃。

铂金还具有以下特征。

1. 稀有

在自然界,铂金的储量比黄金稀少,铂金的产量也远远低于黄金。至今全球的铂金储量加在一起也只够装满一个中等大小的房间。1盎司铂金需从10t铂金矿石中历经5个月才能提炼出来。世界上每年产140t铂金,而黄金年产3 300t。全球首饰行业,每年消耗的铂金,仅为黄金的3%。铂金是世界上最稀有的贵金属之一,全球只有南非、俄罗斯等少数地方能开采。如果把世界上所有的铂金倒入一个奥运会标准的游泳池内,它的深度都不足以覆盖脚背。物以稀为贵,铂金的稀缺性决定了它不菲的价值。作为一种稀缺的不可再生资源,随着不断的开采和市场需求的提高,铂金所具备的保值性也不言而喻。加上铂金熔点高,提纯熔炼铂金比黄金更为困难,能源消耗较高,而且加工铂金需要比加工黄金更高的工艺水平,因此,铂金是一种比黄金、白银等贵金属更为稀有、更加珍贵的贵金属。

2. 坚硬

铂金的密度高,强度几乎是黄金的两倍,从而成为镶嵌各种精度首饰的最佳选择。铂金的延展性好,1g铂金可以拉出2 000m长的细丝。铂金的坚硬令其不易磨损,使铂金看上去永恒如新。铂金比一般金属更坚韧,能与钻石牢牢镶嵌,安全且不易脱落,因此,品质高的钻石镶嵌在铂金上更安全。铂金的熔点较之黄金更高,因此对工人的技术要求也就更高,只有技艺熟练的工匠才能制作。

3. 稳定

铂金是对酸、碱、高温等的抵抗力最强的金属,在空气中很难氧化,不会褪色或变色。铂金制品一般不会变形。因此,铂金广泛用于珠宝首饰业和化学工业中,用以制造高级化学器皿、坩埚以及加速化学反应速度的催化剂等。

铂金区别于其他贵金属的另一个显著特点是"磨而不损",即当铂金首饰出现划痕时,只意味着金属材质的位移,对首饰自身的体积和质量不会有任何的影响。铂金稀有和"磨而不损"的特质使其成为了一种永恒的金属,具有长远的收藏价值。

4. 光泽、延展性好

铂金良好的延展性亦使其宜于加工。用铂金镶嵌钻石,可以保持钻石的纯白色,而不至于像黄金那样,有可能导致钻石泛黄,降低身价。铂金的天然白色光泽,能更好地衬托出钻石的璀璨和华美。而且,铂金比一般黄金更加坚韧,用铂金制作项链等首饰,即使加工得再精细入微,也依旧坚韧可靠。用铂金镶嵌钻石等宝石也最牢固可靠、最安全,镶嵌于其间的钻石等宝石不容易脱落。正因如此,在国际保险界,铂金镶钻饰品所支付的保险费用也比其他镶钻饰品要低。尽管铂金的硬度比黄金高,但镶嵌钻石和珠宝仍感不够,往往需掺入"金",制成"铂合金"来镶嵌钻石。

5. 其他特征

佩戴铂金首饰绝对不会有过敏反应。

第五节　铂金的分类

一、铂金的种类

铂金一般可分为纯铂金、铂合金两种,另外还有铂金的替代品 K 白金。

1. 纯铂金

纯铂金又称"足铂金",指铂金含量不小于 99% 即含铂量千分数不小于 990 的铂金材料。纯铂金是指含铂量或成色最高的铂金。其白色光泽自然天成,不会褪色,可与任何类型的皮肤相配,强度是黄金的两倍,韧性更胜于一般的贵金属(图 5-9)。

纯铂金具有良好的加工性能,可加工成所需要的片状及拉成所需要的丝条。

由于纯铂金太软,不能牢固地嵌紧宝石。为了提高铂金的硬度(适合浇铸)及手工加工的要求,许多国家的首饰材料公司在纯铂金中,适量加入除铂以外的铂族元素和其他金属,便可得到理想的首饰制作材料。

从铂金的工业用途来看,有以下几种分类。

(1)自然铂。含有铁、铱、钯等杂质的铂矿物,呈银白色或暗灰色,属于等轴晶系,是不规则的粒状或鳞片状集合体,密度为 13.35~19g/cm³,富有延展性。化学组成:铂晶体属等轴晶系的一种自然元素矿物。除含铂外,自然铂经常含铁,含铁量达 9%~11% 时称为"粗铂矿",更高时称为"铁铂矿",最高可达 28%。还常含镍、金、铜、钯、铱和铑等,钯最高含量可达 21.8%~30.0%,铱 27.79%~29.0%。

图 5-9　TASAKI 铂金钻石戒指

(2)海绵铂。含铂质量分数大于或等于 99.9% 的灰色海绵状金属,按铂的含量分为 3 个牌号:SM-Pt99.99、SM-Pt99.95 和 SM-Pt99.9。一般用火法及湿法冶炼制取。

(3)高纯海绵铂。含铂质量分数大于或等于 99.995% 的灰色海绵状金属(图 5-10),按铂的含量分为两个牌号:SM-Pt99.995 和 SM-Pt99.999。一般

图 5-10　海绵铂

从各类含铂物料中经分离提纯后制取,供化学工业、电气仪表、精密合金及测温材料等使用。

(4)超细铂粉。含铂质量分数大于或等于99.95%,平均粒径7.0μm,松装密度为0.4~0.7g/cm³,振实密度为0.7~1.1g/cm³。

2. 铂合金

尽管铂硬度比黄金高,但镶嵌宝石尚显不足,必须加入其他金属制成铂合金,方能用来制作首饰。铂合金是指铂与其他金属混合而成的合金,如与钯、铑、钇、钌、钴、铱、铜等混合。首饰业使用铂钌合金和铂铱合金较多,在欧洲和香港使用铂钴合金浇铸,在日本用铂钯合金制造链条。国内的铂金首饰通常是由纯铂金加工铂族合金制成,常加入的金属为钯、铑、铱等贵金属,其中的铂金纯度一般均高达90%以上。铂金的白色光泽亮白自然,经常佩戴也不会褪色。国家规定只有铂金含量在85%及以上的首饰才能被称为"铂金首饰",并必须带有"Pt"标志。

在铂金中添加非铂金元素主要目的有:①提高铂和金的硬度;②一般情况下降低铂和金的熔点(加钨除外);③加入铱、钌的铂合金,加工硬化性能较好,适合机械加工;④加入钯的铂合金,适用于加工铸件和手工制作。

铂合金主要有以下几种合金形式。

(1)铂铱合金。铂铱合金(图5-11)是指由铱与铂组成的合金,是最古老的铂合金,据说这种合金被用于制作王冠。铂基含铱的二元合金,是最好的铂合金首饰材料。铂铱合金高温下为连续固溶体,缓冷至700~975℃时发生固相分解,但相平衡过程进行得很慢。颜色呈银白色,有强金属光泽,相对密度较大,化学性质稳定,铱易挥发和氧化,能显著地提高铂的耐腐蚀性。该合金具有高硬度、高熔点、高耐腐蚀能力和低的接触电阻等特点。

图5-11 铂铱合金笔

根据铱和铂的含量不同,一般可分为以下3种:①含10%铱的铱铂合金,相对密度为21.54,熔点为1 788℃;②含15%铱的铱铂合金,相对密度为21.59,熔点为1 821℃;③含5%铱的银铂合金,相对密度为21.50,熔点为1 779℃。

（2）铂银合金。铂银合金强度高、弹性好、电阻系数小、热电势低、耐热、耐腐蚀、无磁、性能稳定,铂银合金熔炼和加工都很困难,一般用高频感应加热炉熔炼,铸锭须经均匀化后,加工成板片和线材等。

（3）铂铜合金。在铂金中加入铜成为合金,会迅速硬化,也不会因为退火而表面变色,是适合手工加工的铂合金。高温下为连续固溶体,低温下,在3%～93%铜成分范围内存在有序转变,结构由立方晶格变成菱方晶格,致使合金显著强化。

（4）铂钌合金。以铂为基含钌的二元合金,有PtRu4、PtRu5、PtRu10和PtRu14等合金。钌能提高抗腐蚀能力,抗变色能力很强,在900℃以上钌选择性氧化和挥发。

（5）铂钯合金。铂钯合金是最常用的合金,无论在铂金中加多少钯,对它的硬度都没有影响。这种合金,如果在钯的比率为25%时,硬度最大。

（6）铂钴合金。在铂金中加入钴,铂与钴可无限互溶,硬度迅速上升,其固溶体为立方面心晶格,缓冷至833℃,合金内开始出现有序转变。和铂钯合金相比,铂钴合金硬度更高。熔化后的金属流动性较好,而且钴的自身脱氧效果很好,针孔很少,是一种适合铸造的合金。铂钴合金磁性极强,磁稳定性较高,耐化学腐蚀性很好,氢氧化钾和热浓硫酸都不能将其腐蚀。该合金主要用于航空仪表、计测仪、电子钟表、磁控管等。

（7）铂金合金。铂金合金在凝固时的温度范围很大,所以很难形成均一的组分,必须从高温状态下进行急速冷却,否则会形成硬、脆的材料。

（8）铂钨合金。铂钨合金是最适合手工制作的优良合金,和其他铂合金一样,它的作业性如压延、伸线都很优秀。但是,在大气中难以熔解,必须在高真空和惰性气体条件下进行作业,熔解温度为1 860℃。

其他还有铂钼合金、铂铼合金、铂镍合金、铂铱合金。

3. K白金（白色K金）

白色K金（White Gold）的主要成分是黄金,它不是天然的白色金属,是在黄金中加入其他白色金属后而呈现的银白色,所以,白色K金不是铂金,而是黄金的合金。白色K金首饰通常使用18K或750来表示成色。

白色K金(图5-12)具有良好的反射性,不易失去光泽。白色K金的价格低于铂金和黄金,现已被广泛用于首饰制作。

4. 白金

大家都知道铂金,白金也是耳熟能详的名字,到底两者之间有什么区别?铂金又名白金,但中国古籍中所谓的白金,系指银,并非铂。根据1999年颁布的国

家贵金属首饰标准,已经明确指出只有铂金才可以称为白金。国际铂金协会给出的官方解释是:铂金＝白金＝Pt≠K白金

二、铂金的成色

铂元素的化学元素符号是Pt,这也是铂金饰品独有的标志,其他白色金属不能打上"Pt"标志。国际上铂金的标志是"Pt""Plat"或"PM"的字样,并以千分数字代表之,如Pt900表示纯度是900‰。按照国家质量监督检验检疫总局的规定,国内生产的所有铂金饰品都应标上"Pt"这个专有标志。铂金饰品的规格标志有Pt999、Pt990、Pt950、Pt900、Pt850。纯度以最低值表示,没有负公差。

常见的含铂量标记有以下几种。

(1)千足铂Pt999。代表含铂量999‰(图5-13)。

图5-12 萧邦吊坠(K白金)

图5-13 Pt999戒指

(2)足铂金Pt990。铂金含量千分数不小于990,打"足铂"或"Pt990"标记,表示饰品中铂金的百分含量为99%。

(3)950铂金。铂金含量千分数不小于950,打"铂950"或"Pt950"标记,表示饰品中铂金的百分含量为95%。Pt950含钯、铑、铱5%,硬度相对较低,一般用于素铂金首饰。

(4)900铂金。铂金含量千分数不小于900,打"铂900"或"Pt900"标记,表示饰品中铂金的百分含量为90%。含钯、铑、铱10%的Pt900,硬度对镶嵌饰品来说恰到好处。大多数铂金戒指都是用Pt900制作的,但也有少数厂商用Pt950制作铂金指环(图5-14)。

图 5-14　铂金指环

(5) 850 铂金。铂含量千分数不小于 850，打"铂 850"或"Pt850"标记。

铂金类首饰中的其他物质主要是其同族元素钯（Pb），如 Pt900 表示含铂 90％、含钯 10％，以此类推。白金首饰中铂含量一般不少于 85％。

区分铂金和其他白色金属最直接的方法是寻找首饰内是否有"Pt"或"铂"的专有标志。

不同国家，铂金的成色标准也不同。

日本允许的纯度为 1 000、950、900、850，并可以有微小的（0.5％）负差。纯度为 850 的铂金一般用于链条，Pt900 是最为常用的纯度。由于日本是香港最重要的出口市场，因此香港采用日本标准。

美国规定纯度若要称为铂，必须至少含有 50％ 的铂，以及总共 95％ 的铂族金属。铂含量高于 95％ 的纯度可打上"Pt"印记。铂含量在 75％～95％ 之间的首饰，还必须打上铂族金属的印记，如铱铂合金（IR-ID-PAT），表示含依 10％ 的合金。铂含量在 50％～75％ 之间的首饰，必须打上所含铂族金属的名称及其含量，如 585 铂 365 钯（585PLAT365PALL）。

欧洲在 1972 年通过《贵金属件控制与标印协约》，要求采用单一纯度——Pt950。葡萄牙和意大利允许有微小误差。比利时、法国、希腊、西班牙、荷兰等国允许把铱当铂量计算。德国允许有其他纯度的标准。

我国 1989 年制订的 GB11887—1989《贵金属首饰纯度命名方法》规定：含铂量千分数不小于 950 的称"950 铂"，打"Pt950"印记；含铂量千分数小于 990 的称足铂，打"足铂"印记或按实际含量打印记。

三、铂金首饰的加工工艺

铂金首饰是以铂金为原料制作的贵金属首饰,铂金镶嵌首饰是以铂金为主要原料与用于珠宝首饰加工的珍珠、钻石、宝石等材料为辅制作的金属首饰(图5-15)。铂金首饰和铂金镶嵌首饰品种多样,包括不规则的戒指、耳环、吊坠、手镯、项链、手链及别针等。

行业标准对铂金首饰和铂金镶嵌首饰的质量要求主要有:首饰外观无变形且表面光滑、花纹线条清晰、电镀均匀,首饰表面亮白;镶嵌首饰的镶嵌爪要对称、镶嵌钉要圆滑,镶嵌石(指钻石、宝石、珍珠等)应镶嵌平整。

图5-15 伊丽莎白·泰勒戴的宝格丽祖母绿钻石胸针

1. 铂金首饰的铸造

对于铂金饰品的铸造,从业人员也有"谈铂色变"之感,主要原因:一是铂金的熔点高,比黄金高700多摄氏度;二是铂金熔模温度高,加温时间长。铂金浇铸的温度高,制作铂金首饰的合金熔点也很高,铂合金熔化不仅要求极高的温度,而且使铂金保持液态可供浇铸的温度范围很狭窄。目前,铂金浇铸熔化主要采用火炬方式和感应加热方式。火炬熔化有一些难以克服的缺点,如难以掌握确切的熔化温度。而感应加热大都配有温度测量控制装置。这种熔化方法可以较为准确地确定熔化温度及时间,还可采用密封式的浇铸方法,尽可能地避免外来杂质破坏,从而可以得到高品质的铂金铸件。浇铸铂金时一定要注意保持清洁,高温的铂金极易混合外来物质,这样将造成浇铸质量问题。铂合金熔炼时,不需加助熔剂。

铂金铸件的模与18K黄金首饰基本相同,但是铂金的强度较低,模操作时锉磨不能用力过大,否则会留下较大的、难以弥补的锉磨痕迹,有可能使整个铸件报废。

2. 铂金首饰的手工制作

铸造的铂合金首饰坯件,必须经过剪水口、整形、修补缺陷、锉削、砂磨等制模工艺才能成为完美的镶嵌托架。铂合金首饰常镶嵌钻石、红宝石、蓝宝石等优质名贵宝石,属高档次首饰品,故对托架外观的整体协调、表面的圆滑、光洁度等工艺加工要求更为精细。

几乎所有金属的合金首饰制作材料在冷加工的轧压、拉拨和冲压过程中,都会产生一定程度的硬化。硬化是金属材料内应力的表现形式,压片时常出现面的扭曲、破裂,拔丝时常出现盘曲、裂断等。消除铂合金硬化的方法是退火,铂合金退火可以利用一般焊枪火焰来进行。

铂合金退火需要小心控制加热时间和温度,大部分铂合金在600℃时开始出现应力消除,在1 000℃时便会迅速软化。加热时间根据饰品的剖面厚度而定,对厚度达2mm的工件加热大约一分钟便已足够。厚度超过2mm的饰品应按比例增加加热的时间,铂合金在退火过程中不会变色。

铂合金首饰制作中的部件连接、指环改动及缺陷修复等,主要通过焊接完成。焊接是铂合金首饰加工过程中最困难的一个环节,因为大部分铂合金材料的焊接是在1 500℃或更高的温度下进行的。

在铂金首饰加工过程中,必须注意以下几个方面:①必须防止工件表面的异物(其他金属碎屑污染);②在退火或焊接时,不能用受污染的支承架,焊接时要用耐火支撑物而不能用木炭;③保护眼睛,高温焊接产生的白光辐射和紫外线辐射量大大高于肉眼的承受能力,长时间受辐射会造成"电弧灼伤眼",可能造成视网膜永久性损伤,因此必须使用电焊防护用的滤光镜才比较安全。铂合金有极强的抗氧化性,饰品经过精心高度地抛光后,在静止状态下,永远不会失去其耀眼的光泽。

第六节 铂金的物理、化学性质

铂族金属色泽美丽,延展性强,耐熔、耐摩擦、耐腐蚀,在高温下化学性质稳定,有着广泛的用途。在铂族金属中,人们最熟悉、用得最多的是铂金,它比贵金属中的黄金、白银等更加稀少和贵重。

一、铂金的特征

在铂族金属中,铂金的应用最广,历史最悠久。

(1)铂为白色金属,化学稳定性很好,不被单一酸所腐蚀,在铂族中与氧亲和力最小。

(2)高温下碳能熔于铂,低温时,碳又能部分析出,使铂变脆,所以铂不能在熔融状态与碳接触,也不能在还原气氛中加热。

(3)铂分别与磷、酸、硅等元素形成低熔点共晶,造成加工困难或生产废品。

(4)高温高压下铂若与氧化铅、氧化硅等耐火材料接触,能使氧化物还原,并且被铅、硅所污染,因此应采用氧化镁、氧化锆作为耐火材料为好。

(5)铂硬度:铸态维氏硬度为43Mpa/mm²,退火态维氏硬度为37~42Mpa/mm²,从铂酸络合物电解液中沉积出铂的维氏硬度为606~642Mpa/mm²。

(6)当在空气及氧气中加热时,会生成氧化物,铂的质量略有增加,但当温度继续升高,则氧化物分解,质量略有减少。

(7)铂是低活性的化学元素,它对各种试剂稳定。

(8)由于具有优良的化学稳定性,因此铂金首饰光泽灿烂且持久,给佩戴者带来一种含蓄、高雅、庄重的感觉。

(9)世界上现在每年要用好几吨铂来制作首饰,其中日本是世界上最喜爱铂金的国家。

(10)首饰中铂饰品的纯度主要为Pt999、Pt950、Pt900。

二、铂金的物理性质

1. 铂元素

铂元素化学元素符号Pt,原子序数78,原子量195.1,属周期系Ⅷ族,为铂系元素的成员。

2. 铂金的颜色和光泽

铂金色泽呈银白色,有强金属光泽。铂金的颜色和光泽是自然天成的,历久不变。

3. 铂金的密度

铂金的密度在金属中最高,达21.45g/cm³,远大于黄金和银。

4. 铂金的硬度

铂金的硬度不高,摩氏硬度为4~4.5。

5. 铂金的熔点和沸点

铂金的熔点高约1 773℃,沸点为3 827℃。

6. 铂金的强度和韧性

铂金的强度和韧性比其他贵金属高得多,拥有几乎两倍于黄金的强度,使之成镶嵌各种宝石的理想选择(图5-16)。

7. 铂金的延展性

铂金具有良好的延展性,接近于金和银,可轧成0.002 5mm厚的铂金箔,也能拉成极细的铂金丝。1g铂金即使是拉成1.6km长的细丝,也不会断裂,但其延展性随着铂中杂质含量的增加而降低。

图 5-16 Graff 钻石祖母绿胸针(铂金镶嵌宝石)

8. 铂金的导电、导热性

铂有良好的导电性和导热性。

9. 铂金的其他性质

灰色的海绵铂有很大的比表面积,对气体(特别是氢、氧和一氧化碳)有较强的吸收能力。粉末状的铂黑能吸收大量氢气。

铂金在首饰制造业中越来越体现出其无可替代的商业地位,由于它物理、化学性质稳定,因此现在大量用于首饰制造行业中,镶嵌用铂金可以使宝石更完美,体现出其无与伦比的独特魅力。尤其是高品质的铂金钻戒更被视为表达忠贞爱情的信物。

三、铂金的化学性质

铂金的化学性质极其稳定,在常温下,盐酸、硝酸、硫酸、氢氟酸、有机酸,以及碱溶液都不与铂发生反应。在空气中铂金不会发生任何反应,加热后也不会发生氧化反应,不会失去原有光泽。在空气和潮湿环境中很稳定,低于 450℃ 加热时,表面形成二氧化铂薄膜,高温下能与硫、磷、卤素发生反应。

以下物质能溶解铂。

1. 王水

在冷、热状态下,铂能溶于王水中,形成蛋黄色的氢氯铂酸溶液。虽然王水能溶解铂,但这与铂的状态有关,致密的铂在常温的王水中溶解速度非常慢,直径1mm的铂丝要4～5个小时才能完全溶解。铂黑(铂粉)在加热时能与浓硫酸反应,生成$Pt(SO_4)_2$、SO_2和水。氯铂酸的制法是把铂金属溶解在王水中。

2. 碱金属氰化物

碱金属氰化物也能溶解铂,高温下铂能与卤素反应,但硒、碲和磷更容易和铂反应。致密的金属铂在任何温度下的空气中都不被氧化,但是在高温高压下能与纯氧反应。

铂亦可溶于盐酸-过氧化氢、盐酸-高氯酸的混合液。铂金不吸水银,还具有高度的催化活性。

四、铂的加工工艺

铂的熔炼一般在高频或中频感应炉中进行。坩埚可用烧结的或熔融成型的氧化铝制品,但大量生产则多用氧化锆砂或氧化镁砂捣打后烧结而成。铸模以水冷铜模为好。

铂往往在大气气氛下熔炼,但若原料为新的粉状料,则采用先烧结(在1 250～1 300℃于真空下保温30～60分钟后缓慢冷却)除气而后熔炼的方法,这对提高铸锭质量是有好处的。当然,反复重熔仍是必要的。铂的浇铸温度可视炉料多少、掌握浇铸技术的熟练程度做适当变动,一般在1 850～1 950℃之间。

由于铂的延展性好,容易加工成制作首饰所用的成材。

高纯铂的加工:高纯铂的熔炼可在高频感应炉上进行,所用坩埚为结晶氧化铝,铸模为内衬0.6～0.8mm厚的高纯铂片的水冷铜模,并采用底注法。

在熔炼铂时,凡与熔炼铂直接接触的坩埚,氧化铝塞棒以及水冷铜模均须做严格仔细的处理,尽可能地减少杂质污染。

高纯的海绵铂,放入带塞棒的再结晶氧化铝坩埚,在大气中加热,待料熔化后,停电使其凝固,取出塞棒,再熔化,当温度提高到高于熔点140～200℃时,流体铂即自动注入用铂片衬里的水冷铜模。

用上述方法所得的铸锭先去表皮,然后再进行冷锻或冷轧,其冷锻、冷轧道次加工率为10%～15%,两次退火间的总加工率为80%～90%,中间退火温度为400℃,退火保温时间为10～20分钟。在冷拉时,首次加工率可略小点(5%～10%)。

铂除作首饰之外,还可用作器皿等。

第七节　铂金及铂金饰品的鉴别

一、铂金的鉴别

1. 观色泽法

纯铂金呈亮白色(图 5-17),光泽灿烂,介于白银与镍的颜色之间。铂金容易与 K 白金和银混淆,K 白金的颜色为白色偏米黄色;白银光泽洁白,容易被氧化而带黑点或呈黑色,硬度比铂金低一些。从金属的表面颜色可以区分。

2. 手掂法

铂金密度达 21.45g/cm³,通过同体积材料的掂重试验,铂金有沉甸甸之感,它比黄金重(19.36g/cm³),比 K 白金重,也比银重(10.49g/cm³)。用手掂量同等大小的铂金和白银饰品,就会发现它们的差别。

3. 烧熔法

铂金熔点达到 1 773℃,远远高于 K 白金与白银。一般焊枪无法熔化铂金,据此可鉴别真伪。使用专业焊枪冷却后铂金颜色不变,而白银火烧以后,其表面会呈现润红色或黑红色调。

图 5-17　周大福铂金吊坠

4. 标记法

铂金首饰都有标准戳记。国际上用"PT"或"Pt"字样表示。铂金首饰通常以含铂金的千分数来表明首饰的质地,同时也是首饰定价的依据之一。常见的标志有"Pt990""Pt950"(图 5-18)、"Pt900"几种。

5. 折硬度法

纯净的铂金容易折弯和掰直还原。成色较低的铂金,性硬且脆,弯折费力。

6. 听音韵

敲击时,若发出"托托"声音而无韵者,则是较纯的铂金;若发出"叮叮"尖声,有声有韵者,则是成色较低的铂金。

7. 点试法

铂是除了铁之外唯一不能与水银形成合金的金属。铂金首饰不可能出现类似黄金首饰上的汞齐白斑,利用铂金不吸水银的性质,在试金石磨道上涂水银,若吸水银,则是用黄金、白银和铂配制的K白金。

8. 硝酸加盐试验

将铂金饰品在试金石上磨道,在磨道上盖一层食盐,然后,在食盐上滴上硝酸,湿透为止,再在食盐上加一些热纸烟灰,起催化作用。20分钟以后,用清水冲洗食盐和硝酸。晾干后,若无变化,则其成色在99%左右;若微有酸痕,则其成色在95%左右;若硝酸痕迹较大,则其成色在80%

图 5-18　铂金镶钻石戒指

~90%之间;若磨道被腐蚀掉一层,痕迹变为灰色,则其成色在70%左右;若残迹全部消失,则是假铂金。

9. 煤气自燃法

将首饰放于扭开的煤气灯(灶)口上,放上几分钟后,若首饰变红、升温且将煤气灶点燃,则为铂金制品。这是因为铂金可作为催化剂,促使煤气与空气中的氧放热,使铂金升温、发红以至于能点燃煤气。此法对纯度在90%以下的铂金制品无效。

10. 双氧水反应法

铂金是很好的催化剂,具有独特的催化作用。利用这一特性,可快速鉴定铂金。常用双氧水反应法步骤为:取少许待测物粉末,置于盛双氧水(H_2O_2)的塑料瓶中,若系铂金则双氧水立即白浪翻滚起泡,分解出大量氧气,反应后的铂金仍原封不动,还可回收(它只起加速分解作用);若是假铂金或其他白色金属,如铅、银、铝等,则无此反应。

11. 其他

对于铂金的鉴别,还可以请地质部门做电子探针测试等。

二、铂金与类似金属的鉴别

铂金有亮白色的金属光泽,硬度为4~4.5,密度为21.45g/cm³,化学性质稳定,不溶于普通酸类为其鉴定特征,容易与相似金属相区分。

1. 铂金与白银的区别

铂金与白银饰品在市场上流行甚广,是众多女性喜爱的饰品。由于铂金与白银有较多相似之处,因而有必要加以区分。铂金与白银以硬度高低、密度大小、化学性质稳定程度相区别。一般,采用以下几种简易方法加以区分。

(1)通过颜色和硬度区分。铂金呈亮白色或灰白色,质地较坚硬,摩氏硬度为4～4.5。白银的色泽洁白,质地光滑柔和,摩氏硬度为2.5～2.7,较铂金柔软,用指甲轻划即可留下痕迹,无弹性,箔片容易用手弯折,且难以复原。

(2)手掂法。铂金的密度大。白银虽呈银白色,但密度为 $10.49g/cm^3$,只有铂金的 1/2,同样体积的白银,比铂金轻一半。一般用手掂量,就可大致区分铂金与白银。

(3)化学法。白银化学性质不稳定,可溶于硝酸,并放出二氧化氮气体。铂金不溶于硝酸,但在加热的王水中能较快溶解,在常温下其溶解速度极慢,一般肉眼难以察觉。将铂金碎屑放在试金石上,滴上少许硝酸和盐酸的混合液,若碎屑仍然存在,则为铂金;若碎屑溶解消失,则为白银。

2. 铂金与金属铅、铝的区别

铂金与金属铅、铝,以变形特性不同、密度大小相区分。金属铅和铝无弹性,变形后不能复原,而且密度远比铂金小。铅的密度为 $11.36g/cm^3$,铝的密度为 $2.7g/cm^3$,分别约为铂金的 1/2 和 1/8,只需用手掂量就能加以区分。

3. 铂金与 K 白金的区别

K 白金不是铂金。

铂金是一种本身即呈天然白色的贵金属,目前是所有首饰贵金属中价格最高的,市售的铂金首饰都有"Pt"标志,常用 90%、95%、99% 的铂合金制作首饰,并被打上"Pt900""Pt990""Pt950"的标志。

K 白金的主要成分是黄金,它不是天然白色的,而是由于加入其他金属后呈现出的白色。K 白金一般是由 75% 的黄金和 25% 的其他金属合成的,通常使用"18K"或"G750"来表示其中所含黄金的纯度。K 白金不能被打上"Pt"标志,只能按其纯度打黄金及纯度的印记,如:18K 的 K 白金只能打"18K""G750"等印记。

第八节 贵金属家族新贵——钯金

一、钯金概述

钯(Palladium)是世界上最稀有的贵金属之一,元素符号 Pd,是铂族元素之一,是金属中典型的"贵族之家"。钯金的纯度极高,外观与铂金相似,自然状态下呈银白色金属光泽,而且永远不会褪色。1803年由英国化学家沃拉斯顿在分离铂金时发现。它与铂金相似,具有绝佳的特性,常态下在空气中不会氧化和失去光泽,是一种异常珍稀的贵金属资源。钯金具有极佳的物理与化学性能,耐高温、耐腐蚀、耐磨损,具有极强的延展性,在纯度、稀有度及耐久度上,都可与铂金互相替代,无论单独制作首饰还是镶嵌宝石,都堪称理想的材质(图5-19)。

图5-19　钯金首饰

钯金与铂金、黄金、银同为国际贵金属现货、期货的交易品种之一,且历史上曾一度比铂金价格还高。钯金是一种不可再生的稀缺资源,随着不断的开采和市场需求的提高,其未来价值还将逐渐体现出来。目前钯金比铂金便宜,首饰业界拿来单独使用,或作为金、银、铂合金的组成部分,有时掺入一些钌来增加其硬度。直到近年人们才将其作为主体元素制作珠宝首饰。

二、钯金的来源

1803年,英国化学家沃拉斯顿从铂矿中又发现了一个新元素。他将天然铂矿溶解在王水中,除去酸后,滴加氰化汞($Hg(CN)_2$)溶液,获得黄色沉淀。将硫磺、硼砂和这个沉淀物共同加热,得到光亮的金属颗粒。他称之为Palladium(钯),元素符号定为Pd。这个名字来源于1802年新发现的太阳小行星Pallas-Athena,那是颗纪念古希腊神话中智慧女神雅典娜的行星。

钯在地球上的储量稀少,采掘冶炼较为困难,属稀有贵金属系列的范畴。钯金在地壳中的含量约为 $1/1×10^9$,储量甚至只有铂金的 $1/6$,每年总产量不到黄金的 8%。而且世界上只有北美、俄罗斯和南非等少数国家出产。钯金常与其他铂系元素一起分散在冲积矿床和砂积矿床的多种矿物(如原铂矿、硫化镍铜矿、镍黄铁矿等)中。独立矿物有六方钯矿、钯铂矿、一铅四钯矿、锑钯矿、铋铅钯矿、锡钯矿等,还以游离状态形成自然钯。

钯常与铂伴生,产量小于铂。在矿物分类中,铂族元素属自然铂亚族,包括铱、锇、钯、铂等自然元素矿物。它们彼此间广泛存在类质同象置换现象,从而形成一系列类质同象混合晶体。这些元素之间的物理、化学性质,有着很大的相似之处。特别是钯和铂这两种贵金属像兄弟一样,很相似。这两种金属的冶金性质相当类似,因其同样稀有、用途相类似,常在各种应用上互作替代品。

三、钯金的分类

钯金与铂金相似,具有绝佳的特性,常态下在空气中不会氧化和失去光泽,是一种异常珍惜的贵金属。近年来,钯金被制作为首饰(以往都是在铂首饰中作为掺合物),是贵金属首饰家族中又一个新成员。目前市面上流行的钯首饰主要有 Pd950 和 Pd990。

国际上钯金首饰品的戳记是"Pd"(也可标志为 PD)或"Palladium"字样,并以纯度千分数字代表成色,钯金饰品的规格标志有 Pd990、Pd950、Pd900、Pd850。

(1)Pd990,要求钯的含量不得低于 990‰,可标志为 Pd990 或钯 990。

(2)Pd950,要求钯的含量不得低于 950‰,可标志为 Pd950(也可标志为 PD950)或钯 950(图 5-20)。

(3)Pd850,要求钯的含量不得低于 850‰,可标志为 Pd850 或钯 850。

含钯量不低于 750‰ 和 500‰ 的钯首饰主要用于镶嵌。不允许将钯首饰称作"钯白金首饰""钯铂金首饰"等模糊名称。另外,标准规定还要求,贵金属首饰的质量要保留两位小数,单件质量在 100g 以内的饰品,其质量负偏差不得大于 0.01g。

图 5-20 钯金戒指

四、钯金的物理、化学性质

1. 物理性质

元素符号:Pd。

颜色:银白色。

光泽:金属光泽,外观与铂金相似。

密度:12.16g/cm³。

相对密度:12,轻于铂金。

硬度:4~4.5,比铂金稍硬。

延展性:有良好的延展性和可塑性,能锻造、压延和拉丝。

熔点:1 554℃,钯的熔点是铂族金属中最低的。

沸点:2 970℃。

块状金属钯能吸收大量氢气,使体积显著胀大,变脆乃至破裂成碎片。常温下,1体积海绵钯可吸收900体积氢气,1体积胶体钯可吸收1 200体积氢气。加热到40~50℃,吸收的氢气即大部分释出,因此广泛地用作气体反应,特别是氢化或脱氢催化剂,还可制作电阻线、钟表用合金等。

2. 化学性质

钯金的化学性质稳定,不溶于氢氟酸,能耐磷酸、高氯酸、盐酸和冷硫酸,溶于王水和热的浓硫酸及浓硝酸,熔融的氢氧化钠、碳酸钠、过氧化钠对钯有腐蚀作用。

常温下钯金不易氧化和失去光泽,温度在400℃左右时表面会产生氧化物,常温下在空气和潮湿环境中稳定,加热至800℃,钯表面形成一氧化钯薄膜。

钯金拥有与铂金一样自然天成的纯白色迷人光彩,色泽鲜艳。其外观也与铂金非常相似,但是跟铂金相比,钯金的价格要低一些。由于钯金存在一些独特的物理、化学特性,使其首饰的加工难度要比铂金大,对各个环节都有很高的要求。

五、钯金的用途

1. 珠宝首饰

钯金比较稳定,能耐酸的侵蚀,几乎没有杂质,纯度极高,十分适合使用在肌肤上,国际首饰业界开始加工钯金,使之作为首饰和装饰艺术品。钯金制成的首饰不仅具有铂金般自然天成的迷人光彩,而且经得住岁月的磨砺,历久如新。近年来，国际上还开发了以钯为材料的名贵腕表，Chopard、Cartier、Parmigiani 等世界顶尖品牌手表，已将新开发的钯金手表推向了国际奢侈品市场。钯金首饰上都会打上包含生产厂家代码、贵金属材质与纯度的印记，使消费者得以区分钯金。

2. 航空航天等高科技领域

钯是航天、航空、航海、兵器和核能等高科技领域以及汽车制造业不可缺少的关键材料，也是国际贵金属投资市场上不容忽略的投资品种。

3. 化学应用

钯在化学中主要作催化剂，一氧化钯（PdO）和氢氧化钯［$Pd(OH)_2$］可作钯催化剂的来源。氯化钯还用于电镀，四硝基钯酸钠［$Na_2Pd(NO_3)_4$］和其他络盐用作电镀液的主要成分；氯化钯及其有关的氯化物用于循环精炼并作为热分解法制造纯海绵钯的来源。

4. 电子应用

钯金可制作电子及牙科医疗器具，可与钌、铱、银、金、铜等熔成合金，提高钯的电阻率、硬度和强度，用于制造精密电阻等。

六、钯金与钯金饰品的鉴别

全国首饰标准化技术委员会规定，贵金属首饰只能以一种元素命名。因此，钯金首饰不能被称作"钯白金首饰"或"钯铂首饰"等。由此可见国家标准对于不同贵金属的命名及明示有着非常明确和严格的规定。铂金、钯金区别很大，目前市场上作为首饰用的白色贵金属主要有铂（Pt）、钯（Pd）、K 白金。3 种金属做成的首饰在外观颜色上基本一致，K 白金、铂金、钯金区别的方法是标志印记不同，分别为："18K""Pt""Pd"。尤其是铂和钯，Pt 和 Pd 仅一个字母之差。

铂族元素矿物熔炼的金属有钯金、铑金、铱金、铂金等。钯金为铂系金属的一员，也是一种白色金属，密度大约是铂金的一半，和银十分相似，超过 80% 的钯是用于工业用途，而钯用于首饰中的主要是钯合金。钯金与铂金有以下区别：一是钯金成分印记为"Pd"，铂金的成分印记为"Pt"；二是钯金的价格低于铂金；三是钯金比铂金的密度小，长时间置于空气中会变得灰暗。

钯金的鉴别方法如下。

1. 看标志

钯金的鉴别主要集中在钯金首饰的鉴别上。与铂金首饰类似，钯金首饰上均刻有"Pd"的标志，表示该器物为钯金材质，其后的数字表示钯金的千分含量。

对于普通消费者而言,能够进行的鉴别方法也就是仅此而已。

2. 掂质量

钯金的密度稍稍大于白银,但足以比白银更加明显地区别于相似的白色金属,如不锈钢等。

3. 看光泽

看光泽是鉴别钯金首饰的一个重要手段。钯金的颜色是银白色的,与铂金的颜色基本相同,市售钯金首饰表面一般镀铑,铑的颜色与钯金就有较大区别:铑是银白色不带乌色调,素银首饰有白银柔和的银白色,电镀了的白银首饰,如果不是铑电镀,镀层颜色在镜下与钯金首饰的铑镀层明显不同,镍镀层带有明显的青色调,铬镀层光洁且带有微黄发乌色调。如果白银首饰表面也是铑镀层处理,鉴别难度稍微大一些,但是仍然可以从镀层与胎体结合的紧密程度来区分:钯金和铑同属于铂系金属,物理、化学性质接近,镀层比银镀铑更加紧密。还可以选择首饰不显眼的地方用手轻折,这样就可以立刻得知样品的硬度。银饰的硬度低于钯金首饰。

4. 电化学法

将样品置于浓度25%左右的盐酸中,若样品上起泡,则说明样品是白银或者钯金;若镊子上起泡,则说明样品必定是假钯金。此方法中如果使用银丝代替镊子、用稀硝酸代替盐酸则可以判断样品是否为钯金首饰。由于此法对样品的损伤很小,勉强可以算是无损鉴别法。

七、钯金首饰保养

(1)不要碰到腐蚀性很强的液体,应尽量避免接触漂白或刺激性化学品。

(2)首饰物品应防止拉扯、挤压、碰撞、摩擦,不佩戴时应单件收藏。不要把钯金首饰和其他首饰一起佩戴,与黄金首饰一起佩戴,容易串色,与铂金首饰一起佩戴会互相摩擦。

(3)钯金首饰和铂金一样,戴久了可能会变黑,要定期为钯金饰品进行清洁,这可以保证饰品呈现出最佳光泽,且更为持久。

(4)所有贵金属都可能留下划痕,钯金也不例外。如果出现了肉眼可见的划痕,请将钯金饰品送到具有修理合格资质的珠宝商店中进行抛光。

第六章　贵金属材料中的边缘金属

在首饰用金属材料中,有一些金属本身不属于贵金属,但它们与贵金属有着密不可分的联系,经常作为贵金属的合金材料、替代材料广泛使用,如18K金中需加入铜、镍、锌、铝等金属;在金属加工的制作中,我们经常使用黄铜替代白银作为练习材料,在掐丝珐琅器皿的制作中,使用紫铜为金属基础材料。这些金属与贵金属的密切联系使它们也带有一丝贵族气息,姑且把它们称之为边缘贵族金属。

第一节　铜

铜是古人就已经知道的金属之一,也是人体所必需的一种微量元素。一般认为,人类知道的第一种金属是金,其次就是铜。早在史前时代,人们就开始采掘露天铜矿,并用获取的铜制造武器、工具和其他器皿。铜的使用对早期人类文明的进步影响深远。

一、铜的历史

铜在自然界中储量非常丰富,并且加工方便。在六七千年以前,中国人的祖先就发现并开始使用铜。

1973年陕西临潼姜寨遗址曾出土一件半圆形残铜片,经鉴定为黄铜。1975年甘肃东乡林家遗址(属新石器时代马家窑文化类型遗存)出土一件青铜刀,这是目前在中国发现最早的青铜器,是中国进入青铜时代的证明。相对西亚、南亚及北非于距今约6 500年前先后进入青铜时代而言,中国青铜时代的到来较晚。中国存在一个铜器与石器并用时代,在此基础上发明青铜合金(图6-1),与世界青铜器发展模式相同。

对于中国先秦中原各国而言,最大的事情莫过于祭祀和对外战争。作为代表当时最先进的金属冶炼、铸造技术的青铜,也主要用在祭祀礼仪和战争上。夏、商、周3代所发现的青铜器,其功能均为礼仪用具和武器,以及围绕二者的附属用具,这一点与世界各国青铜器有区别,形成了具有中国传统特色的青铜器文

图 6-1 春秋时期的青铜戈(属青铜合金)

化体系。

一般把中国的青铜器文化发展划分为三大阶段,即形成期、鼎盛期和转变期。形成期是指龙山时期,距今 4 350～3 950 年;鼎盛期即中国青铜器时代,包括夏、商、西周、春秋及战国早期,延续时间约 1 600 年,也就是中国传统体系的青铜器文化时代(图 6-2);转变期指战国末期—秦汉时期,青铜器已逐步被铁器取代,不仅数量上大减,而且也由原来礼乐兵器变成日常用具,其相应的器别种类、构造特征、装饰艺术也发生了转折性的变化。

二、铜的分类

自古以来,铜与人们的生活非常密切,人们使用铜的种类也很丰富。根据铜的成色,我们可以把铜分为纯铜和铜合金两种。根据铜的使用,可多分出一种"首饰用铜"。

图 6-2 商代妇好墓青铜鸮尊

1. 纯铜

纯铜是有光泽、坚韧、柔软、富有延展性的紫红色金属,俗称"红铜"或"赤铜"。纯铜表面形成氧化铜膜后呈紫色,故工业纯铜常称"紫铜"或"电解铜"(图6-3)。纯铜密度为 8.92g/cm³,熔点为 1 083.4±0.2℃,硬度比金、银稍高。纯铜富有延展性,一滴水大小的纯铜,可拉成长达 2km 的细丝,或压延成比床还大、几乎透明的铜箔。纯铜最可贵的性质是导电性能非常好,在所有金属中仅次于银。但铜比银便宜得多,因此成了电气工业的"主角",大量用于制造电线、电缆、电刷等;纯铜导热性好,常用来制造需防磁性干扰的磁学仪器、仪表,如罗盘、航空仪表等;纯铜塑性极好,易于热压和冷压力加工,可制成管、棒、线、条、带、板、箔等铜材。

图 6-3 紫铜

2. 铜合金

铜合金是以纯铜为基体加入一种或几种其他元素所构成的合金。我国和俄罗斯把铜合金分为紫铜、黄铜、青铜和白铜。

紫铜因呈紫红色而得名,在纯铜中加入少量脱氧元素或其他元素以改善材质性能,是比较纯净的一种铜合金。紫铜导电性、塑性都较好,但强度、硬度较差一些。紫铜的电导率和热导率仅次于银,广泛用于制作导电、导热器材。紫铜中的微量杂质对铜的导电、导热都有严重影响。紫铜有良好的焊接性,可经冷、热塑性加工制作成各种半成品和成品。紫铜在大气、海水和某些非氧化性酸(盐酸、稀硫酸)、碱、盐溶液及多种有机酸(醋酸、柠檬酸)中,有良好的耐腐蚀性,多用于化学工业。

黄铜是以锌为主要添加元素的铜合金,具有美观的黄色,统称"黄铜"。根据黄铜中所含合金元素种类的不同,黄铜分为普通黄铜和特殊黄铜两种。两种元素组成的铜合金称"普通黄铜",由两种以上元素组成的铜合金称为"特殊黄铜"。特殊黄铜强度高、硬度大、耐化学腐蚀性强。黄铜的机械性能和耐磨性能都很好,可用于制造精密仪器、船舶的零件、枪炮的弹壳等。黄铜敲起来声音好听,因此锣、钹、铃、号等乐器都是用黄铜制作的。

纯铜制成的器物太软,易弯曲。人们发现把锡掺到铜里去,可以制成铜锡合金——青铜(因色青而得名),是古代常用的合金(如中国的青铜时代)。青铜比纯铜坚硬,使人们制成的劳动工具和武器有了很大的改进,是我国使用最早的合金,也是人类从青铜时代进入新石器时代的重要标志之一。青铜一般具有较好的耐腐蚀性、耐磨性、铸造性和优良的机械性能,用于制造精密轴承、高压轴承、船舶上抗海水腐蚀的机械零件以及各种板材、管材、棒材等。青铜还有一个反常的特性——热缩冷胀,用来铸造塑像,冷却后膨胀,可以使眉目更清楚(图6-4)。

图6-4 商代青铜尊

白铜是铜与镍的合金,其色泽和银一样,银光闪闪,不易生锈。铜镍二元合金为普通白铜,加有锰、铁、锌、铝等元素的白铜合金为复杂白铜。常用于制造硬币、电器、仪表和装饰品。

3. 首饰用铜

在首饰制作中,铜是重要的基础材料(图6-5)。铜的延展性和塑性良好,适合作为首饰的基材,常见的首饰用铜材料有:紫铜、黄铜、青铜。

一般情况下,铜合金常用作仿黄金材料,以及仿K白金、铂合金或仿银材料。在这些合金材料中还常常加入一定比例的锌、锡、镉、铅以及一些稀有或稀土元素,可以配制成不同色泽、亮度和机械性能的仿金材料。这类铜合金的色泽与黄金十分相似,但表面容易氧化、变色,色泽难以持久。这类仿金材料成本不高,但研制过程需要深厚的合金学理论功底、完备的测试和实验手段以及大量的配制实验,因此仿金材料的配方具有很高的研究成本,通常属于商业机密。

图 6-5 铜首饰

三、铜的物理、化学性质

1. 铜的物理性质

铜族元素在周期表中位于第一副族,自上而下分别是铜、银、金,相对密度依次从上而下增加,化学稳定性也是一样的变化规律。从硬度上看,自上而下依次降低,具有微弱的铜＞银＞金现象。在熔点上,铜最高,次为金,最低为银。铜族元素在人类历史中一直被用于制作货币,故铜族元素又有人称为"钱币金属"或"唯金三品"。古钱币中的正圆方孔铜钱、银锭等都是铜族元素作为货币的直接证据。

铜的颜色很像金,呈紫红色光泽,水合铜离子的颜色为蓝色。铜的密度为 $8.92g/cm^3$,熔点为 $1083.4±0.2℃$,沸点为 $2567℃$;有很好的延展性,1g 的铜可以拉成 3 000m 长的细丝,或压成 10 多平方米几乎透明的铜箔;纯铜的导电性和导热性很高,仅次于银,铜合金的导电、导热性也很好。

2. 铜的化学性质

铜是不太活泼的重金属,在常温下不与干燥空气中的氧反应,加热时能产生黑色的氧化铜,如果继续在很高温度下燃烧,就会生成红色的氧化铜,广泛应用于船底漆,防止寄生动植物在船底生长。在潮湿的空气中放久后,铜表面会慢慢生成一层铜绿(碱式碳酸铜),铜绿可防止金属进一步腐蚀,其组成是可变的。铜容易被热浓硫酸等氧化性酸氧化而溶解,铜在一定的温度下可以与硝酸反应,根据温度以及硝酸的量不同可以生成二氧化氮或是一氧化氮。

四、铜矿

铜矿与其他矿物聚合成铜矿石(图6-6)。铜是唯一能大量天然产出的金属,也存在于各种矿石中,能以单质金属状态及以黄铜、青铜和其他合金的形态用于工业、工程技术和工艺上。

铜是一种存在于地壳和海洋中的金属。铜在地壳中的含量约为0.01%,在个别铜矿床中,铜的含量可以达到3%～5%。相对于其他金属,世界铜矿资源比较丰富。铜不难从它的矿石中提取,但可开采的矿藏相对稀少。世界上已探明的铜储量为3.5～5.7亿t,其中斑岩铜矿约占全部总量的76%。

图6-6　铜矿石

自然界中的铜,多数以化合物即铜矿物存在。含铜的矿物比较多见,大多具有鲜艳而引人注目的颜色,如金黄色的黄铜矿、鲜绿色的孔雀石、深蓝色的石青(蓝铜矿)、赤铜矿、辉铜矿等,把这些矿石在空气中焙烧后形成氧化铜,再用碳还原,就得到金属铜。

从铜矿中开采出来的铜矿石,经过选矿成为含铜品位较高的铜精矿或者铜矿砂,铜精矿需要经过冶炼提成,才能成为精铜及铜制品。炼铜的原料是铜矿石,铜矿石可分为以下3类。

(1)自然铜。铜含量在99%以上,但储量极少。

(2)氧化铜矿。为数也不多,如赤铜矿、孔雀石、蓝铜矿、硅孔雀石等。最早的铜矿石来源是孔雀石。

(3)硫化铜矿。含铜量极低,一般在2%~3%之间,如黄铜矿、斑铜矿和辉铜矿等。世界上80%以上的铜是从硫化铜矿精炼出来的。

五、铜的用途

世界上没有哪一种金属,能够像铜那样广泛应用于制造各种工艺品,从古至今,经久不衰。今天的城市建设中,各种纪念物、铸钟、宝鼎、雕像、佛像(图6-7)、仿古制品等,大量使用铸造铜合金。现代乐器,如长笛使用白铜制成,萨克斯管用的是黄铜材料。各种精美的艺术品,价廉物美的镀金以及仿金、仿银首饰也都需要使用各种成分的铜合金。

(a)西藏铜自在观音像

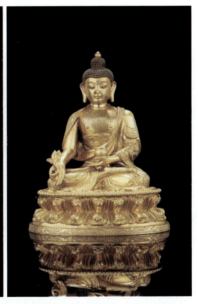
(b)清代康熙年间的铜鎏金药师佛

图6-7 铜制佛像

铜是与人类关系非常密切的有色金属,被广泛地作为内芯的导线,应用于电气、轻工、机械制造、建筑工业、国防工业等领域,在中国有色金属材料的消费中仅次于铝。铜是一种红色金属,同时也是一种"绿色"金属。说它是"绿色"金属,主要是因为它熔点较低,容易再熔化、再冶炼,因而回收利用相当容易。

1. 珠宝首饰

铜在珠宝首饰中的重要意义不在于单独用铜金属作为首饰材料,而是用铜作为其他贵金属的补口合金材料,如18K玫瑰金中,铜占补口材料的绝大部分;某些低端的 Pt950、Pt900 铂合金中的补口金属就是铜,这种铂合金在空气中加热后,如果合金组分均匀而没有在表面进行镀铑处理,则会出现黑色的氧化铜部分。氧化铜可以在盐酸中去除,用铂丝或者镍丝在酒精喷灯上做焰色反应可以快速而准确地定性判定铜在铂合金中的存在。很多 925 银材料中也是以铜为补口材料,确定银合金中铜的存在方法与铂合金相同。

2. 电器和电子市场

铜在电气、电子工业中应用最广、用量最大,占总消费量的一半以上,用于制作各种电缆和导线,电机和变压器,开关以及印刷线路板。

在许多电器产品中(如电线、母线、变压器绕组、重型马达、电话线和电话电缆),铜的使用寿命都相当地长,只有经过 20 到 50 年以后,里面的铜才可以进行回收利用。

3. 工业机器和设备

工业机器和设备是铜的主要应用市场,其中的铜往往有比较长的使用寿命。在国防工业中用以制造子弹、炮弹、枪炮零件等,每生产 300 万发子弹,需用铜 13~14t。硬币和军火是这方面主要的终端用户。子弹很少回收,一些硬币可以熔化,但还有许多则由收藏者或储蓄者保存,不可以进行回收。在机械制造中,铜用于制造工业阀门和配件、仪表、轴承、模具、热交换器和泵等。在建筑工业中,铜用于制作各种管道、管道配件、装饰器件等。

4. 化学用途

在化学工业中广泛应用于制造真空器、蒸馏锅、酿造锅等。在有机化学中,有机铜锂化合物是一类重要的金属有机化合物。

5. 医学用途

在医学中,铜的杀菌作用很早就被认知。专家研究发现,铜元素具有极强的抗癌功能,并成功研制出相应的抗癌药物。研究人员后来又发现,铜元素有很强的杀菌作用,相信不久的将来,铜元素将为提高人类健康水平做出巨大的贡献。

第二节 钛金

钛是一种化学元素,化学符号 Ti,原子序数 22,在化学元素周期表中位于第 4 周期、第 IVB 族。钛是一种银白色的过渡金属,其特征为质量轻、强度高、具金属光泽。

钛在地壳含量相对丰富,在地壳中,钛的储量仅次于铁、铝、镁,居第四位。钛的性质活泼,对冶炼工艺要求高,使得人们长期无法制得大量的钛,从而被归类为"稀有"的金属。钛的矿石主要有钛铁矿及金红石,广布于地壳及岩石圈之中(图6-8)。钛亦同时存在于几乎所有的生物、岩石、水体及土壤中。矿石经处理得到易挥发的四氯化钛,再用镁还原而制得纯钛。钛于1791年由格雷戈尔于英国康沃尔郡发现,并由克拉普罗特用泰坦(希腊神话中的神族)为其命名。

图6-8 钛矿石

一、钛的性质

钛的物理性质及化学性质和锆相似,这是因为两者的价电子数目相同,并于元素周期表中同属一族。纯钛是银白色的过渡金属(图6-9),特征为质量轻、强度高、具金属光泽,亦有良好的抗腐蚀能力(包括海水、王水及氯气)。钛最有用的两个特性是抗腐蚀性及金属中最高的强度-质量比。钛的密度为4.51g/cm³,高于铝而低于铁、铜、镍,比久负盛名的轻金属镁稍重一些。钛耐高温,熔点为1 668℃。

钛机械强度与钢相差不多,位于金属之首,比铝大2倍,比镁大5倍。钛的屈服强度比钢铁要高,但

图6-9 泰坦尼钛
首饰(纯钛)

它的质量几乎只有同体积钢铁的一半。钛虽比铝重,但它的屈服强度却比铝大两倍。钛的强度高于铝和钢,比模量与铝、钢十分接近。极细的钛粉,还是火箭的好燃料,所以钛被誉为"宇宙金属""空间金属"。钛具有可塑性,但收缩强度低(即收缩时产生的力度),不宜作结构材料。钛中杂质的存在,对其机械性能影响极大,特别是间隙杂质(氧、氮、碳)可大大提高钛的强度,显著降低其塑性。钛作为结构材料所具有的良好机械性能,就是通过严格控制其中的杂质含量和添加合金元素而达到的。钛的导热性能和导电性能较差,近似或略低于不锈钢。

钛化学性质稳定,耐高温、耐低温、抗强酸、抗强碱,以及高强度、低密度。但在常温下,钛表面易生成一层极薄的、致密的氧化物保护膜,可以抵抗强酸甚至王水的作用,表现出很强的抗腐蚀性,但不耐5%以上硫酸腐蚀和7%盐酸腐蚀。钛不怕常温海水,有人曾把一块钛沉到海底,5年以后取上来一看,上面粘了许多小动物与海底植物,却一点也没有生锈,依旧亮闪闪的。因此,一般金属在酸、碱、盐的溶液中变得千疮百孔而钛却安然无恙。钛在加热时能与氧气、氮气、氢气、硫和卤素等非金属反应。

液态钛几乎能溶解所有的金属,因此可以和多种金属形成合金。钛加入钢中制得的钛钢坚韧而富有弹性。钛与金属 Al、Sb、Be、Cr、Fe 等生成填隙式化合物或金属间化合物。

二、金属钛

钛是一种很特别的金属,质地轻盈、坚韧、耐腐蚀,在常温下不会变黑,永久保持本身颜色。钛的熔点与铂金相差不多,因此常用于航天、军工精密部件,通电和化学处理后,会产生不同的颜色。

由于钛的以上特性,它特有的银灰色调不论是高抛光、丝光、亚光都有很好的表现,是除贵金属以外最合适的首饰用金属,在国外现代首饰设计中经常被使用,是国际上流行的首饰用材。用钛制成的首饰较其他贵金属首饰坚硬,能防止刮花,与铂金一样不变色。

由于钛的加工技术要求很高,用普通设备很难浇铸成型,用普通工具又很难将它焊接起来,所以很难形成生产规模。因此,在国内首饰市场很难见到钛金首饰。

目前市场上被称为"钛钢"的材料不是钛,是不锈钢,为吸引人称为"钛钢",有些甚至称为"钛合金首饰",其实是不含钛的不锈钢首饰。

钛钢具有良好的耐腐蚀性能与亮丽的外观,是适合皮肤接触的饰品,主要成分是铁、铬、镍、钼,并不含钛。钛钢能长时间不变形、不变色,是对人体无损害的特种钢材,具有和钛一样的光泽与质感,强度与耐腐蚀性能也只比钛合金略输一筹,但由于其中没有钛,所以价廉物美。

三、钛的用途

钛具有熔点高、密度小、强度高、韧性好、抗疲劳、耐腐蚀、导热系数低、高低温度耐受性能好、在急冷急热条件下应力小等特点,其商业价值在20世纪50年代开始被人们所认识,被应用于航空、航天等高科技领域。随着不断向化工、石油、电力、海水淡化、建筑、珠宝(图6-10)、手机、日常生活用品等行业推广,钛金属日益被人们重视,被誉为"现代金属"和"战略金属",是提高国防装备水平不可或缺的重要战略物资。

图6-10 黑钛首饰

钛和钛的合金大量用于航空工业,有"空间金属"之称。据统计,世界上每年用于宇宙航行的钛,已达1 000t以上。

钛合金制成飞机比其他金属制成同样重的飞机多载旅客100多人。制成的潜艇,既能抗海水腐蚀,又能抗深层压力,其下潜深度比不锈钢潜艇增加80%。同时,钛无磁性,不会被水雷发现,具有很好的反监护作用。

钛具有"亲生物"性,在人体内能抵抗分泌物的腐蚀且无毒,对任何杀菌方法都适应,因此被广泛用于制作医疗器械,制作人造髋关节、膝关节、肩关节、胁关节、头盖骨、主动心瓣、骨骼固定夹。当新的肌肉纤维环包在这些"钛骨"上时,这些钛骨就开始维系着人体的正常活动。

钛在纺织工业中用作人造纤维的消光剂,在玻璃、陶瓷、搪瓷工业上用作添加剂,改善其性能,在许多化学反应中用作催化剂。在化学工业日益发展的今天,二氧化钛及钛系化合物作为精细化工产品,有着很高的附加值,前景十分看好。

第三节 其他金属材料

在金属材料中,有一些金属具有与贵金属相似的外观,这些金属虽然不具备贵金属的优良性质,但它们经常以替代材料、合金材料,在首饰行业中使用,并以其价格低廉、造型夸张等优点被人们所接受。

一、锌

锌是一种常用的有色金属,是古代铜、锡、铅、金、银、汞、锌7种有色金属中提炼最晚的一种,是第四种常见的金属,仅次于铁、铝及铜,在现代工业中对于电池制造上有不可替代的地位。

锌是一种化学元素,化学符号为 Zn,原子序数为 30,相对原子质量为 65。锌是一种银白色略带淡蓝色金属,密度为 7.14g/cm³,熔点为 419.5℃。在室温下,性较脆,温度在 100～150℃时变软,超过 200℃后又变脆。锌的化学性质活泼,在常温下的空气中,表面生成一层薄而致密的碱式碳酸锌膜,可阻止进一步氧化。当温度达到 225℃后,锌剧烈氧化,燃烧时,发出蓝绿色火焰。锌易溶于酸,也易从溶液中置换金、银、铜等。锌的化学性质与铝相似,通常可以由铝的性质,推断锌的化学性质。单质锌,既可与酸反应,又可与碱反应;氧化锌和氢氧化锌,既可溶于酸,又可溶于碱。

锌在自然界中,多以硫化物状态存在。主要含锌矿物是闪锌矿。也有少量氧化矿,如菱锌矿和异极矿。锌能与多种有色金属制成合金,其中最主要的是锌与铜、锡、铅等组成的黄铜等,还可与铝、镁、铜等组成压铸合金。锌主要用于钢铁、冶金、机械、电气、化工、轻工、军事和医药等领域。

锌合金是以锌为基础加入其他元素组成的合金。常加的合金元素有铝、铜、镁、镉、铅、钛等低温锌合金(图 6-11)。锌合金熔点低,流动性好,易熔焊、钎焊和塑性加工,在大气中耐腐蚀,残废料便于回收和重熔。

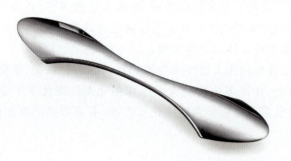

图 6-11 锌合金拉手

世界上锌的全部消费中大约有一半用于镀锌,约 10%用于黄铜和青铜,不到 10%用于锌基合金,约 7.5%用于化学制品,约 13%用于制造干电池,以锌饼、锌板形式出现。另外,锌是人体必需的微量元素之一,在人体生长发育、生殖遗传、免疫、内分泌等重要生理过程中起着极其重要的作用。

二、铝

铝属硼族元素,化学符号为 Al,原子序数为 13。铝是地壳中丰度最大的金属,在地球的固体表面中约占 8% 的质量。主要以铝硅酸盐矿石存在,还有铝土矿和冰晶石。

纯净的铝是银白色的,因在空气中易与氧气化合,在表面生成致密的氧化物薄膜,所以略显银灰色。铝是轻金属,相对密度 2.70,是铁的 1/3 左右;铝质较软,富有延展性,经处理过的铝合金,质轻而坚韧,常被制成棒状、片状、箔状、粉状、带状和丝状;铝熔点为 660℃,沸点为 2 327℃;在 300℃ 左右失去抗张强度,有良好的导电和导热性能、高反射性。

铝在潮湿空气中能形成一层防止金属腐蚀的致密氧化膜,使铝不会进一步氧化并能耐水;铝的粉末与空气混合极易燃烧;铝易溶于稀硫酸、稀硝酸、盐酸、氢氧化钠和氢氧化钾溶液,不溶于水,但可以和热水缓慢地反应生成氢氧化铝;用酸处理过的铝粉在空气中加热能猛烈燃烧,并发出炫目的白色火焰。

铝的应用极为广泛。近年来,铝已成为世界上应用最广泛的金属之一。

铝的密度很小,质软,但可制成各种铝合金,如硬铝、超硬铝、防锈铝、铸铝等。这些铝合金广泛应用于飞机、汽车、火车、船舶等制造工业。此外,宇宙火箭、航天飞机、人造卫星也使用大量铝及铝合金。由于铝有良好的导电性和导热性,可用作超高电压的电缆材料。铝的表面因有致密的氧化物保护膜,不易受到腐蚀,常被用来制造化学反应器、医疗器械、冷冻装置、石油精炼装置、石油和天然气管道等。

铝有较好的延展性,仅次于金和银,在 100～150℃ 时可制成薄于 0.01mm 的铝箔。这些铝箔广泛用于包装香烟、糖果等,还可制成铝丝、铝条,并能轧制各种铝制品。铝粉具有银白色光泽,常用来做涂料,俗称"银粉""银漆",以保护铁制品不被腐蚀,而且美观。

三、镁

镁是一种碱土金属,化学符号为 Mg,原子序数为 12。镁是自然界中分布最广的 10 个元素之一,但由于它不易从化合物中还原成单质状态,所以迟迟未被发现。1808 年,英国化学家戴维用熔融电解法首先制得了金属镁。1828 年法国科学家比西用金属钾还原熔融的无水氯化镁得到纯镁。具有工业价值的含镁矿物有:花菱镁矿、白云石、光卤石。海水也是镁的重要资源,在海水中,镁的含量仅次于钠。

金属镁(图 6 - 12)是一种质轻而有延展性的银白色金属,无磁性,且有良好的热消散性;密度为 $1.74g/cm^3$,硬度为 2,熔点为 648.8℃,沸点为 1 107℃。镁是轻金属之一,能与热水反应放出氢气,燃烧时能产生炫目的白光。在空气中,镁的表面会生成一层很薄的氧化膜而发暗,使空气很难与它反应。

图 6-12 镁块

镁的化学性质很活泼,与氧的亲和力大,常用作还原剂,去置换钛、锆、铀、铍等金属。金属镁能与大多数非金属和差不多所有的酸化合,大多数碱以及包括烃、醛、醇、胺、脂和大多数油类在内的有机化学药品与镁轻微地或者根本不起作用。镁和醇、酸、热水反应能够生成氢气。粉末或带状的镁在空气中燃烧时会发出强烈的白光。在氮气中进行高温加热,镁会生成氮化镁(Mg_3N_2)。镁也可以和卤素发生强烈的反应。镁也能直接与硫化合。

镁比铝轻,含 5%～30% 镁的铝镁合金质轻,有良好的机械性能,广泛用于航空、航天领域。镁是用途第三广泛的结构材料,仅次于铁和铝。镁是航空工业的重要材料,镁合金用于制造飞机机身、发动机零件等。镁还用来制造照相和光学仪器等。镁及其合金的非结构应用也很广,镁作为一种强还原剂,还用于钛、锆、铍、铀等的生产中。镁具有易于氧化的性质,可用于制造许多纯金属的还原剂,也可用于制作闪光灯、吸气器、烟花、照明弹等。金属镁还可用于熔融盐金属热还原法以制取稀有金属。

四、镍

镍属于过渡金属,化学符号为 Ni,原子序数为 28。由于镍与氧之间的活性很高,所以在地球表面很难找到自然的金属镍。地球表面的自然镍都被封在较大的镍铁陨石里面,这是因为陨石在太空的时候接触不到氧气的缘故。在地球上,自然镍总会和铁结合在一起,一般认为地球的地核就是由镍铁混合物所组成的。镍的使用(天然的陨镍铁合金)最早可追溯至公元前 3500 年。阿克塞尔·弗雷德里克·克龙斯泰特于 1751 年最早分离出镍,并将它界定为化学元素,尽管他最初把镍矿石误认为铜的矿物。镍在地球上最常见的产状有:与硫和铁组成的镍黄铁矿、与硫组成的针硫镍矿、与砷组成的红砷镍矿及与砷和硫组成的镍方铅矿。有两种含镍的合金在铁陨石中很常见,一种是锥纹石,另一种是镍纹石。

镍是一种有光泽的银白色金属,略带一点淡金色,可被高度磨光;镍有良好的延展性,具有中等硬度。镍的密度为 $8.902g/cm^3$,熔点为 $1\,453℃$,沸点为 $2\,732℃$。镍具有磁性和良好的可塑性,只有 4 种元素在室温或其附近具有铁磁性,镍就是其中一种,其余 3 种为铁、钴及钆,大块的镍在 $355℃$ 以上就会失去磁性。含镍的铝镍钴合金为永久磁铁,其磁力强度介于含铁的永久磁铁与稀土磁铁之间。

纯镍的化学性质较活泼,但比铁稳定。镍可以在纯氧中燃烧,发出耀眼的白光,也可以在氯气和氟气中燃烧。纯镍的活性可以在镍粉中看到,但大块的镍金属与周围的空气反应缓慢,因为其表面已形成了一层带保护性质的致密氧化物,能阻止金属继续氧化。镍在常温下对水和空气都较稳定,能抗碱性腐蚀。镍在稀酸中可缓慢溶解,释放出氢气而产生绿色的镍离子;在稀硝酸中缓慢溶解,溶于硝酸后,呈绿色;镍盐酸、硫酸、有机酸和碱性溶液对镍的浸蚀极慢。镍同铂、钯一样,钝化时能吸收大量的氢,粒度越小,吸收量越大。

镍被用于制作各种工业品及消费品,其中包括不锈钢、铝镍钴磁铁、硬币、蓄电池、电吉他弦线、麦克风收音盒及多种特殊合金。电解镍还被广泛地用于飞机、坦克、舰艇、雷达、导弹、宇宙飞船和民用工业中的机器制造、陶瓷颜料、永磁材料、电子遥控等领域。

镍的抗腐蚀性极佳,镀在其他金属上可以防止生锈。历史上,镍常被用来电镀,例如镀在金属(铁和黄铜)、化学装置内部及某些需要保持闪亮银光的合金(镍银)上面。镍被广泛用于其他合金,如镍钢、镍铬钢、镍黄铜、镍青铜及各种有色金属合金。含镍成分较高的铜镍合金,就不易腐蚀,各种合金元素则包括铜、铬、铝、铅、钴、银及金。

镍从 19 世纪开始就成为了铸造硬币的材料(图 6-13)。21 世纪后,由于镍的价格持续上升,大部分曾经使用镍铸造硬币的国家都放弃使用镍币,现在美国的 5 美分硬币是少数仍在非外层使用镍的硬币。对某些贵金属而言,镍是一种极佳的合金用剂,常被用于的火试金法,专门探收各种铂系元素。镍能从铂族元素的矿石中探收到全部 6 种元素,甚至还能探收到一点金。

由于镍具有良好的抗腐蚀性,因此以前人们偶尔会用镍来代替装饰用的银。

图 6-13　镍币

五、不锈钢

不锈钢是指在大气、水、酸、碱和盐等溶液,或其他腐蚀介质中具有一定化学稳定性的钢的总称。不锈钢具有良好的耐腐蚀性能是由于在铁碳合金中加入铬所致。

尽管其他元素,如铜、铝、硅、镍、钼等也能提高钢的耐腐蚀性能,但没有铬的存在,这些元素的作用就受到了限制。因此,铬是不锈钢中最重要的元素。具有良好耐腐蚀性能的不锈钢所需的最低铬含量取决于腐蚀介质。

不锈钢的耐腐蚀性能,一般认为是由于在腐蚀介质的作用下其表面形成"钝化膜"的结果,而耐腐蚀的能力则取决于"钝化膜"的稳定性,这除了与不锈钢的化学成分有关外,还与腐蚀介质的种类、浓度、温度、压力、流动速度,以及其他因素有关。

第四节　补口材料

K金不论是K黄金、K白金都是纯金和铜、银、锌等有色金属按一定比例搭配熔炼而成,统称"合金"(Alloyed Gold)。

14K以上,含金量大于50%,称金基合金。

14K以下,含铜量大于50%,称铜基合金。

近几年除黄、白K金外,市场上还出售色彩斑斓的彩金系列首饰,也是黄金和不同的致色金属一同冶炼后再经特殊的技术处理而成的。

在首饰行业中,用于配制贵金属合金的材料叫"补口",又称"中间合金"。它是制备贵金属首饰必不可少的原料(表6-1)。如18K金首饰中,金含量为75%,银、铜的含量为25%,这25%的银、铜即为补口。

表6-1　K金补口材料成分表

K度 \ 颜色 \ 金属含量(%)		金	银	铜	锌	镍
22K	黄色	91.7	4.2	4.1	—	—
	金黄	91.7	5	2	1.33	
18K	金黄	75	9.5	15.5		
	深黄	75	12.5	12.5		
	浅黄	75	8	17		
	粉黄	75	5	20		
	白	75	10	—	4～10	5

目前国内市场有的首饰含金量不足,有的致白金属补口材料该加的不加(如银),总量低于一般认可的下限,致使材料的白度不够,表面见黄,或增白作用的铑层太薄容易磨掉。首饰佩戴不久就泛黄招致消费者不满,这些在很大程度上是由补口材料不过关造成的。

纯态的首饰用贵金属硬度较低,钌、锇、铑、铱不属于首饰用贵金属,贵金属通常必须配置成满足佩戴和镶嵌要求的合金才能使用。正因为贵金属多以合金态使用,故国家标准关于贵金属纯度和命名以及标志才有了具体的规定。

不同贵金属所使用的补口材料是不同的。

一、金合金

金合金的补口材料根据配置者的需求不同而异。一般的,K金的补口金属材料多为铜、银、锌、镉、镍、钯。由于近年来镉对人体的毒性已经受到广泛重视,在很多K金首饰的主体材料中已经不使用或很少使用镉作为补口,但值得注意的是,在K金焊料中镉的使用依然非常普遍。镉的作用与锌有一点是相同的,可以降低合金的熔点,这对于焊药非常重要,因为焊药的熔点必须低于基体的熔点,否则无法完成焊接。虽然激光点焊机很早以前就已经在首饰焊接、维修中成功应用,但由于成本相对较高而不被很多厂家和维修人员欢迎。焊药的超标使用以及焊药本身不符合纯度要求的都可以视为生产者谋取暴利的一种手段。

镍在金合金中的意义在于"漂白"功效,这在配置18K白金的时候特别重要,少量的镍就足以使黄金呈现白色外观,这种白色金合金的颜色是稳定的,不会变黄。但镍是一种对人体有害的重金属,长期与人体复杂的环境接触,会出现缓慢的化学反应,一部分镍溶解释放,这种镍离子如果进入人体循环,在体内积累,长时间后可能会引起镍中毒,所以国家标准中有关于首饰镍释放量的规定。有鉴于此,现在很多18K白金不使用镍做补口,而是在黄色金表面镀铑产生白色外观,内部的黄色金依然是Au-Ag-Cu三元系合金的浅黄色。当然,也不能排除有某些生产者依旧使用镍作为18K白金的补口材料,并在表面进行镀铑处理。这样的首饰如果镀层比较厚,在实际无损鉴定中基本不能检测出来,如果镀层比较薄,不超过$30\mu m$,电子束才可以击穿镀层分析其内部合金组分。

二、银合金

银合金价格便宜,所以不选择钯等白色贵金属做补口,常见的银合金补口金属是锌,也有铅,但比较少。锌可以很容易与银混熔,镉也曾被发现过在银合金中存在。

三、铂合金

标准的铂合金是铂族元素合金,如铂铱合金、铂铑合金、铂钯合金等,但因为铂族元素都比较贵重,为了节约成本,往往都是用铜、钴等作为铂的补口材料。我国国家标准对铂合金首饰的成色规定只涵盖了铂的含量,如含铂量不低于95%者标记为"Pt950"或"铂950",但"国标"中没有对补口材料做出规定,所以不同生产者所使用的铂合金补口材料可能不同。如果成品铂金首饰表面都进行了镀铑处理,基本上无法确定铂合金的补口材料。如果进行破坏性测试,无论是大型仪器还是普通化学分析方法都可以确定铂合金的补口材料,但对于首饰业,这是行不通的。

第七章 贵金属首饰成色的检测原理与方法

第一节 贵金属检测概述

贵金属首饰检测的内容有很多,包括成色鉴定、形态鉴定、工艺鉴定等,本章主要介绍贵金属首饰的成色鉴定。

所谓贵金属首饰成色鉴定,是指采用某种鉴定的手段和方法,确定贵金属首饰的纯度千分数或百分数,判定该贵金属首饰的成色是否达到或符合国家规定的最低含量标准。对贵金属材料的成色进行检测,通常是要求准确、定量地给出贵金属的种类及元素的含量。

2014年3月1日起,贵金属无损检测标准GB/T18043—2013《首饰贵金属含量的测定 X射线荧光光谱法》开始正式实施。新实施的《首饰贵金属含量的测定 X射线荧光光谱法》通过对检验过程中进行一系列的严格规定和限制以达到对检验结果更为精准的控制。新版标准中规定"样品的测量结果以千分数表示,保留到个位",也就是说用该方法检测贵金属最高只能测到千足金。对于更高含量的贵金属饰品,除非在工厂里用破坏性的检验方法进行检验,否则是得不出来9999、99999乃至更多个9的含量。因此,市场上通过第三方检验机构无损检测确认并上柜销售的贵金属饰品,常见的含量标志主要还是"足金"和"千足金"等,有焊点的样品则可能更多地标志为"足金"。

根据2014年全国首饰标准技术委员会强制性国家标准《首饰贵金属纯度的规定及命名方法》的修改中标示,剔除了首饰中"千足金(银、铂、钯)"等称谓,明确了足金将成为贵金属首饰最高纯度标准,最高纯度贵金属将以单一的"足金、足银、足铂、足钯"存在。

一、贵金属首饰检测的方法

随着贵金属首饰业的蓬勃发展,首饰的花样品种、款式层出不穷,成分变化越来越复杂,检验难度也越来越大,传统的检验贵金属饰品的方法远远不能满足市场的需要。当今,国内外发展了很多种先进的贵金属首饰检测技术,如X射线荧光光谱分析、电子探针、扫描电镜、激光光谱等,同时新的贵金属首饰相关的国家标准、行业标准及地方标准也相继出台。

贵金属材料的检测方法很多,按照检验方式主要包括传统检测方法和现代仪器测试方法两大类。传统的方法有观色泽法、掂重法、扳延展性法、试金石法和听音韵法、试硬度法等。

现代大型仪器主要包括微束技术和谱学技术两大部分。微束技术的仪器有电子探针、透射电子显微镜、扫描电子显微镜、电子能谱仪等,谱学技术包括X射线荧光光谱、红外光谱、拉曼光谱、X射线衍射等。

根据对检验饰品的影响情况,贵金属的检验主要包括无损检测和化学分析两种。

1. 无损检验

无损检验最大的优点是不破坏检验样品。贵金属首饰是用来销售的,如果对每一件用来销售的黄金首饰都进行破坏性检验,那么对检验本身而言就没有意义了。无损检验有多种方法,如试金石法、点试剂法、测密度、电子探针法及X射线荧光光谱法等。贵金属饰品的无损检验方法中任何一种方法都不是万能的,任何一种检验方法的准确程度都会受到检验样品本身条件、检验环境、仪器设备等诸多因素的影响,都存在着局限性,因此必须要用各种方法的密切配合,才能得出正确的结论。目前在生产领域、检验机构中应用最为广泛的检验方法就是新实施的 GB/T18043—2013《首饰贵金属含量的测定 X射线荧光光谱法》。

2. 化学分析法

化学分析法即破坏性检验,如火试金法、ICP分析法、电位滴定、氯铂酸铵沉淀法等。这些方法都是以损坏样品为前提,而且分析完毕后样品无法还原。但这些方法最大的优点就是检验结果非常准确。国家贵金属检测部门对黄金首饰的检验往往是抽样进行破坏性鉴定,一般采用火烧试验法和化学药品试验法,常使用火烧试验法,原因是火烧试验法可以完全暴露出待测件内外成分,检验结论是最终结论。

二、贵金属首饰成色的检测原则

贵金属首饰检测的原则,可以归纳为以下3个方面。

(1)应尽可能地做到无损检测,因此在选择检测的方法上,应尽可能地选择对首饰损害最小的方法。由于贵金属首饰是贵重物品,既具装饰美化作用,又具一定的保值意义,因此,贵金属首饰的成色鉴定应确保首饰本身不遭破坏或损伤,应尽量采用无损的检测方法。

(2)检测应保持一定精度。

(3)检测成本应尽可能的低。

三、贵金属检测的目标

贵金属检测的目标主要包括两个方面:一是鉴定真伪;二是鉴定成色。

饰品贵金属的含量是检验首饰质量的重要指标,贵金属的含量要与其标定的含量一致。

四、贵金属首饰成色检测技术的发展

自古以来,古代先民们根据贵金属的特性,摸索出了一整套鉴别贵金属成色及真伪的检验方法,正确利用这些方法可以有效、快速地鉴别贵金属的真伪和成色。

先民们主要依据五官的感知,凭着已有的经验来进行,诸如眼睛观察、手掂、牙咬等方式来感知,当然这里面也包含了一定的科学道理。根据颜色、硬度等判断贵金属成色的高低,只能是一种定性的描述。随着现代科学技术的发展,不同成色的贵金属可以显示相同的颜色,因此,科学仪器需要不断的发明和更新。在贵金属首饰检测方面,一些现代科学检测仪器,已逐渐地被引入到现代贵金属检测领域,尤其是商业贵金属检测。现代的贵金属首饰检测技术,是以科学仪器检测为基础的,具有测定准确、成本低、操作简单等特点,并朝着更快速、更简便、更准确的方向发展。

第二节 贵金属首饰成色的传统检测

古代先民们通过对贵金属的认识和感知,摸索出了很多鉴别贵金属的方法,这些方法在传统贵金属鉴定中,具有重要的指导作用。以下是贵金属检测中常用的方法,对鉴别贵金属有一定的指导作用。

一、外观鉴定法

国际上对贵金属饰品的制造和销售有一定的标准,并要求制造商在产品上标志出产品的具体内容,规定了配件的成色和其他金属的含量。

1. 贵金属的标志

大部分首饰上都会有标志,贵金属首饰的印记是指印在首饰上的标志,印记的内容包括:首饰名称、材料名称、含金(银、铂)量、生产者名称、地址、产品编号、产品质检合格证明。在鉴别首饰时,我们可以首先通过标志印记分辨首饰的种类。

GB/T11887—2000《首饰贵金属纯度的规定及命名方法》中对贵金属首饰的纯度有明确规定:纯度以最低值表示,不得有负公差。金首饰在纯度千分数(K 数)前冠以金或 G,如金 750 或 G18K(图 7-1);铂金首饰冠以铂或 Pt,如铂 990、Pt990,或者足铂;银首饰则冠以银或 S,如银 925 或 S925。当采用不同材质或不同纯度的贵金属制作首饰时,材料和纯度应分别标志,如一件项链由 18K 黄金和 Pt990 混合制成,那么应标志为"G18K""Pt990"。

GB/T11887—2000《首饰贵金属纯度的规定及命名方法》中对贵金属材质、纯度的印记要求是:在贵金属首饰上标明材质印记,并在其后标注贵金属的纯度千分数印记,也可以按实际含量打印记。戒指的印记应打在指圈内壁的下端,吊坠的印记打在瓜子扣上,手链的印记打在接扣部位,耳坠的印记打在耳扣上。部分首饰可能由于工艺复杂或过于细小,无法在其上打印印记,必须另附标志说明。另外,还有一些印记能帮助区分纯金首饰和其他仿金首饰。如黄金为 Au 或 K,铂金为 Pt 或 Plat,银为 S,镀金为 KP、GK 或 KF,包金为 KF,镀银为 SF、GF、GP、RGP。印记能帮助人们快速地从一堆首饰中区分填金首饰、包金首饰以及镀金首饰。

图 7-1　Cartier 18K 金戒指

贵金属首饰属高档消费品,历来经营者都十分讲究信誉。一般在正规首饰店销售的饰品上,大都印有产地、店名、成色等字样。如上海市工艺美术总公司的印记为"沪工美",北京市工艺美术厂的印记为"京 F"。正规厂家加工的贵金属饰品,其成色一般都能保证。看产地和印记法也是鉴别金饰品成色的有效方法之一。

2. 贵金属的外观质量

贵金属首饰除标志外,销售标签、销售的票据、首饰的整体造型、工艺质量等也是重要的首饰鉴定依据。

3. 首饰质量

贵金属首饰是按质量和加工费来计算价格的,饰品的质量是重要指标之一,按照标准规定饰品质量的计量单位是克,可以据此估算出首饰的价值是否与市价一致。市场上销售的贵金属首饰类型、标志如表7-1所示。市场上普遍销售的仿真首饰的特征如表7-2所示。

表7-1 市场上销售的贵金属首饰

贵金属首饰名称	首饰类型	贵金属元素含量	类型标志
金首饰	18K金	Au≥750‰	18K、G18K、G750、Au750、金750
	足金	Au≥990‰	足金、G990、Au990、金990
	千足金	Au≥999‰	千足金、G999、Au999、金999
银首饰	925银(纹银)	Ag≥925‰	S925、Ag925、银925
	足银	Ag≥990‰	S990、Ag990、银990
铂首饰	Pt900	Pt≥900‰	Pt900、铂900
	Pt950	Pt≥950‰	Pt950、铂950
	Pt990	Pt≥990‰	Pt990、铂990
钯首饰	Pd950	Pd≥950‰	Pd950、钯950
	Pd990	Pd≥990‰	Pd990、钯990

表7-2 市场上普遍销售的仿真首饰

仿真首饰名称	特征
包金	把黄金打成极薄的金箔,包在以铜、银、锌、镍等为基体的材料上,加工成各种饰品给人以黄金的感觉,往往打上"24KF""18KF"等印记
镀金	利用电解原理,在金属基体表面上镀一层金膜,厚度一般在10μm以上,金属基体多为铜、银、锌、镍或它们的合金,首饰上常有"18KGP""24KGP"等印记
亚金	以铜为基体的仿金材料,表面往往镀金
稀金	实际上不含金,主要是由铜、镍等组成的合金,含有少量稀土元素
钛金	市场上少有出现,也是一种仿金首饰,在基体表面上镀钛,生成一种叫氮化钛的物质

质量计算单位:克(g)。

饰品质量的误差范围:每件金饰品允许误差:±0.01g。

每件银饰品允许误差:±0.04～0.05g。

4. 其他要求

国家标准(简称"国标")规定,足金首饰因使用需要,其配件含金量不得低于750‰。

镍是一种即便宜又能增加首饰亮度的原料,在首饰制造业中得到了广泛的应用,特别是K金首饰。大量事实证明,镍已经成为最常见的皮肤接触过敏的因素之一。资料显示,约有10%～20%的女性和2%的男性对镍过敏。镍的释放测试与检测——镍释放标准指令(94/127/瓦)指出:与皮肤直接长期接触的产品,其镍的释放量不应大于 $0.5\mu g/(cm^2 \cdot week)$。新修订的国家强制性标准《首饰贵金属纯度的规定及命名方法》中规定采用欧盟CE认证指令,同时取消了原GB/T11887—2000标准中关于"铂和钯总含量不得小于95%"的内容。

贵金属及其合金首饰中所含元素不得对人体健康有害。含镍首饰(包括非贵金属首饰)应符合以下规定。

(1)用于耳朵或人体的任何其他部位穿孔,在穿孔伤口愈合过程中摘除或保留的制品,其镍在总体质量中的含量必须小于0.5‰。

(2)与人体皮肤长期接触的制品[如耳环、项链、手镯和手链、脚链、戒指、手表表壳、表链、表扣、按扣、搭扣、铆钉、拉链和金属标牌(如果不是钉在衣服上),与皮肤长期接触部分的镍释放量必须小于 $0.5\mu g/(cm^2 \cdot week)$]。

二、观色泽法

颜色是辨别贵金属的传统方式之一,古人对黄金、白银和铂金都有一定的鉴别方法。观色泽法只是对真假贵金属首饰做初步鉴定,不能确定成色。

1. 黄金

古代先民认识到黄金颜色与含量之间存在着一定的对应关系。民间有"四七不是金""七青、八黄、九紫、十赤"的说法。即因其所含杂质种类和成分不同而呈现不同的色泽。

"七青"是指含金70%,含银30%,黄金首饰呈黄中带青;

"八黄"是指含金80%,含银20%,黄金首饰呈金黄色彩;

"九紫"是指含金90%,含银10%,黄金首饰呈紫黄色彩;

"十赤"是指含量接近100%,含银极低的足金,黄金呈赤黄色彩(图7-2)。

对于纯金而言,金黄色之上还略微显露出红色调,民间所谓的"赤金",其颜色就是这种纯金的颜色。对于 K 金而言,金饰品的颜色反映出来的是掺入金属的种类和比例,一般来说,含银的青色金系列颜色偏黄,而含铜的混色金系列颜色则偏红。

根据颜色判断黄金成色的高低,只能是一种定性的描述,随着现代科学技术的发展,不同成色的黄金,可以显示相同的颜色,因此,观色泽法只对辨别自然金具有更大的说服力。

2. 白银

成色越高的银饰,颜色越洁白,表面颜色均匀发亮,有润色(图 7-3);成色较低的银饰颜色微黄或灰白,精致度差,有时呈黄、黑等杂色,色泽昏暗无光。假银首饰色泽差,光洁度亦差。

图 7-2 梁庄王墓出土的黄金

一般而言,当饰品为银和铜的合金时,85 银呈微红色调,80 银呈灰白色,75 银呈红黄色调,60 银呈红色,50 银呈黑色。含银量越低,首饰颜色越黄。一般颜色洁白、制作精良的首饰成色都在九成以上,颜色白中带灰带红、做工粗糙的首饰成色多在六成以下。如在银饰品表面镀上了铑等金属,则无法用眼来观测判别饰品的成色。

图 7-3 白银

3. 铂金

高纯度的铂金呈亮白色,与其他金属相比更白、更亮,做工一般更精致,光泽灿烂。

三、掂重法

贵金属的密度有较大差别,铂金的密度为 21.45g/cm³,黄金为 19.32g/cm³,钯金为 12.16g/cm³,银为 10.49g/cm³。

黄金的成色与相对密度关系较大,相对密度接近 19.3 时,含金量越高。相对密度为 18.5 时含金 95%,相对密度为 17.8 时含金 90%,以此类推。黄金密度远远大于铅、银、铜、锡、铁、锌等金属,因此,无论是黄铜、铜基合金,还是仿金材料,如稀金、亚金、包金等,用手掂量,均不会有黄金沉甸甸的感觉。这种方法对 24K 金最有效,但对密度与黄金相似的钨合金或包金制品的鉴别无效。体积同样大小的黄金与其他金属比较,白银为黄金质量的 45%,铜为 46%,锡为 38%,铅为 59%。

白银密度较一般常见金属略大,一般认为:铝质轻、银质重、铜质不轻又不重。因而掂质量可对饰品做出初步判断。但掂重法只能对贵金属首饰做初步鉴定,不能确定其成色。

铂金密度几乎是银的两倍,比黄金密度也大,用手掂量,具有明显的坠手感。

四、扳延展性法

纯度较高的贵金属都有极好的延展性。弯折饰品的难易程度,也可识别饰品的成色高低和贵金属材料的类别。黄金性质柔软,延展性好,白银次之,铂金较白银硬,铜最硬。金银合金稍硬,金铜合金更硬,成色越低则越硬。因此,贵金属首饰成色高者较软,用手折弯时易弯且不易断;成色低者或铜制品、假首饰,韧性相对较差,不易弯折且易断。

一般情况下,扳延展性时有下列集中现象。

1. 黄金饰品

(1)99% 以上成色的金饰品,弯折两三次后,弯折处出现皱纹,也叫鱼鳞纹。

(2)90% 左右成色的金饰品,弯折时感觉硬,鱼鳞纹不明显。

(3)75% 左右成色(18K)金饰品,弯折时很硬,没有鱼鳞纹。

(4)含杂质较多的金饰品,弯折两三次即断。

2. 白银饰品

如果是 60g 左右的银镯子,用手一拉即可拉开,没有弹力,其成色在 95% 左右;如稍有弹力,则成色在80%~85%之间;如弹力较大,成色就在70%以下。

硬度越高,越有弹力,成色越低。检验时,要注意饰品的厚度和宽窄对硬度的影响,因此,弯折软硬的程度不能雷同,又厚又宽的饰品就更硬一些,又薄又窄的就软一些(图7-4)。

五、查硬度法

贵金属首饰的硬度与成色关系密切,用硬的钢针在首饰背面或制品的底座上刻画,成色高的首饰即呈现出明显且较深的划痕,低成色首饰或铜制品则痕迹不明显或划痕较浅。

纯金硬度非常低,大头针能在金上刻出印痕,民间常用牙咬,由于牙齿的硬度大于黄金,因此可以在黄金上留下牙印,此时的黄金为高成色黄金,而仿金材料硬度大,牙咬不易留下印痕。

纯银硬度也较低,甚至用指甲就可以刻画。用大头针划首饰不起眼的地方,若针头打滑,表面很难留下痕迹,则可判定为非银首饰,可能为铜合金;若痕迹很明显、突出,则有

图7-4 Tiffany银手镯

可能为铅、锡等软金属;若留有痕迹,但又不太明显,可初步判定为白银首饰。

六、火烧法

真金不怕火炼,烈火见真金。纯金在1 000℃的高温下可保持"三不",即不熔化、不氧化、不变色。因此,如果将金饰用火枪熔烧至通红,冷却后变色,甚至变为黑色者为低成色K金或仿金饰品。

铂金熔点高于黄金,对高成色铂金用火烧一般只能烧红,不能熔化,冷却后颜色不变,且会更加纯白、光亮;成色小于900‰的,色调不变;成色为700‰的比原来色调更黑;假铂金首饰会变黑并熔化。

白银火烧后冷却,颜色变成润红色或黑红色,取决于含银量的高低(图7-5)。

火烧法主要适用于黄金首饰中金量的测定,是经典的检测方法。火烧法具有较高的精密度和准确度,适应范围广,可适用于333‰~999.5‰的黄金首饰。因此,被认为是理想的仲裁方法,但该方法是破坏性方法。火烧法不适用于含

图 7-5 熔银

有某些不溶于硝酸的杂质元素(如铱、铑、钌等)的首饰,不适用于 999.5‰ 以上的黄金饰品。

七、听声韵法

成色高的黄金(图 7-6),掷于硬质水泥地上,会发出"吧嗒"的声音,有声无韵也无弹力;K 金首饰有声、有韵、有弹力,弹力越大,音韵越尖越长者,成色越低。成色不高的饰品、铜或不锈钢制品,掷于水泥地上,发出尖而响亮的音韵声,比真金弹得高。

铂金的相对密度高于黄金,将铂金抛向空中落在地上的声音特征与黄金类似,以此可以区别仿铂、镀铂、包铂材料。

足银或高成色银饰品密度大,质地柔软,落在水泥地上弹跳不高;假银或低成色银则质量轻,密度小,硬度大,弹跳较高。成色越低,声音越低,且声音越尖越高;若为铜质,其声更高且尖,韵声急促而短;若为铅、锡质地,则掷地声音沉闷、短促,无弹力。

八、试金石法

试金石法是以试金石为工具,根据刻画在试金石上的条痕颜色辨别黄金真伪和成色的方法。试金石法是民间常用的、原始的鉴别方法,又是商业性检测的

图 7-6 西汉高成色金饼

方法之一。该法需要一整套兑金牌,而且需要有丰富实践经验的人员操作才能确保检测的质量。

试金石法鉴别黄金成色的原理是根据条痕反射率和色泽的辨别来判断的,故有"平看色,斜看光"的口诀,利用兑金牌和被测饰品在试金石上磨道,通过对比磨道的颜色,确定成色高低或真假,这实际上是化学比色法,即依据颜色的浓淡来辨别黄金成色的高低。

试金石是一种黑色硅质岩或辉绿岩等硬度较大的石材,是经打磨光滑而成的长方形石材,目的用于测金;与之配套的兑金牌是由中国人民银行制定生产的,用于检测黄金纯度的材料,是一种标有各种成色,依次排列的标准样本。兑金牌分金兑牌和银兑牌,金兑牌分清色金牌、小混色金牌和大混色金牌等几类。检测过程是将待检样品在试金石上刻上条痕后,置于兑金牌中比色,就能测出成色,一般误差小于 5%。鉴定白银成色过程与黄金类似。

九、点试剂法

点试剂法一般在实验室中进行,是半定量的快速化学检验法,对分析精度要求较高。在商业行为中起鉴定作用或在商业纠纷中起仲裁作用时,常采用该法。

点试剂法的原理是根据贵金属等元素溶解在酸中的快慢和酸的种类不同,鉴定其属何种金属及其含量。如用 45% 的硝酸点试,黄金无变化,银变黑色,铜冒绿色泡沫。在首饰常用金属中,金可以缓慢溶于王水,而不溶于其他酸中;银既可溶于王水,又可溶于硝酸;铂既不溶于王水,也不溶于其他酸中;铜既可溶于

王水,又可溶于盐酸、硝酸、硫酸中;镍既可溶于王水,又可溶于其他酸中。

点试剂法的优点是:精度高,操作简单,分析结果为饰品整体化学成分的平均值,具有代表性。缺点是:化学分析是破坏性测试方法,不适宜于首饰品的检测,一般在贵金属生产企业和熔炼厂的实验室中应用较多。常用的试剂包括王水、纯盐酸、纯硝酸、纯硫酸、14 号溶液、氢氧化钠溶液、氨水等。

十、茬口观测法

观察金、银饰品的茬口也可了解饰品的大致成色。

黄金首饰若茬口暗淡,无粒状闪光,则可能是高成色的金饰,对断口进行放大观察时,若断口呈韧窝状,则表明饰品材料韧性非常好,在断裂过程中发生了明显的塑性变形,饰品是足金或高成色金饰品的可能性就很大。

特别是白银饰品,茬口的形态颜色与饰品成色具有较大的联系。若茬口白而绵,则为成色98%以上的银饰品;若茬口粗而柔,略带微红色,则成色在95%左右;若茬口白而带灰色,或略有微红色,用手弯折较硬,则成色在90%左右;若茬口呈淡红色、黄白色或带灰色者,硬度较大,则成色在80%左右;若茬口呈微红、微黄、土黄等色,弯折坚硬,则成色在70%左右;若茬口呈红中带黑,黄中带黑,则成色在60%以下。

十一、其他方法

1. 水银抹试法

在贵金属上涂抹水银,若被吸收,则可能是黄金、白银和铂配制的 K 白金;若不能被吸收,则有可能是铂金。

2. 煤气自燃法

把首饰放在煤气灯口,过一两分钟,金属升温、发红或将煤气点燃的一定是铂金,若饰品不是铂金,则无此反应。

3. 双氧水反应法

把金属放在双氧水试剂中,若是铂金则立即白浪翻滚起泡,分解出大量氧气,反应后的铂金仍原封不动;若是假的铂金、黄金、K 金或其他白色金属,如铅、银、铝等,则无此反应。

在日常检测中要注意识别有异议的首饰,对传统检测结果不确定时,还需使用现代仪器对金属内部进行分析,加以验证。

第三节　贵金属首饰成色的现代仪器检测

常用贵金属饰品的仪器检测方法主要有传统检测方法中的密度检测法(静水称重法)、试金石法,现代测试方法中的电子探针法、X射线荧光分析法(XRF法)等。密度检测法是鉴别足金、铂金、镀金、包金等饰品最有效的方法之一;对款式和结构简单的足金饰品,4种方法都能胜任检测任务;对于结构复杂的足金饰品,测量其整体平均成色的最有效的方法是X射线荧光分析法;电子探针法是检测微区成分的不均匀性、杂质类型及分布特征的常用方法之一;在批量检测时,应尽可能多地联合采用各种方法,取长补短,相互验证,如X射线荧光分析法与密度法联合使用是贵金属饰品最理想的检测方法。

一、密度法

密度是指单位体积物质的质量,或物质的质量与其体积之比。密度法检测贵金属是根据阿基米德原理,采用流体静力称衡法,在空气中测定饰品的质量,通过在液体中称量试样测定其体积,根据定义计算出金属的密度。再根据首饰中可能含有杂质元素的密度和黄金的密度计算出首饰中金的纯度。

很多鉴定机构使用水比重测金仪(黄金K数测定仪),这是将阿基米德原理与微电子技术相结合,通过对贵金属密度检测直接换算出贵金属的纯度,可直接读取黄金K值、铂金Pt值、密度值、纯度百分比等。

早在1978年,密度法就有国家标准。1996年11月,国家技术监督局发布了新的国家标准GB/T1423—1996《贵金属及其合金密度的测试方法》。该标准参照国外有关标准,根据贵金属及其合金材料的特点和使用要求,结合我国贵金属材料密度测量的进展,由原国家标准GB1423—1978修订而成。修订后的标准,与国际上采用相同原理的密度测定标准比较,在试样称重范围、试样体积下限、测量精度、除气方法、密度测量精度等方面均达到或超过了相应的标准水平,具有足够的先进性和实用性。

密度法是商业性检测中用得最广泛的方法,其主要优点是:①简捷快速,使用仪器少,操作简便;②准确度高,尤其是对结构和形状简单的首饰;③测试成本和仪器成本均较低;④测试技术要求不高,一般人都能胜任,能较快地达到熟练程度。

密度法检测也有一定的缺点,主要包括:①液体表面张力对密度测定的结果有一定的影响,使密度产生一定误差;②对于结构复杂或非单一性饰品的首饰无法测量,如钻戒、金镶宝石(图7-7)、带绳挂件,需要拆分才能得到准确测试结果;③浸液的密度随温度及时间变化,要经常校正;④空心结构饰品,且溶液无法浸透到饰品内部的无法测定,仪器无法读取真实体积,容易导致测试结果偏差;⑤对密度相对接近的金属,如金、铱、钨等金属做成的包金镀金无法区分。

图7-7 镶嵌宝石花叶形金冠饰品

二、电子探针分析法

电子探针分析法的全称是电子探针X射线显微分析法。电子探针法是一种显微分析和分成分析相结合的微区分析,特别适用于分析试样中微小区域的化学成分,因而是研究材料结构和元素分布状态极有用的分析方法。

贵金属中的电子探针技术是利用具有极大能量的高速电子束激发黄金饰品,使之产生所含元素的X特征射线和其他各种物理信息。电子探针是微区分析,可测量首饰表面不同区域的局部成分,也可查看表面麻点的成色是否有变化,对各部件成色不一的组合金饰品的测定也是最有效的。

电子探针微区分析法是以细聚焦电子束为激发源，进行物质成分和物体表面形态分析的物理分析测试法。基本原理是利用经过聚焦的加速电子束，轰击试样，通过电子与物质的相互作用，产生出反映被激发区的化学组分和物理性质特征的各种物理信息，通过检测显示、数据处理等程序，从而获得试样的物理、化学性质方面的数据资料。

电子探针分析法，只要满足送样要求，按一定的操作规程操作，给出一定的工作条件，进行较简单的人机对话，被测样品所有元素的定量分析就能全由程序自动控制，即很快地自动打印出结果。电子探针检测贵金属首饰一般无需制样，对于表面不光滑、有花纹的首饰，实践证明，影响也不大，根据需要可以定点检测或扫描检测。

用电子探针检测贵金属首饰主要用在批量检测和科学研究上，主要优点有：①准确，与标准比较，误差小，是所有仪器测试中精度最高的；②快速，无需特殊制样，分析结果立等可取；③可以判断杂质元素及其含量。

但是电子探针也有一定的局限性，主要包括：①电子探针的穿透深度为 $1\sim 52\mu m$，镀层较厚的镀金或包金饰品（图 7-8）难以直接测得母体成分；②样品室空间小，太大的首饰无法送入检测；③检测成本不菲，不适合批量的商业性检测。

三、X 射线荧光光谱分析法

X 射线荧光光谱分析法测定贵金属的纯度是一种简单、快捷的方法。其原理是：X 射线管（或放射源）产生入射 X 射线（一次 X 射线）激发被测样品，受激发样品中的元素会放射出二次 X 射线，不同元素所放射出的二次 X 射线具有特定的能量特性或波长特性；探测系统测量这些放射出来的二次 X 射线的能量及数量，采用软件直接转换成各种元素的种类和含量。

X 射线荧光光谱仪根据一次能够分析单个元素或多个元素，而有单道与多道之分。贵金属首饰的 X 射线荧光光谱分析法是国际金融组织推荐的检测方法之一。由于元素及含量直接显示，所以测定起来很简单，尤其是定性分析和半定量分析快速、准确。定量分

图 7-8　鎏金菩萨（镀金饰品）

析比定性和半定量分析复杂，因为它需要一个精确的标准。具体的步骤是：①做好标样的定量变化工作曲线；②将被测样品放入样品室测试，记录元素和含量参数；③翻动被测样品，再记录元素和含量参数；④根据平均的含量参数查标准工作曲线，从工作曲线中找到元素的准确含量。

X射线荧光光谱分析法具有以下特点：①分析的元素广，几乎元素周期表上前92号的元素都能分析；②分析含量范围广，精度较高；③不损坏样品，检测成本低；④分析速度快，可在短时间内完成几十个元素的测定；⑤不受样品形态局限，固体、液体、块、粒、粉末、薄膜或任意尺寸均可分析；⑥相对于其他检测方法，X射线的能量要大得多（满功率可达2.7kW），X射线的透射深度近1mm，它可较好地解决镀金、包金等样品的测试问题；⑦对操作人员的技术熟练程度要求不高。

纯金、纯银、纯铂及均匀金、非均匀金、K金都能被有效地测定（图7-9），测试前须按国家标准校定，标准的级差要小，才能保持测试的精度。

图7-9 各种金戒指

四、其他仪器测试法

1. 化学光谱分析法

化学光谱分析法是精度和准确度都相当高的检测方法之一，它对不同的K

金和足金成色都能进行检测。但它是一种破坏性的检测方法,检测时对样品具有破坏性,因此贵金属饰品的质量检测一般不会用此种方法。

2. 原子吸收光谱法

原子吸收光谱法用于成品金属测试,测试样品一般需要 2g,取样采用梅花式五点法,用电钻新钻头取样,中间点对穿,其余 4 点按对角线正反半穿,按化学分析步骤溶矿、萃取、测定。

3. 电化学分析法

电化学分析法采用一种小型便携式测金仪,广泛用于首饰行业、银行等部门,手持式测金仪中装有电解质,测金仪的一端连接仪器控制电路,另一端为探测头,当探头与金饰品的表面接触时,仪器即可显示饰品的含金量。

4. 反射率测定法

反射率测定法是指将金银首饰抛光面放在反光显微镜下观测发射率大小,以判定金、银的成色。这种方法不仅可以判定金、银的成色,而且可以观察金银首饰的表面结构,对金银首饰的制造、机械加工、掺入物等方面都可以提供有用的信息。

5. 图像分析法

金银首饰可以用图像分析法对成色加以确定,其原理与反射率法完全一致。其区别是:反射率法只测量一个点,而图像分析法可以测量视域内的任意一部分甚至全部视域,所用的测定仪器为图像分析仪。

6. 等离子体原子发射光谱和质谱法

该方法是指用酸溶结合各种分离技术,通过电感耦合等离子体原子发射光谱法测定贵金属饰品及材料中的杂质元素,利用差减法求得贵金属的成色。

7. 综合检验法

综合检验法即贵金属含量检验的综合分析技术,每种贵金属检测方法都有其局限性,现在还没有一种能检测各种贵金属首饰含量的通用方法。火试金法、原子吸收光谱法、发射光谱法等都要破坏样品;密度法对空心、包钨及复杂花式的样品难以检测;X 射线荧光光谱分析法测定结构复杂、焊点多样的组合饰品中贵金属平均含量较理想,但属于表面分析,特别厚的包裹层内部无法检测;电子探针分析法能测出各点的含量,对分析首饰的主体、焊点或是其他部件的元素成分有独到之处,但其激发深度比 X 射线荧光光谱法要小得多,不宜穿透厚的包、镀层,对于形态复杂的饰品易产生较大的误差。各种仪器分析法虽然快速准确,但仪器价格昂贵、成本高。因此,必须根据实际样品利用各种方法的优点及特长进行综合分析。对于可破坏的饰品可用火试金重量法或化学光谱法等。对于含有包裹层的样品可利用密度法确定其是否有包、镀层,再用仪器检测其镀层厚度和镀层的成分。微区分析对于金和铂的镶嵌首饰可分别测出黄色部分的含金量和白色部分的含铂量。很多检测单位将X射线荧光光谱法和密度法结合使用,这两种方法的结合比较方便、可靠,应用范围较广,适合市场饰品的监督抽查。

第八章 传统金属工艺

中国金属表面工艺历史悠久,品种繁多,技艺精湛,风格独特,是中华民族璀璨的瑰宝,从最早的锤揲工艺,到现在品类繁多的金属打磨、抛光、着色技术,都是中华民族在金属艺术上的伟大成就,亦是中国优秀文化传统的结晶。

第一节 錾刻工艺

一、錾刻工艺概述

錾刻工艺是金属工艺的一种,是用锤子击打形状各异的錾刀,在饰品表面上形成凸凹不一、深浅有致、或光或毛的线条和纹样的一种金属制作工艺(图8-1)。錾刻工艺最早出现在商代,历经各个朝代的技术演变,到清代,已经被广泛地运用于各种金属工艺品上。錾刻工艺需要非常精细准确的刀法,我国的錾刻工匠基本集中在江南一带。我国目前使用錾刻工艺主要集中于少数民族地区,

图8-1 金錾花八宝双凤洗

211

以云南、西藏、内蒙古和新疆最多。

錾刻工艺用錾、抢等方法雕刻图案花纹,使图案花纹深浅有致,富有艺术感染力。錾刻工艺的艺术效果,有时为平面雕刻,有时花纹凹陷和凸起,呈浮雕状。金银器有了锤揲技术后,錾刻一直作为细部加工手段而使用,也运用在铸造器物的表面刻画上。

在《中国传统工艺全集:金银细金工艺和景泰蓝》一书中叙述金银制作工艺时说到:"实錾即錾刻。由于錾刻大部分以各种花纹纹样为多,又称錾花。实际上,在行业内实錾、錾刻、錾花是一个意思。錾刻工艺大部分是手工操作。操作时,一手拿錾子,一手拿锤子,用錾子在素坯上走形,用锤子打錾子,边走边打,纹样图案就出来了。然后再经过各种精细的加工,使其凹凸有序,明暗清晰。""实錾分实作、錾作两部分。实作是素胎錾,是将金、银、铜板直接打制成自然形状或图案,做成工艺品。錾作是'花活'錾,就是用各种工具在工艺品的素胎上錾刻出各种图案花纹。"可知在近年的金银器研究中通常说到的"锤揲",便是用錾子在素坯上走形,即所谓"实錾",亦即宋、元之"打银楞作"。

錾刻时,必须将加工对象固定于胶板上,方可进行操作。胶板一般是用松香、大白粉和植物油,按一定比例配制后敷在木板上,使用时将胶烤软,铜、银等工件过火后即可贴附其上,冷却后方可进行錾刻,取下时只需加热便能脱开。

二、錾刻工艺的技法

中国传统的首饰制作中经常使用錾刻工艺,用于需要表现不同材质和肌理的工艺品和首饰。如用錾刻工艺制作的镂空浮雕的吊坠、立体圆雕的金银小摆件等。錾刻工艺十分复杂,工具有几百种,根据需要随时制作出不同形状的錾刀(图8-2)。一类錾刀不锋利,錾刻较圆润的纹样,不至于把较薄的金属片刻裂;另一类錾刀锋利如凿子,錾出较细腻的纹样。在制作实施时又分为两种,一种线条为挤压出来的,另一种为剔出来的。常用的錾刀有大小不等的勾錾、直口錾、双线錾、发丝錾、半圆錾、方踩錾、半圆踩錾、鱼鳞錾、鱼眼錾、豆粒錾、沙地錾、尖錾、脱錾、抢錾等10多种。

(1)沟錾。是錾沟的錾刀。錾体上下长约8cm,上大下小呈四棱形,约7cm以下部位逐渐偏平,顶端宽约0.5mm,在离顶端约1mm往下部位,两面锉成坡形,相交成沟錾刃。用沟錾雕刻的方法是左手拇指、食指和中指握錾体,刃顺着图案和纹饰,与拓片垂直。右手握錾花锤,锤打錾体顶端,一边打錾一边徐徐移动錾刀。打錾时用力要适当,劲要使得均匀。用力的大小要根据原件图案和纹饰深浅而定。

(2)鱼眼錾。长约9cm,上方下圆,下端呈直径约0.5mm的平圆台面,台面

图 8-2　錾刀

中央部位有一直径约 0.3mm 的圆坑,坑壁与圆台外沿形成鱼眼錾锋刃。用鱼眼錾的方法是左手拇指、食指和中指握錾体,与拓片垂直。右手握錾花锤,打一锤,起錾移动后,再打下一锤。

三、錾刻工艺流程

完成一件精美的錾刻作品需要 10 多道工艺程序,錾刻工艺的核心是"錾活"。操作者除了要有良好的技术外,还要能根据加工对象的需要自己打制出得心应手的錾刻工具,打制工件的金属板材、摹绘图案等。

(1)在器物表面勾画出需要的纹样,然后涂上一层漆皮汁将其封上,目的是保护器物上的纹饰不至于在錾花过程中被摩擦掉。

(2)将錾花胶放在铁锅里加热,使之化开呈稠粥状,将其慢慢地倒入器物中,24 小时后錾花胶就变硬了。因为金、银较软,变硬的錾花胶可以防止其变形。

(3)錾纹饰。左手拿沟錾,錾刃顺着并几乎与画好的纹饰垂直,右手握錾花钢锤慢慢錾刻。一边打錾,一边移动沟錾,在金面上錾刻上纹饰的痕迹即可,不要錾刻得太深。沟錾有大号、中号、小号,计有十几种之多,如纹饰较粗可用大号或中号錾刻,如纹饰较细可用小号錾刻。

(4)纹饰錾好后,用火将錾花胶烤化后倒出,然后在器物中倒入沸水,放进少许纯碱(碳酸钠),用鬃刷子刷,将残留在器物里的錾花胶刷干净。

现在,錾刻工艺(图 8-3)以操作过程复杂、技术难度大等特点,对操作者提出了很高的要求。操作者即要具备良好的综合素质,还要有绘画、雕塑的基础,要掌握钳工、锻工、板金、铸造、焊接等多种技术,对传统文化要有一定的理解和鉴赏能力,因此没有经过长期刻苦的学习和钻研的人是不能很好地掌握这一工艺的,所以学錾刻工艺的人并不多。

图8-3　金托盖玛瑙葵瓣碗盖(錾刻工艺)

第二节　锤揲工艺

锤揲工艺是一项古老的金属制作工艺,宋代、元代金银首饰的制作,就以锤揲为主,不过锤揲并不是当时的说法。朱骏声《说文通训定声》云:"凡金、银、铜、铁、锡椎薄成叶者,谓之鍱。"玄应《一切经音义》卷三云:"鍱,薄金也。"南唐徐锴《说文解字系传》云:"鍱,今言铁叶也。"明朝张自烈《正字通》云:"铜铁椎炼成片者曰鍱。"可知揲最初的意思是金属片,由此引申为制成各种花样的装饰片,其质地为金属,或铁、或金、或银、或涂金亦即婆金。江淹《丽色赋》状写佳人之饰云"洒金花於珠履",所谓"金花",便是贴饰在珠履上面的轻薄细巧的金花片。

我国早在商代就已经制作出套、组金首饰。1977年,北京平谷刘家河商墓出土的金笄、金耳坠、金臂钏就是采用铸造、锤揲技法制成的(图8-4),它的造型朴拙浑厚,含金量已达到85%。

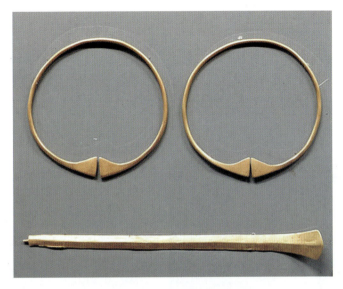

图 8-4　商代早期的金臂钏和金笄

　　锤揲工艺是利用金银质地较软、延展性强的特点,采用反复锤击使器物成型的方法,其技术可以冷锻,也可以经过热处理。古时又称"锻造""打制""打作",现在又称"锻打工艺",绝大多数器物成型前必须经过锤揲。将自然或冶炼出的金银锭类的材料锤打成各种形状,再进一步加工,锤打成型,可以继续进行錾刻。用锤揲法制造的器物要比铸造耗用材料少,也不像铸造器物时需要多人分工合作,故在质地较软、价值又较贵重的金银器制作中较为常用。

　　锤揲工艺是中国早期金银器最常见的工艺,也是最初级、最基本的工艺,与后来产生的铸造工艺在器物的成型方面作用相同。从汉代至唐代逐渐兴起用锤揲工艺成型的动物纹样,往往凹凸有致,立体感很强,因而给人张弛有度的节奏感。

　　唐代是金银器制作工艺的高峰,其中最重要的标志就是开创了前所未有的锤揲錾花工艺。唐代金银器皿中的大多数碗、盘、碟、杯等都是用锤揲錾刻技术制作的。锤揲工艺成熟于唐代,宋、元把它发挥到了极致,最大限度地利用了金、银的延展性。可以说,本来意义的"浮雕",在宋、元时期几乎是不用于金银首饰的制作的,它只是以锤揲的运用之妙而使得纹饰显出浮雕的效果。宋代,锤揲工艺获得了更为巧妙的应用,并对瓷器工艺的发展产生了重要的影响。

　　最能突显锤揲工艺的代表性首饰是最原始的金银质器物。如四川省广汉县三星堆遗址出土金箔或金片制成的金面具(图 8-5)、金虎、金叶、金鱼、金璋、金带等。三星堆遗址属于相当于殷商时期的古蜀国文明时期。1977年大通县上孙家寨455号墓葬中共出土32枚金贝，这些金贝是用金箔制成的仿贝形饰物，是在木胎表面包箍金箔后制成的。金面罩也是用锤打工艺成形，再用镂空手法做成的。这样的面罩一般贴在青铜面具上，以增加祭祀时的威严感和神秘感。金沙遗址的太阳神鸟金箔厚度只有0.02cm。金箔中央是一个镂空的旋转图形，周围有4个鸟形动物，它们是一种象征太阳的神鸟。鸟的嘴角线细如发丝，却清晰可辨（图8-6）。

图8-5　金沙金人面具

图8-6　金沙太阳神鸟

锤揲工艺有两种基本方法：一种是自由锤揲法；另一种是"模冲"锤揲法。与铸造相比，锤揲工艺不仅工序简单，而且可以将金银器做得轻薄，大大节省了珍贵的金银原材料，在后来的设计中改变了圆形的造型设计，大大增强了器物抗变形能力。锤揲工艺方法是先锤打金银板片，使之逐渐伸展成片状，再将其铺在用松香、牛油和瓦灰等熬成的胶板上，或者是在制作好的模具上，锤打出各种繁复的花纹。一些形体简单、较浅的器物可以一次直接锤制出来，而复杂的器物则先分别锤出各个部分，然后焊接在一起。主要工艺流程如下。

（1）将金块放在炉火上烘烤，金块变红后马上从炉火中取出。晾凉后，放在铁砧上，用开锤锤打。当金块变成暗红色有了硬性时就停止锤打，再放在炉火上烘烤，刚一变红后即取出继续锤打，其方法如前。这样反复多次，一直将金块打成需要的厚度为止。

（2）打成后的金箔呈暗红色（表面的氧化层颜色），必须用硝酸将其洗掉，再用清水冲洗干净，金箔就呈金黄色了。要注意的是打第一、第二火时要轻打，打到第三火后就可以使点劲打了。因为打的"火数"多了，金被打软打熟了，使劲打也不会开裂。

在古代,锤揲工艺应用很广泛,特别是在金银首饰上,现在有了液压技术,很多金银片都是压制出来的,一般不再需要锤揲工艺,因此锤揲工艺的使用率也随之下降。锤揲工艺现在叫作"锻打工艺",主要用在器物的成型阶段,并与錾刻密切结合。这种全手工艺技术,不但制作难度大,而且耗工费时,在我国历史上,只有在盛唐时期才有这一可能。宋后期直至民国,这项手工技艺中的锤揲成形技法,已很少在金、银、铜器中应用,大多仅采用錾刻的方法。

在现代首饰设计和制作中,锤揲工艺更是不见踪影,但偶尔在设计大赛上会有设计师用锤揲工艺设计首饰,大多数设计师都将锤揲工艺进行了简化,主要运用简单的锤击作用在金属表面留下的痕迹,用以反衬金属粗犷、强悍的一面。所以,大部分锤揲工艺的首饰作品或多或少地都保持一定程度的粗糙感、凹凸感、沧桑感,保持了传统手工艺的"手工"部分。另外,在某些金属表面工艺上还有很大运用,比如金箔工艺、贴金工艺和包金工艺等。

第三节 花丝镶嵌工艺

花丝镶嵌工艺是我国传统工艺史上一种独门绝技,综合了花丝与镶嵌两种工艺,从商周至今流传4 000年。明清两代是花丝镶嵌工艺鼎盛时期,此后这一中华民族手工绝技慢慢退出历史舞台,濒临失传,如今已被国家定为非物质文化遗产予以保护。

一、花丝镶嵌工艺概述

花丝镶嵌工艺极其复杂,是将金、银等贵金属加工拉成0.01mm细丝,再以堆垒、掐丝、编织等技艺把细丝掐成花丝,在底座上錾出吉祥图案,再镶嵌以珠宝玉石的工艺技法。花丝镶嵌有时还要"点翠",把翠鸟绿中闪蓝的羽毛,贴在花丝的空白点上。明代艺人用极细的金丝编织成的万历皇帝金冠,高24cm,冠身薄如轻纱,空隙均匀,金冠上端有龙戏珠图案,造型讲究,堪称一代杰作(图8-7)。

花丝镶嵌以北京、成都最负盛名。

北京的花丝镶嵌具有明显的宫廷风格(图8-8),雍容华贵、典雅大方、造型新颖,多饰以吉祥纹样和传统民族图案,以编织、堆垒见长,还常用点翠工艺,效果更佳,20世纪80年代又采用新的无胎透空镶嵌技法,在行业内和国内外都有深远的影响。在老北京的大栅栏、花市和东四、西四牌楼,就有一百多家金店银楼,生产花丝镶嵌产品。老北京的花丝镶嵌艺人多在通州,1958年在通州孔庙遗址成立的北京花丝镶嵌厂,也成为当年北京花丝镶嵌工艺品的主要生产地,但至 20 世纪 80 年代末,西方国家对中国实行制裁,出口订单数量锐减,一直到 2002 年正式宣布破产。北京花丝分陈设品和日用品两类。陈设品即摆件,包括熏炉、建筑物、人物、动物等。日用品即件活,包括手镜、花插、烟盒、粉盒、糖盒、酒具、各种瓶、缸等。

图 8-7　金丝蝉翼冠　　　　　　图 8-8　嵌宝石花形金饰件

四川成都的花丝以银丝制品为主,采用无胎成型,结构严谨,纹样清晰,富于变化。技法上以平填花丝为主,兼有穿丝、搓丝、垒丝等技法。优秀作品有陈列于人民大会堂四川厅的平填银丝大挂盘《丹凤展翅》《孔雀开屏》和银丝挂瓶《玉羽迎春》。20 世纪 70 年代创作的圆形平填花丝《万象熏球》和《牡丹瓶》,是历史上平填花丝工艺品从方形到圆形的重大突破。

二、花丝镶嵌工艺的历史

花丝工艺历史悠久,源远流长,世代相承。

春秋战国时期,就已经有了花丝镶嵌的雏形,战国时期的花丝工艺与金银错和镶嵌等工艺结合使用。现今最早的花丝工艺品是在河北省定县西汉墓出土的"辟邪""群羊""龙头"等。其中用金丝制成的"辟邪"高 2.5cm、长 4cm,上面镶嵌绿松石和玛瑙 16 颗;"群羊"是焊在一块錾有流云纹饰的薄金片上,共有 4 只小羊,每只羊仅长 1cm,高 0.8cm,羊身以薄片制成,上面缀以小米般的金珠,用花丝缠绕表示羊毛、羊角和羊尾,并用绿松石镶嵌,造型生动,工艺精湛。

两汉时期,在花丝工艺的掐、编、织等技法和花丝图案花纹的种类上有了新的突破,出现了花丝、祥丝、金珠等样式。在制作工艺上形成了掐、填、堆、垒一整套技法,丰富了花丝工艺的表现力,使器物的造型、装饰图案和装饰手法更加完美。汉代出土的金银首饰中已有金银丝盘绕成的各种花纹,可以看出,当时的花丝工艺已经真正成形了。

隋代、唐代、宋代、元代各时期,在运用传统技艺的基础上也创造了许多有特色的、代表该朝代水平的技艺,并在实践中不断完善、提高、发展。1981年,在山西省太原市的北齐娄睿墓中出土了一件工艺精美、视觉繁复的花草纹金饰。该金饰采用掐丝焊接的工艺手法做成镂空、多曲线的底形,上面镶嵌有贝壳、珍珠、绿松石、蓝宝石、玛瑙、琉璃等各色材料(图8-9)。金饰的特点在于几乎没有直线,它的边框、叶茎、主叶边线由均匀规则的连珠纹构成。这与多彩的镶嵌相呼应,在视觉上造成流动、活泼、繁复富丽的感觉。它注重每一个局部的细腻及以花草为主的柔美和镂空造成的玲珑感,体现了浓重的、南方特有的阴柔细巧的审美气息。

图8-9 北齐金饰残片

明代,北京银作局制作的金冠、凤冠和各种首饰,都达到了很高的艺术水平。明代运用了编、织、盘、码等多种制作方法,技术比元代有更大的提高,其艺术风格达到了十分精练的程度,具有端庄、纤巧的特点。无论是造型、纹样,装饰性都很强。明代、清代的花丝编织工艺、花丝平填工艺则达到了炉火纯青的境界。明代首饰的主要工艺特色为精密、纤巧、喜镂空。

明代是清花丝发展形成的高潮,并有不少精品,最具代表性的当属北京定陵出土,定陵博物馆收藏的万历皇帝的金冠(图 8-10)。冠高 24cm,直径 17.5cm,由"前屋""后山""翅"3 个部分组成。金冠用 518 根金花丝(每根丝的直径仅为 0.2cm),编织出均匀、细密的"灯笼空"花,透薄如纱,通体空隙均匀,不露焊接痕迹。冠顶盘踞着一组立体空心的"双龙戏珠",精巧生动,龙身细鳞亦一丝不苟地用花丝掐成,再经码丝、垒丝、焊烧而成,冠的质量只有 826g,堪称中国花丝工艺的典范之作。同时出土的凤冠是花丝和点翠工艺相结合的珍品,即在花丝制成的龙、凤和祥云上,饰以蓝绿色翠鸟羽毛,还镶嵌多种珠宝,使作品金碧辉煌。

图 8-10 金丝蝉翼冠背面

1772 年在江西南城明代益王朱祐槟夫妇墓中,发掘出一对明朝银作局制造的金凤钗,凤高 10.5cm,钗脚高 12.5cm,重 110g。金凤钗都是用粗细不等的金钱、金片缠绕。金凤的脚趾有力抓住的一朵云彩,也是用粗细不等的金丝编织而成的。从云彩中伸出的钗足,造型生动,技法纤细秀丽,显示了明初金银工艺的水平。

明朝首饰流行镶嵌珠宝,名贵的宝石以其艳丽的色彩与黄金交相辉映,更加显得富丽华贵。其镶嵌的宝石有红蓝宝石、猫睛石、绿松石、玛瑙、水晶等,种类较多,其中又以红、蓝宝石为多。艳丽华贵的珠宝和精湛绝伦的花丝工艺组合在一起时相得益彰。

北京右安门外明墓中出土的嵌宝石葵花形金簪就是其中的代表作(图 8-11)。它通长 13.5cm,重 76.8g。这是一件典型的花丝镶嵌的作品。以葵花为大形,分 3 层纹饰,花心以黄色碧玺为中心,用花丝掐成花蕊围在碧玺周围,并且在石碗的周围焊接了一圈正搓的花丝,使其立体性更强。在花心的外圈有八瓣镶嵌红宝石的花瓣,在花瓣的边缘同样围有花丝,在最外圈的花瓣则是镶嵌红、蓝相间的红、蓝宝石,使首饰的色彩更加丰富。花瓣的重叠、花丝的装饰使整件作品生动、立体,既有雍容之气,又有耀目之色。

清代花丝工艺有了更大的发展,名品不断涌现,很多成为宫廷贡品。清代,金丝镶嵌业分工更细,逐步走向专业化生产。全行业分为实作、镶嵌、錾作、攒

图8-11 嵌宝石葵花形金簪

作、烧蓝、点翠、包金、镀作、拔丝、串珠10个专业。清代宫廷里的金银工艺,风格与明代不同,较深厚,以錾、嵌为主。清代首饰已全无古朴之意,反映了宫廷金银艺术品一味追求富丽华贵的倾向。造型倾向于写实,纹饰则以繁密瑰丽为特征,或格调高雅,或富丽堂皇,加工精致的各色宝石点缀搭配,首饰更是色彩缤纷、金碧辉煌。花丝工艺纤巧、精细的特点使首饰无论在造型还是纹饰的处理上都极尽其能,使清代首饰的精致达到了炉火纯青的程度。

北京市海淀区上庄乡出土的,现藏于首都博物馆的清代累丝镶嵌珠宝虾形金饰(图8-12),体现了清代首饰精致、华贵的特点。虾这一造型在工艺制作上较前朝工艺更为精细,外形更加逼真,趋于写实,宝石的镶嵌工艺更为纯熟,镶口处的花丝处理更为精致,特别是虾身采用的是花丝工艺中累丝工艺的处理,使虾身的立体、饱满感呼之欲出,再加上虾的周围用花丝工艺制作出的荷花、浮萍的场景设计,宛如一幅生动的虾戏莲图出现在眼前。

清代首饰中的花丝工艺不仅在动物造型上对其生动、写实的表现有所体现,而且在阁楼、器物等方面充分展示了它运用金丝的造型能力,且较于前朝更加追求工艺的难度和视觉上的华丽。

鸦片战争以后,大量金、银外流,尤其是八国联军侵略中国,很多贵重工艺品被掠夺出国。金银工艺因而停滞不前,花丝镶嵌行业处在岌岌可危的境况中。

新中国建立以后,自20世纪50年代初开始,政府对传统金银制品生产的地区,采取了行业抢救、艺人抢救、恢复生产的积极措施,使金银制品行业得到迅速

图8-12 累丝嵌珠宝虾形金饰

发展。北京、上海、四川、广东、江苏等地,积极组织匠师开展传统金银技术的挖掘和拯救工作,恢复了金银首饰、金银摆件、金银花丝、镶宝、烧银蓝、蒙镶等工种和产品的生产。北京是我国现代花丝镶嵌摆件、首饰以及錾刻镶嵌摆件的主要产地。20世纪80年代相继研究成功"卡克图"新工艺和无胎镶石花丝摆件新品种。90年代成功地开发出金银花丝镶嵌宝石摆件,用工艺语言表达了复杂的造型、情节场面和人物体态。

最具代表性的作品——《凤鸣钟》(图8-13)是以我国传统的吉祥图案为题材的花丝镶嵌产品,在设计上,用金光四射的钟代表太阳,以珍贵的青金石制作成缭绕的祥云托太阳,一只金凤凌空啼鸣,形象多姿、生动传神;在制作上采用掐丝和镶嵌相结合的工艺,以细如发丝的黄金、白金编制出凤的全身,凤头镶嵌有18块红、绿宝石和88粒钻石,羽毛上镶嵌着110粒钻石,凤尾镶嵌有9块红、绿宝石,作品金光闪耀,宝石映辉,巧妙地把艺术欣赏和生活实用结合起来,是一件优美的工艺佳品。

三、花丝镶嵌工艺的制作

花丝镶嵌完全由金银丝制成,也被称为"细金工艺"。花丝镶嵌工艺可分为两大类,即花丝工艺和镶嵌工艺。

花丝是在金属片上，用金属丝掐制出各种不同的图案。镶嵌则是把珠宝翠钻、精石美玉镶在金银饰品上，再把金、银、水晶、白玉和彩琉璃等组合在一起（图8－14），镶嵌到带钩、壶、樽、灯、车轴等器物上。镶嵌要求镶好、镶平、镶俏，同一块宝石、翡翠，安放的角度不同，就会直接影响外观的效果。故宫珠宝馆陈列的《金枝玉叶》大盆景、《点翠花鸟》大挂屏、银质烧蓝《鹤鹿同春》等，是这一时期的工艺精品。

花丝工艺作为传统金属工艺的一种，经过历史的锤炼，到清朝末年其首饰的加工特点，可以用精、细二字概括，这一特征流传至今。

花丝即花样丝，是用各种不同型号粗、细的金、银、铜素丝搓制而成的带花纹的丝，用这些花丝，经过不同的工艺制作出精致的产品，这一制作过程称为"花丝工艺"。常用的花样丝有近20种：花丝、拱丝、竹节丝、螺丝、祥丝、蔓丝、码丝（垒丝）、麦穗丝、小松丝、凤眼丝、麻花丝、小辫丝、套泡丝、拉泡丝、门洞丝、抿丝、赶珠丝、坡棱丝等。花样丝既是花丝工艺的初成品，又是制作花丝工艺品的基础材料。用花丝制作花丝产品，需用花丝样组成一些基础纹样供挑选使用。常使用的基本纹理有以下种类：锯齿纹、回纹、盘丝纹、平填旋螺纹、套古钱纹样、拉泡丝纹、套泡丝纹、枣花锦纹、编席纹、灯笼空

图8－13 《凤鸣钟》

图8－14 清代金累丝镶嵌珠宝九凤钿口

儿纹等。

花丝纹样的表现方法有两种：一种是平面表现法；另一种是浮雕表现法。平面表现法主要用平填工艺，把花丝与素丝掐制成单独的纹样，然后按主次、虚实、疏密关系填充图案框架，使平面的图案丰富多彩。把填充好平面的单独纹样进行翻、转、折、叠、组合焊接，使做出立体的产品。浮雕表现方法主要用于立体件活。通常由很多单独纹样经过重叠焊接形成，能够表现出图案花纹的层次感和立体感。

1. 花丝镶嵌工艺的制作方法

花丝工艺的制作方法通常可分为堆、垒、编、织、掐、填、攒、焊八大工艺。其中掐、攒、焊为基本技法。8种方法各有绝技，运用得好坏往往决定了作品的质量和档次。

（1）堆，即"堆灰"，是用白芨和炭粉堆起来的胎被火烧成灰烬后飞掉，只剩下镂空的花丝空胎，所以称为"堆灰"。

（2）垒，即两层以上的花丝纹样合制为垒，垒还有叠的意思。使用垒的技法主要体现产品的立体效果。垒有两种做法，一是在实胎上粘贴花丝纹样图案，然后进行焊接；二是在部件的制作过程中单独纹样垒叠成图案。

（3）编，即用一股或多股不同型号的花丝或素丝，按经纬线编成花纹，称为编。编丝的纹样很多，有席纹、小辫、人字、正方形等。编分立体编和平面编两种。平面编即编成一个平面做一个部件的装饰，立体编即直接编成所需产品。如编鱼篓、灯笼及各种球体等。

（4）织，即是单股花丝按照经纬原则表现纹样，通过单丝穿插制成纱之类的纹样。织的种类很少，目前"套泡坯"的制作一般使用织的技法。

（5）掐，是花丝工艺的基本技法。花丝产品几乎所有的花纹图案都是手工掐制出来的。掐就是用铁制的镊子把花丝或者素丝掐制成各种花纹。掐丝的几道工序包括：膘丝→断丝和制丝→掐丝→剪坯。掐丝的方法有两种：掐丝和册丝。

（6）填，又称"平填"。即把轧扁的单股花丝或素丝填充在掐制好的纹样轮廓里。

（7）攒，即组装。攒活是制作花丝产品的一个关键工序，就是把用不同方法做成的单独纹样组装成所需的复杂纹样，再把这些复杂纹样组装胎型上去，直到成活。组装分两个单独的步骤：半成品组装和成品组装。

（8）焊，即焊接是花丝工艺的基础技法之一，也伴随着花丝的每一道工序。焊接的方法包括点焊、片焊和整焊。

2. 花丝的工艺流程

（1）化料。把原始的材料用电炉、煤炉、液化石油气炉等工具熔化，制出料条和料片。

（2）配焊药。按配方将所需原料熔化在一起，配制成不同用途、不同形状的成药。

（3）备料。包括轧丝、膘丝、搓丝和平片，还有焊药的选择。

（4）制胎。用手工或机器把料片制成胎型。

（5）锉焊药。用粗锉和细锉把药块锉成细粉，把药片剪成小块待用。

（6）掐丝。用镊子把花丝或素丝掐制成各种花纹，掐制镶嵌宝石的石碗。

（7）攒活。攒活贯穿整个花丝制作过程之中，小到纹样的攒集，大到半成品的攒集，它决定产品的整体效果。

（8）焊接。焊接也贯穿在整个花丝制作过程中，焊接上药的时候，筛药要均匀，药量要准确，火候要恰当。

（9）清洗。用硫酸等化学制剂把产品的黑胎清洗干净，去除杂质。

（10）烤活。把清洗后并用清水漂干净的产品部件或整体产品放入烤箱烘干。

（11）点蓝。即上釉料，点蓝前要对黑胎进行检验，合格后方可转入点蓝。

（12）烧蓝。点蓝后的部件放入电炉中烧制，使釉料固化，烧蓝一般要烧1～3遍。

（13）镀金。产品的表面处理。

（14）涂镀保护膜。在产品的表面涂、镀一层化学物质，保持产品的新度。

（15）组装。包括镶嵌宝石等。组装时工作台要清洁卫生，产品表面不能露出明显的粘结痕迹。

四、现代花丝镶嵌工艺的发展

现代首饰更多地出现在柜台里，来满足更多消费者的需求。现在为大众市场生产的首饰，在机器的帮助下，可以很容易复制出流行的式样。花丝镶嵌工艺的制作流程非常复杂，一件好的花丝作品往往需要几个月，甚至几年的时间才能完成。并且必须依赖手工制作，不能像现代工艺一样批量式生产，这就使它不能像其他首饰一样进行商业化运作。然而，现代首饰制作的工艺在对首饰的轻盈制作方面有一定的缺欠，而花丝镶嵌工艺却能通过它体现其工艺的特殊性，能更好地表现出自然形态的细致、轻盈。并且有一部分消费者在了解传统艺术的基础上，对例如花丝镶嵌工艺等形式兴趣浓厚。同时也正因为这些消费者的存在，为花丝镶嵌工艺的创新提供了舞台。花丝镶嵌工艺可以在精致华贵的基础上加上现代工艺的运用，使古老的工艺重新焕发出活力，并能给人耳目一新的感觉。

传统的花丝镶嵌工艺的工艺特点与所处最繁荣时期（明清时期）的审美特点

是分不开的。明朝纤秀的审美倾向,使得花丝镶嵌工艺在当时发挥得淋漓尽致,增加了人们对这种工艺的青睐。而现在处于一个新的历史阶段,人们偏向于简洁、立体、抽象的审美,因而现代更多的倾向认为花丝镶嵌工艺只能作为一种古代流传的工艺来欣赏,不能运用于现代时尚的首饰设计,似乎与这个快节奏的社会不协调。因此,要继续发扬花丝镶嵌工艺,我们就必须结合时代的特点,对花丝镶嵌工艺进行改良和创新。在现代的首饰设计中可以避繁就简,取其优点,择其方便之处,将花丝镶嵌工艺作为整件首饰加工制作中的一部分,起画龙点睛的作用。我们可以利用现在新发展出来的新花丝工艺,对同一图案进行重复、排列、组合,结合现代首饰的特点,融合时代气息,用粗线条来表现传统的"细金"工艺,让现代珠宝在具有传统韵味的同时,适合现代人佩戴。从几个珠宝品牌的首饰作品(图8-15)来看,的确很有新意。

图8-15 昭仪翠屋高级定制墨翠花丝镶嵌套件

第四节 鎏金工艺

鎏金工艺是一种金属表面加工工艺,亦称"涂金""镀金""度金""流金",原是青铜器的装饰方法,是我国古代劳动人民在生产劳动中总结创造的工艺。

鎏金工艺,是把金和水银合成的金汞剂(黄金遇到水银(汞)就会溶解,生成"金汞齐",可以随意流动),涂在银或铜器表层,加热使水银蒸发,使金牢固地附在器物表面不脱落的技术。把黄金剪碎后,与水银按1∶7的比例在400℃的温度下使金熔化于水银之中,冷却后即成"金泥"。把金泥涂抹于器物表面,再用无烟炭火温烤,使水银蒸发,黄金就固留在器物的表面了。

一、鎏金工艺的历史发展

鎏,即成色好的金子,《集韵十八尤》中讲到:"美金谓之鎏。"《后汉书·志·祭祀上》云:"检用金缕五周,以水银和金以为泥。"这是我国古代关于鎏金工艺操作的最早记载。《本草纲目·水银条》引梁代陶弘景的话说:水银"能消化金银使成泥,人以镀物是也"。这个记载比鎏金器物的出现已晚了约8个世纪。鎏金工艺历代相沿不绝,我们至今在故宫博物院里还可以看到许多明清时期的鎏金器物陈列,它们虽然经过了几百年的风雨侵蚀,有的至今仍金光闪闪,耀眼夺目。鎏金工艺除了在首饰制作中时有应用之外,在宗教和古建筑中应用最为普遍。如藏传佛教建筑,常常使用大量的黄金鎏在寺庙的房顶成为"金顶",在蓝天的衬托下更显得庄严和神圣(图8-16)。

图8-16 鎏金大昭寺屋顶

鎏金工艺分通体鎏金和局部鎏金。通体鎏金看上去和金器相同。局部鎏金在唐代银器中最为常见,即在花纹部分鎏金,文献中叫"金花银器",是把器物的质地与装饰结合在一起的称谓。局部鎏金有两种方法：一是刻好花纹再鎏金；二是鎏金后再刻花纹。前者主要流行于中唐前期，后者多见于中晚唐。

中国是世界上最早使用这一技术的国家。古埃及在公元3世纪才有了金汞齐用于镀金的记载，而古罗马在公元1世纪才可见金能溶于水银的记载。日本清水藤太郎在其《日本药物史》中记载，以金汞合金的镀金是公元8世纪从中国流传到日本的。一些专家认为，我国的鎏金工艺始于春秋末期。从已出土的文物证实，在战国时期古人已经掌握了鎏金技术。从河北满城中山靖王刘胜墓出土的"楚大官糟钟"来看，它的鎏金技术已相当的成熟。从信阳长台关楚墓出土的"鼎"来看，造型有战国早期的风格特征，该墓出土的鎏金铜带钩等也为战国早期的器物。汉代鎏金技术已经发展到了很高的水平，汉代贵族墓葬多有鎏金器（图8-17），且不像战国时期只施于小件，有了不少大件鎏金器，并往往鎏金工艺与鎏银、镶嵌等工艺相结合，集多种装饰工艺于一体。

图8-17　汉代鎏金卧羊

唐代盛行佛教，鎏金在制作佛像时成为最主要的工艺方式，现在唐代流传下来的许多佛像还保持着原先的光泽。唐代大量运用于银器装饰，唐代的鎏金工艺称"镀金"。《唐六典》中称金有14种，即销金、拍金、镀金、披金……另唐代李绅的《答章孝标》有："假金方用真金镀，若是真金不镀金。"出土于西安的唐代香囊（图8-18），其直径还不到5cm，是可佩戴腰间、藏在袖中的特殊香炉。香球有上、下两个半球，可像怀表一样打开，里面两个相连的圆环内装有小盂，用于燃放香料。奇妙的是，无论香球如何翻滚，小盂始终保持平衡向上，火星和香灰都不会倒出。陕西出土的舞马衔杯银壶是唐代鎏金作品的代表,壶面上雕錾的舞马也是鎏金,造型独特,线条优美,银壶不是整体的鎏金,只是几个部位鎏金,小圆口上有鎏金复莲盖,壶的提梁是鎏金,圈足的箍是鎏金。唐代以后留世的鎏金作品较少,但鎏金工艺并没有消亡,各朝各代仍有鎏金作品出现。如明晚期铜鎏金卧羊、民国时期的长命富贵银鎏金挂锁等。

图 8-18　唐代香囊

虽然历史上鎏金工艺作品很多,但由于各种原因,流传至今的鎏金器极为罕有,主要是因为历来战乱损毁,再加上器物中有金成分,很多盗墓贼不知鎏金的艺术价值,就按重量卖给打金匠,熔炼为金块或金元宝,所以被破坏的鎏金器物数不胜数。

在古代铜饰件装饰中还有鎏银、鎏铜,其工艺方法与鎏金相近,亦是用银、汞剂抹于器物表面(但生杂铜不易镀上金),将要鎏的器物进行处理,磨细抛光。要达到平整光洁的效果,最好用椴木炭磨细腻,越细越亮鎏金的效果越好。鉴别一件器物表面是否经鎏金,主要是标志其表层是否残有汞。当代鎏金工艺的应用主要局限在民间制作中,首饰作品更少见。但20世纪80年代,海外艺术市场出现了一股鎏金热,在各种拍卖活动中,鎏金作品水涨船高,成为极具收藏价值的工艺品之一(图8-19)。

当代的鎏金首饰几乎绝迹,主要是现代镀金工艺的成熟,使得鎏金工艺失去了原有的地位。但鎏金工艺并不是就此退出了历史舞台,在现代首饰设计和制

图8-19　唐代鎏金洗

作中,我们可以用不同的形式运用鎏金工艺:比如用鎏金工艺使首饰形成金银的效果对比,既可保持首饰的细致高贵,又能保留首饰的沧桑感。用鎏金工艺也可以在首饰的造型上进行一系列设计,也许斑驳、沧桑、怀旧感更能贴合现代人对古老工艺的认同。古代的鎏金工艺中就已进行部分鎏金,现代技术的提高,更可以在此基础上对设计图案、纹饰进行局部鎏金。

二、鎏金工艺的制作流程

鎏金需要用成色最好的金子,延展性较好,不溶于酸和碱,易溶于王水、氰化钠或氰化钾的溶液中。这种工艺程序如下。

(1)将黄金锻成金箔,剪成碎片,放入坩埚内加热至400℃左右,然后倒入汞,搅动使金完全溶解于汞中,然后倒入冷水中使冷却,逐渐成为银白色泥膏状的金汞合剂,这种液体俗称为"金泥"。此一工艺过程统称"煞(杀)金"。

(2)用磨碳打磨掉银、铜饰件表面的锈后,用"涂金棍"沾金泥与盐、矾的混合液均匀地抹在器物表面,边抹边推压,以保证金属组织致密,与器物粘附牢固。此一工艺过程统称"抹金",涂在欲镀饰件表面。

(3)以适当的温度经炭火温烤,使水银蒸发,黄金则固着于铜器上,其色亦由白色转为金黄色,此一工艺过程统称为"开金"。如要求金属较厚,即要将上述过程反复多次。

(4)用毛刷蘸酸梅水刷洗,用玛瑙或玉石制成的"压子"沿着器物表面进行磨压,使镀金层致密,与被铸器物结合牢固,直到表面出现发亮的鎏金层。此一工艺过程统称"压光"。再经过清洗压光等工序,一件精美的鎏金件便诞生了(图8-20)。

图 8-20　清代鎏金白度母座像

第五节　珐琅工艺

珐琅在首饰中的应用历史悠久,其制作工艺精湛,色彩绚丽多样,一直是首饰制作青睐的材料。珐琅工艺是一种瓷与金属结合的独特工艺,在抛光金属基板表面涂上一层玻璃光泽的珐琅,经过干燥、烧成,成为瑰丽多彩的工艺品。它既具备金属贵重、坚固的特点,又具备珐琅釉料晶莹、光滑及适用于装饰的特点。

一、珐琅工艺的历史

早在公元前 2000 年的古埃及就出现了珐琅工艺饰品。通过在金属胎体表面施以各色釉料达到美轮美奂的绚丽色彩,其极强的装饰效果受到世界各地首饰设计者的青睐。在历史的各个时期不断涌现出新的技术发展创新,公元前

1200 年迈锡尼人最早运用了镂雕技术,之后内置式珐琅工艺逐渐占据主导地位,产生了透明和不透明的珐琅料,到文艺复兴时期出现了绘画般的浅浮雕珐琅首饰,再到新艺术时期出现了美妙绝伦的透光珐琅首饰等(图 8-21)。

珐琅工艺在中国最初兴盛于元末明初,那时,中国有了成熟的冶金技术和玻璃、琉璃制作技艺,掌握了控制煅烧的温度,为珐琅工艺的发展创造了良好的条件。元朝时,珐琅工艺由传教士从中亚传入,中国人吸收了这种珐琅器的制造技术,融入了本民族传统金属工艺的制造特点,几经改良,成为一项具有中国民族风格的工艺技术。明代中后期,北京的珐琅工艺趋于成熟。明代的珐琅作品,铜胎的质地较好,多为紫铜,胎体略显厚重,造型以仿古居多,仿青铜器所用的彩釉均为天然矿物质料,色彩深沉而逼真,由于中国工匠的潜心研究,曾经达到登峰造极的境界,珐琅

图 8-21　法国新艺术主义风格珐琅首饰

工艺方法和色彩的发展改进使其在装饰表现形式上呈现出多样化,在首饰中的应用也越来越广泛和自由。中国珐琅工艺成为世界掐丝珐琅鉴定和审美的标准,这是中国工艺家对世界艺术的重大贡献之一。

清代是珐琅工艺发展的又一高峰期,特别是清乾隆年间,珐琅工艺得到了空前的发展。清朝珐琅工艺品不仅继承了明代景泰蓝的豪华、古典、雅致,而且也开始呈现出纤巧而绮丽的风格特征。鲜明的民族风格引起了西方人的注意,珐琅工艺品成为重要的出口商品。除官营珐琅作坊外,民间也纷纷开设了商号和店堂,经营珐琅工艺品。1904 年,老天利制作的"宝鼎炉"在美国芝加哥世界博览会上获得一等奖(图 8-22),自此,北京珐琅工艺在国际上声誉大振,各国客商纷纷前来订购。

民国至解放前,珐琅工艺的发展基本处于徘徊、低落的状态。解放后,国家对于传统工艺实行了抢救、保护和扶持的政策,珐琅工艺获得了快速的发展。珐琅工艺无论在造型和装饰纹样上,还是在色彩及艺术水平上,都有了很大的发展和进步。

近年来,珐琅工艺品再度受到瞩目与重视,许多人运用现代化的机器与技术,融合艺术家创作的心灵,制造出各种精美绝伦的珐琅饰品、艺术品和器皿,使

得这种具有古雅之意的传统工艺品,不但与现代生活结合,点缀并丰富了生活的内容,而且使传统技艺的薪火延续并发扬光大。

二、珐琅工艺的分类

珐琅作品主要包括画珐琅、掐丝珐琅、锤胎珐琅和錾胎珐琅。

1. 画珐琅

画珐琅是用珐琅釉料直接在金属胎上作画,经烧制而成,富有绘画趣味,因此也有人称之为"珐琅画"。画珐琅器的制作方法是:先在已制成的金属胎上涂施薄薄的一层白色珐琅釉,入窑烧结,并使其表面光洁平滑,然后以单色或多彩的珐琅釉料,按照图案纹饰设计要求,绘制花纹图案,再经入窑焙烧显色而成(图8-23)。

图8-22 景泰蓝"宝鼎炉"　　图8-23 清代画珐琅"西洋人物天球瓶"

直接在金属上绘画的最大优势在于图案线条更加丰富,可以绘制更为精细、复杂的图案,而不受约束。不过,少了金属丝勾框这一步,烧制的难度大了很多。首先是不同颜色之间的混色问题,没有金属丝将不同的颜色分隔开来,一旦珐琅彩料配制不好就会产生颜色互染的混乱状况。画珐琅是珐琅工艺中最困难的一种,其中混色是最大的学问,如果混色过度则烧结后图案模糊不清而破坏了画面,所以当局部描绘后要先烧结,再描绘下个部分,再烧结,一直重复此动作才能完成作品,有时须重复烧结数十次,无论哪一次烧坏都会毁坏作品。从15世纪开始,画珐琅艺术出现并使用在珠宝工艺中,但几百年来渐渐式微。以前的珐琅怀表为了突出珐琅的欣赏价值,还常常采用珍珠镶嵌边圈,或将外框施以纯金,充满装饰色彩的图案总洋溢着无穷的想象力。

2. 掐丝珐琅

掐丝珐琅又名景泰蓝,掐丝珐琅制作工艺是先用铜作胎,而后用细铜丝轧扁后,以手工制成各种图案,或掐、或焊、或贴在胎体上,再加上五色珐琅釉料,经过烧制、磨光、镀金等多道工序。掐丝珐琅的制作工艺,既运用了青铜和烧瓷的传统技术,又吸收了传统绘画和雕刻的技法,制作而成的工艺品具有浑厚凝重、富丽典雅的艺术特色。掐丝珐琅的生产工艺,是一门综合艺术,是美术设计、雕刻、镶嵌、冶金、玻璃熔炼等技术与知识的融合。一个产品要经过十几道工序才能完成(图8-24)。

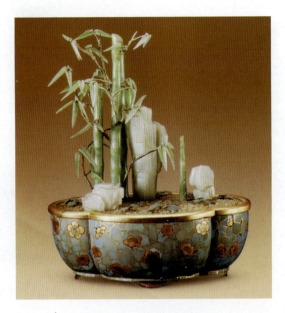

图8-24 清翠竹盆景

设计包括造型设计、纹样设计、彩图设计等。设计人员不仅要具备一定的美术知识和绘画能力,还要熟悉景泰蓝的制作工艺,了解各种原材料的性能,以便在创作构思时,充分考虑到制作工艺的特点,使产品具有整体与和谐的美感。

景泰蓝产品的造型美观与否,第一决定于"制胎"的工艺。制胎是将合格的紫铜片按图下料,裁剪成不同的扇面形或切成不同的圆形,并用铁锤打成各种形状的铜胎。

第二,掐丝、焊丝。掐丝的方法是用镊子将柔软、扁细具有韧性的紫铜丝,按图案设计稿,掐(掰)成各种纹样,蘸以白芨戎糨糊,粘在铜胎上即成。然后,再经过烧焊、点蓝和镀金等工序完成成品。

第三,点蓝与烧焊。掐好丝的胎体,经过烧焊、酸洗、平活、正丝后,进入点蓝工序。方法是:用蓝枪(枪)(金属小铲子)把碾细了的釉色填入丝空隙处(图 8-25),再将点好蓝的制品,放在高温炉中,经过 800℃ 的高温烧熔,釉料便可以熔化。一般景泰蓝需要烧制 3 次,磨光的工序也最少要烧 2~3 次。

图 8-25　点蓝

第四,磨光,俗称"磨活"。金刚砂石把产品表面高出花丝部分的釉料磨平,使花丝显露出来,然后用黄石磨去釉料上的火亮、黑丝,再用椴木炭蘸水横、竖再磨,直到产品发出均匀的亮光为止。现在一般采用电动磨活机,节省了大量的人力,但异形产品仍需要使用手工磨活。

第五,即最后一道工序——电镀。

3. 锤胎珐琅和錾胎珐琅

锤胎珐琅是金属胎珐琅工艺中的一种。在金属锤胎珐琅中,有部分作品刻意追求立体的宝石镶嵌效果(图 8-26)。制作方法是以金属锤揲(錾花)加工技法对金属胎进行加工处理,从而起线出图案纹样,在其纹样的凸出部分留出平底点施各种颜色的珐琅釉料,花纹的凹下部分不填施釉料而代之以镀金装饰,用金色来衬托点施珐琅的花纹。同时,镶嵌绿色松石、红色珊瑚等各种宝石。

錾胎珐琅就是将金属錾刻技法运用于具体的制作过程中。金属錾刻技法是我国古代一种传统的金属器加工方法,早在商周时期,当时的工匠们就将这一技艺广泛地运用到青铜器的装饰上,并制作出了图案精美的青铜工艺品。錾胎珐琅的工艺制作过程是:在金属胎的表面,按照图案设计要求描绘纹样轮廓线,然后运用金属錾刻技法,在纹样轮廓线以外的空白处进行雕錾减地,从而使得纹样轮廓线起凸,再在其下凹处填施各种颜色的珐琅釉料,经焙烧、磨光、镀金等加工过程后,方可成器。其表面能给人一种似宝石镶嵌的感觉。

三、珐琅工艺的现代发展

透过一些首饰作品可以看出,传统珐琅首饰虽然在装饰表现形式上多种多样,但其装饰效果主要追求珐琅的玻璃质感和其绚烂的色彩,这一局限性在现代前沿的艺术首饰设计中已经被扩展,不断突破传统的现代艺术首饰艺术家已经不再单纯将珐琅当作一种色彩装饰材料。新工艺手法使珐琅饰品在肌理色彩、质感等装饰表现形式上更加大胆、新奇,不受固有模式的限制,许多作品更强调主题或艺术家思想的表达。

图8-26 清代金胎绿珐琅嵌宝石盖罐

现代艺术首饰中珐琅新的装饰表现形式更加多元化,珐琅材质的特性使其在首饰中的装饰表现形式有更广阔的拓展空间,主要体现在肌理、色彩和质感上。

1. 肌理上的装饰表现形式

传统珐琅首饰通常追求光滑的表面光泽,或在金属胎体上制作肌理,透过透明或半透明的珐琅隐约可见产生通透的装饰效果。而在现代艺术首饰中珐琅用于肌理上的装饰则有了新的发展。美国首饰艺术家 Johan Van Aswegen 做的胸针是用沙滩的沙子和透明无色珐琅结合烧制的方式改变了珐琅固有的肌理效果。珐琅在此成为凝固沙子的结合剂,沙子的粗糙肌理效果使这件作品突显出材质的独特美感。这样的肌理效果在现代艺术首饰中较常见,艺术家大胆尝试珐琅与多种材料相结合,通过掌控烧制温度来达到特殊的肌理,如常见的砂糖肌理、橘皮肌理(珐琅釉料未完全熔融)等,使很多作品具有较强的触感,肌理装饰效果让人耳目一新。

2. 色彩上的装饰表现形式

一直以来绚丽的色彩是珐琅饰品的特色之一,今天珐琅的色彩已十分丰富,现代技术使珐琅拥有像水彩颜料一样的特性,因此,对于一些珐琅艺术家而言是一种"火烧的绘画",画珐琅的色彩效果能与架上绘画相媲美(图 8-27)。现代首饰艺术家已不仅仅沉醉于色彩所带来的感官享受,而是力求在深刻表达作品思想主题的基础上去发掘新的色彩表现形式。首饰艺术家 Jan Smith 用在铜上錾刻珐琅的方法,在凹陷处烧制一块鲜红色珐琅使之与铜的古旧色调形成和谐的对比,取得视觉上的美感和舒适。一些艺术家用印花釉法将珐琅的色彩绘制成图案,多为人物或动植物,创作了一系列的饰品。这种方法类似于丝网印技

图 8-27　画珐琅手镯

术,黑白或单色的层次犹如电影胶片,如美国首饰艺术家 Kathleen Browne 的胸针。在许多现代艺术首饰中都能找到珐琅新的材质的影子,许多艺术家看重珐琅色彩的丰富多变,并将其作为一种作画方式运用到自己的创作中。

3. 质感上的装饰表现形式

在质感的表现上,一些艺术家也进行了大胆的尝试,作品打破了传统珐琅的印象甚至让人产生错觉(图 8-28)。为什么珐琅料一定要圈在金属的固定位置流动凝结成光润的样子呢?美国女艺术家 Jean Vormelker 喜欢用银泥制成的胎体与珐琅随意地结合。这种方式有趣而富有新意。看似自由简单的形状和珐琅的结合所表现出来的质感与传统意义上珐琅留给人的印象大不相同,这些半透明的珐琅为银质胎体罩上一层果酱般的外衣,隐约可见银质胎体上的色泽和手捏的肌理。还有一些艺术家喜好用珐琅仿制其他材料的质感,如德国首饰艺术家 Winfried Krueger 的作品会让人误以为是纸做的,但当你真正触摸它的时

候才发现这是金属与白色珐琅的完美结合。如此烧制出来的作品既符合了作者所要表达的形式,又利于作品的成形与长期保存。

图 8-28　瑞金国际"未来"珐琅首饰

　　现代珐琅艺术首饰必须用新的观念、新的表现手法来创造艺术形象,以求达到新的艺术效果。透过现代首饰艺术家的作品,我们认识到珐琅在现代艺术首饰中的新发展,珐琅技术的成熟完善不会让其止步不前,相反的,更富有想象力的创新会为这一古老的工艺注入新的血液,珐琅工艺一定能焕发出更加夺目的光彩。

　　如果要制作的是透明或彩色珐琅制品,选用的金属需要在高温下表面特性不发生改变,且该金属也不能在高温下和原料接触中产生任何化学反应。以银为例,产生黄色的铅,在高温下和银作用后会变为橘色,甚至是橄榄色。

第六节　嵌错工艺

　　嵌错工艺是我国古代的一种传统金属工艺,也称"金银错""错金银",嵌错工艺是镶嵌工艺的一种形式。错,在《说文解字》中解释为:金涂也,从金昔声。嵌错工艺的制作是先作母范预刻凹槽,然后錾槽并加工錾凿精细的纹饰,再将金、银或其他金属丝、片镶嵌到青铜器的表面,最后用错(厝)石磨错,使金丝或金片与铜器表面自然平滑。用于漆器装饰的金银平脱工艺也是错金银工艺的一种特殊形式。金银错技术被广泛应用于容器、兵器、车马器以及镜、符节、杖首、器座等器物中。

一、嵌错工艺的历史

据目前掌握的资料,金银错是春秋中晚期兴盛起来的,尤盛于战国时期,特别是在中期、晚期有了长足的发展。它是我国古代科学技术发展到一定阶段的产物,此一出现,很快就受到了人们的普遍欢迎。战国时期,这一工艺已十分成熟,在闻名中外的"吴王夫差矛""曾侯乙编钟"等珍贵文物上,至今仍可见到许多金光闪闪、清晰完整的错金铭文。

战国两汉时期,金银错青铜器大量出现(图8-29),在人们生活的各个领域中广泛流行,考古发现战国时期、汉代的金银错青铜器数量成百上千。战国时期的"错金错银"工艺制作复杂,材质昂贵,因壶、鼎等礼器类的整体铸造工艺追求薄而均匀,所以错金铸槽工艺的难度也显得非常大。一般我们现在所见到的错金,以带钩、兵器、车器、符节、兽形镇、铜镜、杖首、器座等较小而壁面较厚点的器物为多。

图8-29 战国错金青铜㽅

到汉代,这种技艺已经成为中国传统金银工艺的主流,并且达到了相当高的水准。两汉关于错金银工艺的记载亦不乏见。《汉书·食货志》中有:"错金,以黄金错其纹。"张衡《四愁诗》:"美人赠我金错刀,何以报之英琼瑶"。《盐铁论·散不足篇》记载:"今富者银口黄耳,金罍玉钟。中者野王纻器金错蜀杯。"但是,"夕阳无限好,只是近黄昏"。对中国青铜时代来说,嵌错工艺只不过是一抹

239

绚丽的晚霞。东汉以后,这种工艺逐渐衰落。

从唐代开始,中国古代金银器的制作技艺进入到了一个崭新的阶段,嵌错工艺虽然还在使用,例如唐代流行的螺钿工艺就是嵌错工艺的发展变化,但不再是主体,真正意义上的金银器皿成为时代的主角。

到清代,嵌错工艺已很少见,各种金属表面工艺已经相当精细和成熟,嵌错工艺也发生了变化:从金银错工艺发展成金银错嵌宝石工艺。金银错嵌宝石工艺是与金镶玉工艺截然相反的一种工艺,也叫作"嵌丝工艺",是以玉为载体,将金银镶嵌在玉的外表,形成一定的纹饰图案(图8-30)。金银错嵌宝石工艺制作难度极大,工艺要求极精,图案线条要流畅、粗细一致、开槽准确,否则金丝无法嵌入。因为金银错工艺的金银丝全部是打、压嵌入玉器表面,不能用任何粘贴剂,而且既要图案线条流畅,又要开槽精度准确,镶嵌平整,对丝无痕,加工制作的难度可想而知,一道工序有误,都不可能完成。所以,一件精美的薄胎金银错嵌宝石玉器是很难制作成功的,制作者需具有玉器加工、金银镶嵌两种高超技艺方能完成,所以在浩瀚的玉器产品中很难见到几件金银错玉器。

图8-30　清白玉错金嵌宝石碗

二、嵌错工艺的制作

大量资料证实,战国以前已有用于铸制金银错青铜器的范模,而且还有已铸制或錾刻好可用于镶嵌金银纹饰的线槽的青铜器,更有已制作好错金丝的铜器,这些都证实了我国在战国时期以前已有金银错工艺(图8-31)。据推测,古代传统的金银错工艺在战国时期以前采用的是"嵌错法",镶嵌用的金银有丝也有片,战国晚期至西汉,随着鎏金银技术的出现,开始采用鎏金银的"鎏制法"镶嵌金银纹饰,到西汉的中晚期更加普遍,不管大件、小件的器物都采用这一方法。"鎏制法"的运用,使铜器上镶嵌出来的纹饰图案更为精美,装饰效果更为强烈,从而标志着我国古代错金银工艺进入到一个鼎盛的时期。

图8-31　战国时期错金嵌松石银钮青铜带钩

我国古代在青铜器上做金银图案纹饰的方法,目前已发现的主要有两种。

1. 镶嵌法

目前已发现的金银错青铜器,有些是采用镶嵌的装饰方法,又叫"镂金装饰法",即嵌错法。1973年,我国著名学者史树青在《文物》期刊上发表了一篇《我国古代的金错工艺》,主要就是谈这种方法。其制作分4个步骤:第一步是制作母范预刻凹槽,以便器铸成后,在凹槽内嵌金银;第二步是錾槽,"铜器铸成后,凹槽还需要加工錾凿,精细的纹饰,需在器表用墨笔绘成纹样,然后根据纹样,錾刻浅槽,这在古代叫刻镂,也叫镂金";第三步是镶嵌;第四步是磨错,"金丝或金片镶嵌完毕,铜器的表面并不平整,必须用错(厝)石磨错,使金丝或金片与铜器表面自然平滑,达到严丝合缝的地步"。

2. 涂画法

涂画法是汉代金银错的主要装饰手法,这从汉人对"错"字的解释"错,金涂也",就可以看出来。根据文献记载和出土实物,"金涂法"主要工序如下。

1)制造"金汞齐"

"金汞齐"的制造是一个化学过程,即是把黄金碎片放在坩埚内,加温至400℃以上,然后再加入为黄金7倍的汞,使其溶解成液体,制成"泥金"。

2)金涂

金涂是指用泥金在青铜器上涂饰各种错综复杂的图案纹饰,或者涂在预铸的凹槽之内。

3) 金烤

用无烟炭火温烤,使汞蒸发,黄金图案纹饰就固定于青铜器表面。这种方法,今天有人称为"鎏金",但古代叫"金错"。"金涂法",就是"错彩",古代画彩也叫"错彩",错彩和镂金是两码事。如果把金器都涂上金,而没有错彩,没有任何花纹图案,是素面,就不能叫"金错"。

在现存的战国、秦汉时期金银错铜器中,多数是用"金涂法"制成的。我们发现,许多被考古和文物专家称颂的精美金银错青铜器中,在金银错纹饰脱落处,没有任何凹痕,一眼就可以看出,其金银错纹饰不是嵌上去的,而是涂上去的。如1987年河北省平山县中山王墓出土的金银错虎吞鹿器座(图8-32),是举世公认的金银错代表作品,但细心的人一定会发现,这件器物虎尾上的金错纹饰脱落了一小块,但脱落处并没有丝毫凹痕,明显不是嵌的,而是涂的。河南洛阳金村战国墓出土的错金银狩猎纹铜镜(图8-33),也是公认的金银错精品,但仔细观察错金脱落处,也无任何凹痕,一看便知是用的"金涂法"。又如现存美国沙可乐美术馆的鸟纹壶,是一件公认的金银错精品,但其金银错脱落的地方,也没有任何凹痕,一看便知是"金涂法"的产品。这样的例子还有很多,不胜枚举。

图 8-32　金银错虎吞鹿器座

三、嵌错工艺的纹饰

嵌错工艺制作器物的纹饰不仅华丽高雅,而且不易脱落。器物表面粗细不同的金银丝(片)镶出变化无穷的花纹,即使经过了千年的埋藏,青铜器已经变成黑色,但是上面的错金银,却依旧闪烁着毫不褪色的光芒。我国古代金银错的装饰题材和内容,主要有下面几种。

1. 铭文

青铜器上的铭文出现在商代,最先采用铸造法,战国、秦汉时期多是刻的或錾的,但无论采用哪种方法,铭文与铜器颜色一致,经常有人对铭文视而不见。错金银工艺兴起后,人们在铜器上用黄金错成铭文(图 8-34),铭文煜煜生辉,显而易见。现代出土的青铜器经过地下千年埋藏,其表面已经变成深颜色的"绿漆古"或"黑漆古",而金银错铭文,则数千年光辉不减。

自公元前 6 世纪金错铭文开始之后,风行了近 1 000 年,高峰期是春秋后期至汉代。金银错是一种装饰工艺,为了追求装饰美,铭文发生了变化,铭文的位置,从器内移于器表,并刻意进行修饰。

图 8-33 战国时期错金银狩猎纹铜镜

图 8-34 错金铭文

2. 几何纹图案

金银错青铜器多用几何纹装饰,尤其以几何云纹最多。金银错几何云纹的主要特点是,既有几何图案所固有的严谨骨法,又在规则中求变化。如多使用细而匀称的云纹涡线,旋转的细涡线之间,用较宽的面来连接,这种纹饰富有节奏感和律动美,显得格外清新与活泼。几何图案的创新,是战国、秦汉时期金银错工艺一个突出的艺术成就。此外,金银错几何图案还有菱纹、三角纹、雷纹、勾连纹等,但都不是主要纹饰。

3. 动物纹

动物纹包括狩猎纹,以及各种动物造型青铜器上的眼、眉、鼻、嘴、爪、毛、羽的描画等(图 8-35)。

嵌错工艺中所嵌的材料主要有金、银、红铜、宝石、绿松石等。其中金、银是最主要的,其他都是经过后世发展演变增加的材料。嵌错工艺可以说是现代镶嵌工艺的鼻祖,正是嵌错工艺的发展,才使得镶嵌工艺有了产生的基础。同样,现代嵌错工艺的衰落也是现代镶嵌工艺极大发展的结果。

对于古代嵌错工艺,现代还没有系统的、科学的论述(即使制作方式还存在很大的争议),更没有完整的嵌错工艺著作,而且大部分出土资料都进入了紧锁密库中,不见天日,对这种工艺的发展实在是一件遗憾的事。

图 8-35　六朝铜错金蟠龙镇纸

但历史上各个朝代对嵌错工艺也有不同的理解,从唐代的螺钿工艺、清代的金银错嵌宝石工艺到贯穿到现代的镶嵌工艺都是嵌错工艺的发展。从这个意义上来讲,嵌错工艺已经盆满钵盈,可以功成身退了。但在现代首饰设计中,嵌错工艺对我们还是有一定启示意义的,特别是在寻求独特个性、狂野奔放风格的首饰设计中。

第七节　点翠工艺

点翠工艺是传统的贵金属制作工艺,是首饰制作中的一个辅助工种,起着点缀美化金银首饰的作用。点翠工艺是金属工艺和羽毛工艺的完美结合,它和鎏金、珐琅一样,是中国的国宝之一。用点翠工艺制作出的首饰,光泽感好,色彩艳丽,而且永不褪色(图 8-36)。

翠,就是翠鸟的羽毛。翠鸟,又叫翡翠,它全身呈翠蓝色,腹面呈棕色。翠鸟

图 8-36 明万历孝端皇后凤冠

的翠羽由于折光缘故,翠色欲滴、闪闪发光,翠鸟因此得名,也正因这绮丽夺目的羽毛美名远播。翠羽根据部位和工艺的不同,可以呈现出蕉月色、湖蓝色、深藏青色等不同色彩,加之鸟羽的幻彩光,使整件作品富于变化,生动活泼。点翠的羽毛以翠蓝色和雪青色的翠鸟羽毛为上品。由于翠鸟的羽毛光泽感好,色彩艳丽,再配上金边,做成的首饰佩戴起来可以产生更加富丽堂皇的装饰效果。自古的帝王服装、皇后的凤冠,就采用翠鸟羽毛作为装饰。过去,云南等地每年都要向宫廷朝贡翠鸟皮 200 对,用以制作各种头饰、风景挂屏、盆景的花叶等点缀之物。

关于翠羽的获取,《珠翠光华:中国首饰图史》一书记载:用小剪子剪下活翠鸟脖子周围的羽毛,轻轻地用镊子把羽毛排列在涂上粘料的底托上。翠鸟羽毛以翠蓝色、雪青色为上品,颜色鲜亮,永不褪色。还有人认为,翠羽必须从活的翠鸟身上拔取,才可保证颜色之鲜艳华丽。

点翠工艺分为软翠和硬翠,是根据点翠工艺所使用的翠鸟羽毛而划分的。

1. 硬翠

点翠采用的翠鸟羽是比较大的羽毛,叫硬翠,翠鸟左右翅膀上各有10根(行话称"大条"),尾部羽毛有8根(行话称"尾条"),所以一只翠鸟身上一般只采用大约28根羽毛。

2. 软翠

点翠工艺使用的是翠鸟比较细小的羽毛制作出来的点翠首饰,叫软翠。

点翠首饰在汉代已有,这项工艺在我国流传久远,其工艺水平不断提高,发展到清代乾隆时期达到了顶峰。点翠工艺的制作极为繁杂,制作时先将金银片按花形制作成一个底托,再用金丝沿着图案花形的边缘焊个槽,在中间部分涂上适量的胶水,将翠鸟的羽毛按要求剪裁好,巧妙地粘贴在金银制成的金属底托上,要求贴得平整均匀、不露底子,形成吉祥精美的图案。这些图案上一般还会镶嵌珍珠、翡翠等宝玉石,越发显得典雅而高贵。在古代复杂精美的首饰中,点翠很少单独出现,常常是嵌宝点翠鎏金掐丝搭配使用,经常还会镶嵌珍珠、翡翠、红珊瑚、玛瑙等宝玉石,显得典雅而高贵(图8-37)。但由于点翠首饰难以保存,存世的完整点翠首饰很少。

图8-37 清代银镀金嵌珠宝五凤钿尾

这款清代的金镶珠石点翠簪(图8-38),长24cm,最宽7.5cm。簪为金质。簪体镂空垒丝,一端呈长针状,另一端作精心的装饰:錾刻加垒丝5朵灵芝,构成1朵梅花形,每朵灵芝嵌1块红色碧玺。梅花形的中心部位为垒丝篆书"寿"字,寿字中间嵌东珠1粒,松枝及竹叶点缀于寿字周围。灵芝、寿字、松竹上均有点翠,造型生动,垒丝工艺细腻,纹饰寓意吉祥。

图 8-38　金镶珠石点翠簪

　　清朝末期，国库困窘，国力日衰，人们生活受到影响。为了节省开支，首饰制作材料由昔日的纯金变成镀金、包金，珠宝大花变成了绒花、绢花，甚至纸花、通草花，就连羽毛点翠的头花，都用茜草染色代替了。

　　翠鸟毛光泽好、颜色鲜亮，再配上金光闪闪的凸边，衬托古代仕女乌黑如云的秀发，犹如幽幽湖水上点点灵动的浮光魅影。然而翠鸟娇小，羽毛柔细，即使制一朵精巧的头花却要牺牲许多美丽的小生灵，因此后世出现了多种仿点翠的饰品。

　　清末政府以"保护鸟类"的名义用其他形式取代了点翠工艺。在当今人们注重保护鸟类的文明社会里，为保护翠鸟更是不准采用此种制作工艺，只有工厂偶尔以颜色相近的绸子为材料代替点翠，做一点戏台上用的头饰，因为没有天然羽毛呈现的光泽，效果差很多。因此，以翠鸟羽毛作为原料的点翠工艺将成为绝品。

　　由于其制作工艺复杂，成品非常难以保存以及所用的翠鸟羽毛稀有罕见，再加上环保等时代需求导致这项传统工艺几乎失传。现在市面上所见的点翠工艺饰品绝大多数都是清代流传下来的精品，现代的点翠首饰几乎没有。

　　点翠工艺最大的特色就是翠鸟的羽毛，现在没有了"羽毛"的寄托，只能作为一种艺术形式留存在我们的记忆中，而它的制作形式，已经在珐琅工艺中被演绎得淋漓尽致。

　　仿点翠首饰一般是孔雀羽首饰，基本都是戏装，容易分辨，羽枝粗软，胎体轻薄，整体做工较差。孔雀羽的防水性远不如翠羽，遇湿气就会起翘脱落。还有一种点翠仿品是民国时期常见的蓝色进口粗纹纸,这种纸较厚,有一定的防水性,可作为翠羽的替代品。再有就是蓝色的颜料,这几种在市场还能见到。虽然这些仿制品不能与珍贵翠羽制成的点翠首饰媲美,但却从另一方面表现出人们对点翠饰品的喜爱。

第八节 其他传统金属工艺

一、金银平脱工艺

金银平脱工艺是唐代制作金银器的一种工艺。这种工艺通常是把很薄的金银箔加工成一定的纹样,粘贴到镜面上,然后髹上多层漆,最后进行打磨,直到金银箔纹样与漆面齐平。

所谓金银平脱,近代学者陆树勋在《平脱螺钿漆器》中解释为:剪金银薄片为种种花鸟等画片,贴于糙漆之上,然后敷涂以漆,再磨出其金银花,平者,与漆面齐平;脱者,其花自漆中脱露也。由此可知,金银平脱工艺是由流行于汉代的金银箔贴花髹饰工艺发展而来的(图8-39)。

图8-39 唐金银平托四鸾衔绶纹金银平脱镜

现代漆艺泰斗沈福文先生对金银平脱制法的解释更为具体,认为"金银平脱装饰之法,就是将金银薄片剪刻成各种人物、花卉、鸟兽等纹样,在髹涂打磨光滑的漆胎上面用胶漆粘贴牢固,干燥后,在漆器表面通体髹涂漆二三层,再研磨出金银纹样,这样纹样与漆面就达到同样平度,然后推光则成精美的平脱漆器。金银花纹在面宽的地方还可以雕刻细密纹样,但不能刻铸而露出底漆,即毛雕。"

金银平脱是唐代漆工艺品中最瑰丽、最多姿、风靡一时的奢侈品,它是唐代金工与漆工相互渗透的边缘品种,两门工艺在技艺上相互交融、相互拓展,使作品日臻完美。金银平脱工艺要点是先将金银饰片用胶漆平粘到素地上,空白处填漆,后全面髹漆数重,并晾干细磨至金银纹与漆面平齐而又得以脱露于漆面中。这种装饰法,精细费工,材料昂贵,但金银宝光与漆色的光泽相互辉映极为华丽,是十分贵重的漆器。

金银平脱工艺制作的纹饰精美绝伦,其线条流畅,刻画细致,疏密得当,繁而不乱。因此,可以说唐代是金银平脱工艺的兴盛时期,也是金银平脱工艺的成熟期。金银平脱铜镜在唐代即被视为绝等之作,是贵重的奢侈品,现在更是弥足珍贵的文物精品。金银本身是贵金属,再经过工艺加工,塑造出各种纹样贴于漆面,更显出主人地位的尊贵。目前,保存下来比较完整的金银平脱镜,国内外收藏不到50枚(图8-40)。

图8-40　波士顿艺术博物馆藏金银平脱镜

唐代嵌螺钿漆器在工艺手法上与金银平脱相似,它是用蚌壳片切割裁剪出各类物象,再在物象上施毛雕,然后组拼成图幅,粘合在漆器的灰漆底上,又经打磨,漆面上露出螺钿装饰。如果说金银平脱饰以金花银叶,是充满铺张、绚烂之极的高贵漆器,那么嵌螺钿则显得俊逸端庄,有时加以宝饰亦能七彩光耀,充满诱惑。

除了博物馆,现在已很少见金银平脱工艺的踪迹。金银平脱工艺既然可以在嵌螺钿工艺上发展,在现在的首饰设计上就一定能有它的立足之地。比如在现代首饰的局部使用金银平脱工艺,只要发挥主观能动性,就一定能设计出具有传统特色的现代首饰。

二、镂雕工艺

镂雕工艺亦称"镂花""镂空"或"透雕",是按设计好的花纹,将金属胎镂刻成浮雕状,或将花纹外的空间镂通雕透,是金属和瓷器制作中常见的装饰技法。金属镂雕工艺,主要以金、银、铜、锡等金属为材料,采取镂、刻、雕、压、切等工艺手段,进行加工造型。

1. 金属镂刻

金属镂刻起源较早,约产生于商周与春秋战国时的青铜器鼎盛时期。最早运用在铸剑装饰上,20世纪80年代出土的"吴王矛",剑柄上镂刻着花纹和"吴王矛"的铭文,就是早期金属镂刻工艺。秦汉时期,金属镂刻主要表现在日常生活所用的品壶、炉、灯、镜、洗、奁等金属器具上,也雕刻着鸟、兽、鱼、虫及云纹图案,以增加美观。如汉代的铜奔马、铜灯、铜炉等,均通过镂刻花纹图案来作为装饰。唐宋时期,金属镂刻成为广受欢迎的行业,达官贵人用的香薰、手炉等,要求精巧雅致、富有情趣;豪门贵妇的金银首饰,要求精美独特、华丽绝伦;镇宅用的铜狮、铜鹤、大象等,要求威严逼真、生动自然。这些均由金属镂刻制作。至此,镂刻已成为金属器具的独特装饰工艺。金属器具一经镂刻,就成为高尚的工艺品,身价倍增,受人欢迎。明清时期,金属镂刻达到高峰,佳作屡见不鲜(图8-41),如北京故宫内的熏炉、对鹤等,其中,制作工艺水准最高的是苏州。

图8-41 金托盖白玉藏文碗

清末民国初期,金属镂刻作品的社会需求量日益减少,加之制作时劳动强度大,从业者日渐减少,到20世纪四五十年代,金属镂刻几乎后继无人。

2. 金属浮雕

古代以浮雕为装饰的金属器物,不仅是工艺品,更是实用品。浮雕所装饰的青铜器,体现了直接的实用意义。商、周铜器上附设的高浮雕和镂空雕把手,便于使用,方便搬运;汉代铜扣镂空的浮雕,可增添服饰的质感对比,同时减轻铜饰物的质量;唐代金银食器,用双层金属片制成,浮雕处理成内片浅纹、外片深纹的形式,既实用(保温、隔热),外片的浮雕图案又体现了当时的装饰手法。唐代铜镜浮雕制作是一个高峰,铜镜中布满了各种珍禽、异兽、仙花与瑞草,为的是表达对吉祥、富贵及长生不老的渴求(图8-42)。汉代北方游牧民族铜饰浮雕常择取马、牛、蛇、虎等图形,流露出人们征服自然的愿望,所以无论是直接的还是间接的实用意义,都使传统金属浮雕处于既是实用品又是艺术品的位置。

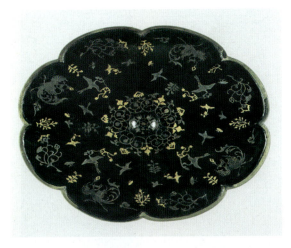

图8-42 唐代金银平脱花鸟葵花镜

浮雕作为金属器物说明中国早期的金属浮雕是实用功能与审美表现的统一体,是从实用艺术向审美艺术过渡的一个重要环节。

金属浮雕的成型方法以青铜铸造法和金银錾刻法为最,前者利用了金属的可熔性,后者利用了金属的延展性。

三、焊缀工艺

汉代金制品制作工艺最重要的成就是创新金粒焊缀工艺(图8-43),将细如粟米的小金粒和金丝焊在器物之上组成纹饰。汉魏时曾一度盛行的焊缀金珠工艺,附缀的用以表现水波纹或云气纹的金珠,细如筐子,颗粒滚圆,大小一致,非常均匀,连贯而成的线条挺拔流畅、干净利落。

河北省定县八角廊40号西汉墓出土的麟趾金,在器壁上部焊有用小金粒组成的连珠纹带。江苏省邗江甘泉2号东汉墓出土的金胜上之重环纹是用细如筐子的小金粒焊成的。同出的一件龙形饰物,在豆粒大小的龙头上竟能以细小的金粒、金丝构成眼、鼻、牙、角、须等,形象逼真,粒粒可辨。

宋代之后就很少有焊缀工艺的作品,运用比较多的是锤揲、錾刻、镂雕、铸

图 8-43 唐代焊缀仕女

造、焊接等技法。

现在仍在应用的金珠粒工艺就是汉代焊缀工艺的一种转变形式。这种工艺以点的形式构成线、面、纹饰等。虽然工艺过程很复杂,但却具有较高的装饰效果。

金属珠焊缀工艺常和掐丝同时使用。金属珠的制法是把金属片剪成丝,切成段,加热后熔聚成粒,颗粒较小时,自然浑圆。掐丝与金属珠焊缀结合的作品,广泛运用于首饰和装饰类器物上。掐丝、金属珠常用焊接的方法依附在器物表面,故焊接成为必不可少的手段。

焊缀工艺不经焊料焊接,是通过熔融的方法把金珠颗粒熔接到金属片的表面,许多的金珠粒可以组成线、图案,甚至浮雕。有时随便撒的珠粒也能成为一种造型。相对于用焊料焊接,熔融焊接金珠粒的特点就是它们只有一个点与金属表面相连,干净利落。

四、金箔工艺

金箔是我国特有的传统工艺品,历史悠久,是中华民族民间传统工艺的瑰宝。《辞海》这样解释"金箔":用金锤成的薄片,常用以贴饰佛像和器皿。四川三星堆、金沙遗址出土了许多金箔饰物(图 8-44),河南安阳殷墟也有金箔出土,而且殷墟出土的金箔厚度仅在 0.01mm 左右。古人选择黄金作为金箔工艺的材料,是因为黄金性质稳定,不变色,抗氧化、防潮湿、耐腐蚀、防变霉、防虫咬、防辐射。用黄金制作的金箔有广泛的用途。

图 8-44 三星堆遗址出土的金面具

金箔工艺有很多密不示人的绝技,这种工艺从产生到现在,大多数人还是无法想象黄金是如何变成薄如蝉翼的金箔。古法制作金箔是先将金提纯,再经过千锤百炼的敲打,成为面积 2.5cm² 的金叶,然后夹在煤油熏炼成的乌金纸里,再经过 6~8 小时的手工捶打,使金叶成箔,面积相当于金叶的 40 倍左右,再裁剪成方形。纸的发明,使古老的金箔得到了进一步的深化,从厚度为 0.2mm 的金片,发展到今天的 0.12μm 的金箔。古老的金箔只能借助于模型锤拓出饰品,而现代金箔则可以不受工艺条件的限制,贴于所需的物体表面,用途极为广泛。

上成的金箔大都色泽金黄,光亮柔软,轻如鸿毛,薄如蝉翼,厚度不足 0.12μm。标准的金箔应该是厚薄均匀,边角整齐,无破裂和明显的砂眼。金箔有"红金""黄金"之别,晚清以来,又有"库金箔""苏大赤""田赤金"诸多称谓。"库金箔"颜色发红,金的成色最好,张子也最大,约 3 寸(1 寸=3.33cm)见方。

"苏大赤"颜色正黄,成色较差,张子约二寸八分见方。颜色浅而发白的叫"田赤金",颜色如金而实际上是用银来熏成的叫"选金箔"。

过去有人认为金箔工艺起源于东晋,成熟于南北朝。现存于国家博物馆的马头鹿角形金步摇(图8-45)和牛头鹿角形金步摇就是很好的例证,流行于宋、齐、梁、陈各朝。近年来考古证实这种分析有误,我国利用金箔已有4 000年历史了,如四川三星堆、金沙遗址出土的金箔饰物和河南安阳殷墟出土的金箔,其时代远早于东晋。现在的金箔制作,已融入了现代科技,使用的辅材(如乌金纸)和设备都已大大革新,产量和质量均大幅提高。现代科技将传统金箔工艺发扬光大,开发了新的金箔品种,如采用高科技激光浅雕的手法在纯度99%的金箔上雕刻、烫金而成的工艺精品,具有保值、收藏、纪念及鉴赏价值。

《天工开物》中记载了古人制作金箔的过程:"凡色至于金,为人间华美贵重,故人工成箔而后施之。"将金块熔

图8-45 南北朝马头鹿角形金步摇

化,浇入铸铁模内,成长条形金锭切成小块,用锤在拍叶砧上锻打,变硬再烧至800℃退火,拍打至0.01mm厚裁为小片,分层夹入乌金纸内,再经过反复锤打之后,将金箔用竹棒挑逐张移入大乌金纸中,用双层牛皮纸裹妥贴牢,在石捻子上两人锤打,对击打部位、方法、用力的大小均有严格的规定。一件金箔将经过人工三万多次的锤打,使每张金箔厚度成为0.12μm方能完成,最后将打好的金箔置于绷紧的猫皮上,以竹刀切割成规定的尺寸,再用羽毛将金箔移入毛边纸内包装成品。

现在金箔工艺的制作更多地利用了现代化设备,省时省力,具体过程是:①先将99.99%的黄金配成各种金箔用料;②将配成的黄金用高温熔化成金水,倒入铁槽冷却成金条,把金条用机械压成一定厚度,再用锤制成薄如纸张的叶子;③将金叶子分成小方金叶子,再将小方金叶子装在11cm方正的乌金纸内,把乌金包好,用打箔机锤打,锤打后再把乌金纸内的金叶子用鹅毛挑到20cm方

正的乌金纸内；④用电炉恒温一定程度，继续放入打箔机旋转锤打，达到更薄更细的程度，然后用鹅毛挑入出具纸，再用竹刀切成所需规格形状的金箔。

五、贴金工艺

贴金工艺是一种传统、特殊的工艺，在现代包金工艺还没有诞生时，贴金与包金是同一意思，它是将很薄的金箔包贴在器物外表，起保护、装饰作用。贴金工艺，就是将锤揲出的金片、金箔，根据需要裁剪出各种形状，贴于器物上的装饰性工艺。贴金需要粘结剂，日久或器物母体腐烂后贴金容易脱落。俗语所说的"往菩萨脸上贴金"来源于我国寺庙中神像的装饰（图8-46）。金光闪闪的神像是用极薄的金箔粘贴而成的。

图8-46　为佛像贴金

由于有了现代包金工艺，贴金工艺成了一项独特的工艺。传统的贴金工艺，是先将成色很高的黄金，打造成极薄的金箔片（厚度为$0.12\mu m$），此时金箔具有很强的附着性，对一些光滑的材料有着很好的互吸性。过去除了首饰制作需要贴金外，大量的贴金用于佛像、招牌、建筑物和工艺品等。贴金对一些不能用镀金和包金技术进行加工的产品，具有很高的应用价值。在国外，不少大型装饰物和一些非金属物品的外表处理，都用贴金工艺来进行加工。

贴金工艺是中华民族民间传统工艺的瑰宝，最早出现在5 000多年前的新石器时代，考古学家在四川省广汉县三星堆遗址出土文物中，发现并确认其中青铜器用黄金薄片贴饰，可见我们的祖先在5 000多年前已有珍惜黄金的意识并掌握了贴饰黄金薄片的技术。到了3 000多年前的商代，我国贴金技术日臻成熟,且广泛用于皇宫贵族或佛像寺庙的贴饰,以表现其富丽堂皇或尊贵与庄重。南京是金箔的故乡,自从有了金箔,贴金技艺便应运而生。

自古以来,金箔的配方和贴金的绝技是秘而不宣的,所以人们无法想像如何将黄金打造成薄如蝉翼的金箔,又如何将薄如蝉翼的金箔贴饰在各种物体上。

如今在装饰设计中,贴金装饰方兴未艾,广受设计师们的青睐和关注。经过多年的不断探索与新技术研发,现代贴金工艺既传承了古代贴金技艺的精髓,又结合了现代高科技手段,使古老的贴金工艺更全面、更合理、更完善,也更现代化。

贴金专用材料主要有金、银、铜、铝箔,传统贴金装饰技法是将金箔用竹钳子夹起,贴在有黏性的底子上,一般贴于织物、皮革、纸张、各种器物以及建筑物表面作装饰用。贴金的底子,用鱼鳔胶水遍刷一层,这是唐宋的古法;用构树津液,是关中一带的方法。豆浆黏液、大蒜液、冰糖水都可用。一般在布上用大蒜液,在壁上和木板上用"金胶油",在线条上用"沥粉"。

六、包金工艺

包金工艺是在铜、银、铝、锌、铅或其他合金材料表面,裹上一层非常薄的金箔,像包装纸一样将内在物质包起来,起到装饰的作用。由于包金比镀金厚,外表与黄金首饰很相似。包金所用的材料通常为足金(24K)或22K黄金。包金饰品外观于真金饰品并无二致,只有质量上的区别(图8-47)。包金层很厚的饰品,几十年也磨不透,丝毫不露内芯,它的使用寿命远比镀金首饰长。不过这类饰品目前很少见到,因为它的用金量较大,制作也很复杂。

图8-47 清代包金手镯

包金工艺与贴金工艺相似,即事先把黄金锤揲成金箔,然后再根据所要装饰的器物或器物的某个部位,进行剪裁,有的还压印有花纹。最后将剪裁好的金箔包贴于器物之上。与贴金工艺不同的是,包金工艺无需粘结剂。

包金首饰的优劣依赖于包金工艺的成败,美国一般在包金首饰上打有"KF"的标记。包金有时易与K金、纯金相混,但其质量较轻,容易将二者区分开。包金与镀金有相似的特点,但镀金的金厚度很小,棱角处易被磨掉而露出"本色",包金则不会。倘若包金材料采用10K以下的黄金,或者包金质量不到整个首饰质量的1/20,是不得用"包金"这一名称的。必须注意的是,现在市场上流行的所谓"意大利包金"饰品其实是镀金饰品,与传统的包金厚度有很大的差别。

包金首饰的工艺要求较高,不同国家对包金首饰的要求不一样。我国规定包金首饰的包金层厚度不得小于 $0.5\mu m$,含金量不得低于58.5%。包金首饰的标记为"RGP"或"LnAu",如"L10Au"的字样表示包金层的厚度为 $10\mu m$。有时还将包金层的含金量也打印上,如"14KL10Au"表示包金层的含金量为14K。

第九章 现代金属工艺

第一节 镶嵌工艺

人们通常以为镶嵌仅仅是指宝石镶嵌,其实镶嵌指的是更为宽泛的概念。除了宝石镶嵌外,还包括金属镶嵌、非金属镶嵌。不管金属镶嵌、宝石镶嵌,还是其他材料的镶嵌,一般情况下,人们首先看重的是它的装饰效果,其次是文化含义,当然,也有一些更加看重文化内涵的情况。设计宝石镶嵌首饰时,既要考虑其装饰美感又要考虑作品所承载的文化内容。运用金属镶嵌与非金属镶嵌工艺进行首饰设计或制作时,主要考虑不同金属或不同材料间的色彩、肌理的对比所表现出来的装饰效果。

一、金属镶嵌

有许多首饰工艺和工艺品是通过两种以上金属的色彩与质地的对比,或者与非金属材质的对比来达到装饰效果的,不同金属的拼接组合、嵌接、金银错、木纹金(图9-1)等是金饰工艺中最常见的。

图9-1 木纹金

1. 拼接组合

对做金属拼接而言,片、条或线都可以使用,在这里最大的问题是使接缝非常吻合,并且能用不同熔点的焊料把它们焊接成一个整体。拼接金属有两种基本的方法:一种是把小块金属互相焊接在一起;另一种是在大块的金属板上镂空出既定形状,把另外一种颜色、质地的金属锯成同样大小形状的小块嵌入其中。

焊接之前,在两块金属的接口涂好焊剂,合起来放在一块绝对平整的焊瓦或木炭上,进行焊接,正面朝上,焊接时如果工件移位,可用火夹进行调整,如果用大头针固定工件,要注意留一点空隙,因为金属加热后会膨胀,金属的表面最好涂满焊剂,焊的时候,宁愿让焊料多一点,并且用火夹调整焊料,让它们百分百地熔流进焊缝。焊合以后,把工件反过来看一下,使焊料完全充填焊缝。

如果我们是把一种金属用镂空的方法嵌入另一块金属,那么设计焊接的顺序就尤为重要,一般把最大面积的嵌块先焊入主体金属板,然后再在嵌块上镂出镶口,把小块金属嵌进去。图9-2就是把黄铜嵌入银片后,再镶入紫铜片中。

图9-2 钥匙扣

2. 金银错

金银错即嵌错工艺,是中国古代金属装饰技法之一,兴盛于春秋中晚期。金银错中的"错",就是把金银涂画于青铜器上的意思。广义的解释是凡在器物上布置金银图案的,就可以叫金银错。金银错的一般做法是:在青铜器表面预留或錾刻出图案及铭文所需的凹槽,然后嵌入金银丝、片,锤打牢固,再用错石将其打磨光滑,达到突出图案和铭文的装饰效果。金银错主要用在青铜器的各种器皿、车马器具及兵器等实用器物上,现代首饰中也有一些追求装饰效果的金银错作品。

3. 木纹金

木纹金是日本工艺技术表现极为精致的珍品之一,它的图案是不能用传统金属嵌接技术来完成的。木纹金的构思来源于中国,工艺产生在日本,但真正发展却是在西方。

西方国家对木纹金改进并运用到现代首饰制作与设计中,目前已有一套成熟的实施工艺。较之日本传统的木纹金工艺,在首饰行业中的工艺技巧、材质扩展或工艺成功率等方面都有了长足的进步和发展。现代制作木纹金属的材质更加丰富,主要以纯金、K金、铂金、铜、银、钯金等金属为主,还可以加入不锈钢、铁、钛和铝等金属。随着现代生产工艺和技术的进步,已不再严格要求各层次金属的熔点相近,可以采用真空高温炉进行特殊保护处理,降低熔点金属的过早氧化问题。

目前,在我国木纹金还是一项鲜为人知的工艺,能将其应用于首饰设计和制作的人更是少之又少。

二、嵌接非金属材料

非金属嵌接的材料包括木头、象牙、骨、塑料、树脂、玻璃和宝石(图9-3)等,把它们与金属结合的目的是为了产生色彩的对比、材质的对比和肌理效果的对比。嵌接非金属材料的程序基本是与嵌金属相似,如在金属板上用方形金属丝焊出一个网状的框架结构,在框架的空当中嵌入乌木、象牙、树脂、珐琅一类的材料。固定嵌入材料的方法有胶合、树脂粘合、针拴、铆合或用围边的金属挤住。嵌接非金属材料,要在整个工件已彻底完成焊接、基本抛光之后进行。

三、宝石镶嵌

1. 宝石镶嵌概述

精美的首饰离不开黄金、白银,然而不可否认的是,首饰中最耀眼的部分当属镶嵌

图9-3 隋代嵌珍珠宝石金项链

其中的形态各异、色彩绚丽的宝石。首饰的镶嵌工艺是制作镶嵌宝石首饰中的一个重要环节,镶嵌工艺的好坏,直接影响到首饰成品的质量。

首饰的镶嵌工艺就是要根据设计的要求,将不同色彩、形状、质地的宝石、玉石,通过镶、锉、錾、掐、焊等方法,组成不同的造型款式,使其成为具有较高鉴赏价值的工艺品和装饰品的一种工艺技术手段。镶嵌工艺是一种技术含量高、操作难度大的工艺,强调操作者的技能熟练程度,几乎每一件做工精美的首饰,都是操作者技能的体现。

宝石镶嵌常见的有随形宝石和缠绕镶。

(1)随形宝石。随形宝石(图9-4)丰富的色彩和抽象的造型使首饰更具随意性。我们可以从自然界获得大小合适的宝石,或者把大块的石头敲成合适的尺寸。也可以通过人工制作来获得随形宝石,如将敲下有尖角的石头放入滚光筒,添入研磨辅料滚动。滚光时,转速要慢,滚动几个小时,让宝石互相研磨,抛光辅料可以使宝石磨得更光亮。

图9-4 随形宝石镶嵌

(2)金属线缠绕镶。缠绕镶最适合在随形宝石上运用,可以用圆丝,也可以用方丝来缠绕。

2. 宝石镶嵌工艺

宝石镶嵌工艺就是将宝石(包括各种天然的、人工合成的宝石、半宝石)用各种适当的方法固定在托架上的一种工艺。

用什么方法进行镶嵌,常取决于用什么宝石及宝石的外形,取决于整件首饰的造型设计,还要注意到宝石的安全以及宝石材质的充分表现。固定宝石最简单的方法就是用金属丝将宝石包起来。凸圆形的、不透明的、底面磨平的、质地较软的、易碎的宝石通常用包镶的方法镶嵌。

透明的刻面宝石需要更多的光线进入内部并发射出来,通过表面刻面的折射充分表现宝石的色彩。因此,任何镶嵌手法都要保证宝石在安全的情况下悦目,有品位。通透的爪镶最能满足上述要求,因为爪镶设定在宝石最宽的地方(腰线上),宝石的其他角度都能最大限度地显现出来。

传统的爪镶有著名的六爪皇冠镶(图9-5),即Tiffany镶口,多用于镶嵌戒指。并不是所有的刻面宝石都用爪镶。有些首饰设计和镶石设计不便于采用爪镶法,首饰匠还发明了比表面金属略低或持平的镶嵌手法。这些手法有许多种,最普通的有铺路镶和起钉镶。

图9-5 Tiffany六爪皇冠镶

还有一些特别的镶嵌手法:祖母绿宝石可以嵌在盒式镶口中;轨道镶用于嵌

住梯方形宝石;鱼尾形镶口也是很常见的爪镶方式;"幻觉"镶通过镶口上的光彩,让人觉得上面的宝石变大了。珍珠镶嵌也可以用爪镶,但更多的是做一个针拴,在珍珠上打孔,将拴插入固定。绝大多数的宝石都用标准的切工加工,并打磨成同样的尺寸,按传统的方法镶嵌。但现在的一些首饰匠也经常会用非常规切割的宝石,设计出特别的镶口,充分体现个性。

现在常见的镶嵌工艺主要有以下几种。

(1)爪镶。这是镶嵌工艺中最常见而且相对简单的一种工艺。爪镶就是用金属爪将宝石扣牢在托架(也称镶口)上。爪镶又分单粒镶和群镶两种,单粒镶即只在镶口上镶一粒较大的钻石或宝石,以体现主石的光彩与价值。最典型的是皇冠款式。

(2)钉镶。钉镶是利用宝石边上的小钉将宝石固定在钻位上,多用于群镶中副石的镶嵌,其排列分布多种多样。常见的有线形排列、面形排列等。依据钉的多少又分为两钉镶、三钉镶、四钉镶和密钉镶,欧美的许多豪华款式均属密钉镶。

(3)包镶。包镶也称为"包边镶",它是用金属边将宝石四周都圈住的一种工艺,多用于一些较大的宝石,特别是弧面的宝石,因为较大的弧面宝石用爪镶工艺不容易将其扣牢,而且长爪又影响整体美观。

(4)槽镶。槽镶又称"轨道镶""卡镶""夹镶"或"壁镶",它是在镶口侧边车出槽位,将宝石放进槽位中,并打压牢固的一种镶嵌方法。高档首饰的配石镶嵌常用此方法,时尚流行的款式也常采用这种方法。另外,一些方形、梯形钻石用槽镶来镶嵌效果极佳。

(5)闷镶。闷镶是在镶口边上挤压出一圈金属边并压住宝石的一种工艺。这种镶法多用于小粒宝石。

通过以上方法镶嵌的首饰需要符合一定条件,达到以下质量要求:①各类首饰制品所镶嵌的宝石面料要稳固、周正,不能有松动及损伤、损坏宝石的现象;②镶好宝石的制品要保持原模的整体协调、美观,不得变形走样,不得划伤、敲伤、挤伤金属基材表面;③镶嵌过程中,不能使工件产生裂纹或断裂等现象;④镶嵌宝石后的首饰制品,必须用胶轮及其他工具执边,清除镶嵌过程中留在金属基材表面的锉、铲等痕迹。

四、镶嵌工艺的加工

镶嵌工艺又称"实镶工艺",以锤锯、钳、锉、削为主,是将一块金经过锤打锻制,锯制成部分纹样,锉光焊接成一个整体的过程。加工程序如下。

(1)观石。观察宝石的形状及规格,看宝石是否有裂痕,能否承受镶嵌时所需的压力。

(2)摆石。将宝石摆放在戒指镶口上,看该宝石是否适合镶口的规格,爪够不够长,能否将宝石固定。

(3)定位。是用宝石的形状去衡量金属首饰件镶口的规格,确定镶嵌所需的位置大小。其步骤为:先用牙针将镶口磨成凹形槽,直至能将宝石固定;再用伞针按宝石的高低在爪位上磨一个缺口,方便固定宝石,每个爪的位置一定要磨得平衡一致,不能有高有低,否则宝石镶上后会出现不平现象。

(4)入石。将宝石放入预先调好的镶口内,再确认宝石和镶口是否放置均匀、表面平衡,不会松脱,不会偏置,而且要完全吻合。

(5)固石。将放进镶口里的宝石进行固定。在固定时必须根据各类宝石的硬度来用力,在使用钳具时用力务必均匀,如用力过大,会损坏宝石;用力不够,可能固石不牢,容易松脱。

(6)修整。经过以上几个工序后,难免留下钳痕、锉痕,有损首饰的整体美观,必须加以修理,尤其还要剪短爪长,修爪时必须注意戒面的安全,最好用手指护好宝石,再把爪用锉和砂纸修圆、修滑、修好。

第二节　焊接工艺

金属焊接工艺的历史可以追溯到数千年前,早期的焊接技术见于青铜时代和铁器时代的欧洲和中东,古代的焊接方法主要是铸焊、钎焊和锻焊。商朝制造的铁刃铜钺,就是铁与铜的铸焊件,其表面铜与铁的熔合线蜿蜒曲折,结合良好。数千年前的两河文明已使用钎焊技术。春秋战国时期曾侯乙墓中的建鼓铜座上有许多盘龙,是分段钎焊连接而成的,经分析,所用的材料与现代软钎料成分相近。

公元前 340 年,在制造重达 5.4t 的印度德里铁柱时,人们就采用了焊接技术。中世纪的铁匠通过不断锻打红热状态的金属使其连接,该工艺被称为"锻焊"。战国时期制造的刀剑,刀刃为钢,刀背为熟铁,一般是经过加热锻焊而成的。中世纪,在叙利亚大马士革也曾用锻焊制造兵器。文艺复兴时期的工匠已经很好地掌握了锻焊工艺,接下来的几个世纪中,锻焊技术不断得到改进。据明朝宋应星《天工开物》中记载:中国古代将铜和铁一起入炉加热,经锻打制造刀、斧;用黄泥或筛细的陈久壁土撒在接口上,分段锻焊大型船锚。

古代焊接技术长期停留在铸焊、锻焊和钎焊的水平上,使用的热源都是炉火,温度低、能量不集中,无法用于大截面、长焊缝工件的焊接,只能用于制作装饰品、简单的工具和武器。

近代焊接技术在古代焊接技艺的基础上突飞猛进,风貌大为改观。从 1885

年出现碳弧焊开始,直到20世纪40年代才形成较完整的焊接工艺体系。特别是出现了优质电焊条后,焊接技术得到了一次飞跃,现在世界上已有50余种焊接工艺方法应用于生产中。

19世纪初,英国科学家发现了电弧和氧乙炔焰两种能局部熔化金属的高温热源,其后俄国科学家与美国科学家发明的金属电极推动了电弧焊工艺的成型。电弧焊与后来开发的采用碳质电极的碳弧焊,在工业生产上得到了广泛的应用。1885—1887年,俄国科学家发明了碳极电弧焊钳。

20世纪初,碳极电弧焊和气焊得到了应用,同时还出现了薄药皮焊条电弧焊,电弧比较稳定,焊接熔池受到熔渣保护,焊接质量得到提高,使手工电弧焊进入了实用阶段,电弧焊从20世纪20年代成为一种重要的焊接方法。

20世纪20年代,焊接技术获得重大突破。1920年出现了自动焊接,通过自动送丝装置来保证电弧的连贯性。30年代至第二次世界大战期间,自动焊、交流电和活性剂的引入大大促进了弧焊的发展。1951年苏联的巴顿电焊研究所创造电渣焊,成为大厚度工件的高效焊接法。1953年,苏联的柳巴夫斯基等人发明二氧化碳气体保护焊,促进了气体保护电弧焊的应用和发展,如出现了混合气体保护焊、药芯焊丝气渣联合保护焊和自保护电弧焊等。

1957年美国的盖奇发明等离子弧焊。20世纪40年代德国和法国发明的电子束焊,在20世纪50年代得到实用和进一步发展。20世纪60年代激光焊等离子、电子束和激光焊接方法的出现,标志着高能量密度熔焊的新发展,大大地改善了材料的焊接性,使许多难以用其他方法焊接的材料和结构得以焊接。

焊接工艺是把相同或不同材料的金属,通过加热或加压的方法,利用原子间的联系及质点的扩散作用,形成永久性连接的工艺方法。焊接最本质的特点是通过焊接使焊件达到结合,从而将原来分开的物体形成永久性连接的整体。

焊接的原理是通过高温熔化(图9-6),使金属分子间相互结合,这是金属与金属之间真正的熔合,是金属间最亲密的接触,这也是焊接工艺具备了其他金属工艺无法比拟的优点。

根据焊接过程中金属的不同状态,可以把焊接方法分为熔焊、压焊和钎焊3类。

熔焊是在焊接过程中,将焊件接头加热至熔化状态,不加压力完成焊接的方法。目前熔焊应用最广,常见的气焊、电弧焊、电渣焊、气体保护电弧焊等属于熔焊。

压焊是在焊接过程中,必须对焊件施加压力,加热或不加热,以完成焊接的方法。如电阻焊、摩擦焊、气压焊、冷压焊、爆炸焊等属于压焊。

钎焊是采用比母材熔点低的钎料作填充材料,焊接时将焊件和钎料加热到

图 9-6 焊接

高于钎料熔点,低于母材熔点的温度,利用液态钎料润湿母材,填充接头间隙并与母材相互扩散实现连接焊件的方法。常见的钎焊方法有烙铁钎焊、火焰钎焊等。

第三节 失蜡浇铸工艺

失蜡浇铸工艺由古代铸造工艺发展而来,失蜡浇铸产生的年代不详,在我国史书上也没有记载。目前已知最早使用失蜡法铸造的青铜器是 1978 年 5 月在河南省浙川楚国王于午墓出土的青铜禁。从工艺上看,失蜡铸造的技术已经相当成熟,故推测失蜡法铸造工艺的发明应在春秋中晚期。

一、失蜡浇铸工艺的历史发展

我国古代工匠在青铜器的制造中广泛采用了失蜡铸造工艺,工匠根据蜂蜡的可塑性和热挥发的特点,将蜂蜡雕刻成需要的形状,再在蜡模外包裹黏土并预留一个小洞,晾干后焙烧,使蜡模气化挥发,黏土成为陶瓷壳体,壳体内壁留下了蜡模的阴模。将熔化的金属沿小孔注入壳体,冷却后打破壳体,即获得所需的金属铸坯。战国时期,许多器形和装饰都很复杂的青铜器,大都是失蜡浇铸制造的,如河北省平山县中山国出土的青铜方案和湖北省随县战国时代曾侯乙墓出土的尊盘(图 9-7)。

第九章 现代金属工艺

图 9-7 曾侯乙墓出土的青铜尊盘

曾侯乙墓尊盘底座为多条相互缠绕的龙,首尾相连,上下交错,形成中间镂空的多层云纹状图案,这些图案用普通精密铸造工艺很难制造出来,而用失蜡法精密铸造工艺,通过雕刻、脱蜡、浇铸等流程,就可以得到精美的曾侯乙尊盘。曾侯乙墓出土的一批金器中,有 1 件金盏、1 件金杯和 2 件器盖。金盏(图 9-8)系铸造而成,从其铸造工艺来看,采用了分铸法。先将手、盖、身、足几部分分开铸造,然后再将这些铸好的附件通过合范浇铸,不能合范的部分采用焊接工艺,最后成器。这件金盏是目前已知的春秋战国时期最大的一件金器,也是整个先秦时期最大的金器。曾侯乙墓出土的金器,表明春秋战国时期的工匠,已经掌握了黄金的熔点。对黄金熔点的掌握,是浇铸金器的基础,也使得范铸金器成为可能。

1990 年于河南省三门峡市西周时期虢国墓地中 1 号墓挖掘出土了金带饰 12 件,重 433.25 g。圆环 7 件,长方形环 1 件,环上均有旋纹;兽面 3 件,正面以旋纹表示出兽的角、眉、眼、鼻等;兽面三角形饰 1 件,采用了浮雕式的做法,并使部分纹样镂空。所有饰件都是以铸造方法成型,器物的形体端正,细部纹样清晰,表明西周时期熔金铸造的水平较高(图 9-9)。

陕西省宝鸡市益门村春秋时期墓中出土的带钩、带扣、剑柄均为铸造,不仅

图9-8 曾侯乙墓出土的蟠螭纹金盏

图9-9 西周兽面纹马冠

装饰了华丽的纹样,还用了透雕式的铸造方法。串珠颗粒均匀,表明冶炼和铸造达到新的高峰。特别是金剑柄极为精细,可能运用了当时铜器制作中的失蜡法浇铸,代表了当时金器制作的水平。

从战国开始,直到民国时期,青铜器制造都采用了失蜡浇铸工艺。

失蜡浇铸工艺的优点是制作铸模时不需要开模,外模也不用分成数块,空腔厚薄均匀,壁厚最小可达到3mm,铸件的形状很少受到工艺的限制,表面有一定的光洁度。它最大的特点是用低熔点材料制"模",简化了制模的工艺,可以制作任何器形,在铸造史上具有里程碑的意义。

失蜡浇铸工艺实质是机械加工中的熔模精密铸造,现代熔模精密铸造方法在工业生产中得到实际应用是在20世纪40年代。当时航空喷气发动机的发展,要求制造叶片、叶轮、喷嘴等形状复杂、尺寸精确以及表面光洁的耐热合金零件。由于这些材料难以机械加工,零件形状复杂,以致不能或难以用其他方法制造,因此,需要寻找一种新的、精密的成型工艺,于是借鉴古代流传下来的失蜡浇铸工艺,经过对材料和工艺的改进,现代熔模精密铸造方法在古代工艺的基础上获得了重要的发展。航空工业的发展推动了失蜡浇铸工艺的应用,而失蜡浇铸工艺的不断改进和完善,也为航空工业进一步提高性能创造了有利的条件。其后这种先进的精密铸造工艺得到了巨大的发展,相继在航空、汽车、机床、船舶、内燃机、汽轮机、电讯仪器、武器、医疗器械以及刀具等制造工业中被广泛采用,同时也用于工艺美术品的制造。

失蜡浇铸工艺以其高效率的复制功能成为首饰行业中一种重要的生产形式。失蜡浇铸工艺也是目前首饰生产的主要手段。现代失蜡浇铸技术的基本原理与古代并无二致,只不过更加复杂精密,主要体现在对蜡模的要求更加严格。现在,蜡模的获得不只是对蜡的直接雕刻,还可以通过对金属原模(版)的硅胶压模得到阴模,再由硅胶阴模注蜡后得到蜡模。浇铸材料也不再是黏土,而以石膏取代,以此铸造的产品比古代的铸件精细得多。无论结构形状多么复杂的雕件,失蜡浇铸都可以制作出来。失蜡浇铸大部分手工完成,其艺术效果、立体感是任何机械都难以媲美的。浇铸材料有多种选择,按需要可铸金、铸银、铸铜等。失蜡浇铸工艺不仅限于金属材料,还在于它对蜡、石膏等其他材料的综合运用。失蜡浇铸工艺与锻金、雕金、花丝、镶嵌等工艺一样,有自己独特的工艺效果,而且在造型方面比这几种工艺形式有更加自由的表现力。

在失蜡浇铸生产中,首饰铸造的成品率并不是百分之百,尽管随着工业化程度的不断提高,主要用于尖端科技,如航天、军事等领域的精密铸造机也被应用到首饰生产中来,铸造的成品率有了很大的提高,但由于铸造工艺程序复杂、操作者缺少经验等原因,铸造成品率仍不能达到百分之百。浇铸的缺陷,以现今科技仍未能完全解决。失蜡浇铸工序繁复,每一个工序都有可能为产品带来缺陷,最常见的有砂眼、针孔、裂纹、分模线过大以及混入熔融过程中的小气泡、小颗粒、蜡或石膏粉中的杂质等。

将失蜡浇铸工艺应用于首饰的批量制造是现代首饰制造业的突出特点。首饰制造的失蜡浇铸能够满足批量生产的需求,也能够兼顾款式或品种的变化,因此在首饰制造业的生产方式中占据重要的地位。失蜡铸造的铸造方法有真空吸铸、离心铸造、真空加压铸造和真空离心铸造等，是目前首饰制造业中批量生产的主要手段。

二、失蜡浇铸的工艺流程

失蜡浇铸的工艺流程是：压制胶模→开胶模→注蜡→修整蜡模（焊蜡模）→种蜡树→称重→灌石膏、抽真空→石膏凝固→烘焙石膏→熔金、浇铸→炸石膏→冲洗、酸洗、清洗→称重→剪毛坯→滚光。

1. 压制胶模

制作胶模使用生橡胶片，压制胶模的设备是压模机，其主要部件由两块内带电阻丝和感温器件的加热板、定温器、定时器等组成。压模机上面还配有升降丝杠，用于压模及取出。压胶模首先要保证压模框和生胶片的清洁，压模之前应该尽可能地将压模框清洗干净，操作者清洗双手和工作台；其次要保证原版与橡胶之间不会粘连；再次是要注意根据具体情况确定适当的硫化温度和时间，这与胶模的厚度、长宽、原版的复杂程度有关，通常将压模温度定为150℃左右，如果胶模厚度为3层（约10mm），一般硫化时间为20～25分钟，如果是4层（约13mm）则硫化时间可为30～35分钟。胶膜（图9-10）硫化时间到了以后迅速取出胶模，使其自然冷却到不烫手，就可以趁热用手术刀开胶模了。

图9-10　胶膜

2. 开胶模

开胶模在首饰工厂中是一项要求很高的技术，开胶模的好坏直接影响蜡模以及金属毛坯的质量,还直接影响胶模的寿命。开胶模使用的工具有手术刀及刀片、镊子、剪刀、尖嘴钳等。

开模顺序(以开戒指胶模为例)如下。

(1)用剪刀剪去飞边,用尖嘴钳取下水口块,拉去焦壳。

(2)将胶模水口朝上直立,切开胶模四边。

(3)切割第一个直角三角形的脚,切开的胶模两半部分应该与对应的阴、阳三角形脚相互吻合。按同样的操作过程,依次切割出其余3个脚。

(4)拉开一个切开的脚,用刀片平稳地沿中线向内切割,一边切割一边向外拉开胶模,快到达水口线时要小心,用刀尖轻轻挑开胶模,露出水口。再沿戒指外圈的一个端面切开戒指圈,直至戒指花头和镶口处。

(5)花头的切割是开胶模中比较困难和复杂的步骤。

(6)切割留有镶口、花头的胶模部分。

(7)取下银版。

(8)开底。

胶模的保存环境应该是低温、阴暗的,还要避免油类、酸性物质的影响。如果使用得不是非常频繁,胶模可以使用10年的时间。如果使用频繁,一般胶模的使用寿命在2～3年之间。

3. 注蜡

注蜡操作应该注意对蜡温、压力以及胶模的压紧等因素。制作蜡模使用的蜡一般是蓝色的模型石蜡,其融化温度在60℃左右,注蜡温度在65℃左右。

蜡温及注射压力是由注蜡机决定的。注蜡机的类别通常有风压式和真空式(图9-11)两种。这两种注蜡机的注蜡原理基本相似,就是利用气压将熔融状态的蜡注入胶模。

注蜡机中的加热器和感温器能够使蜡液达到并保持一定的温度。通常注蜡机中蜡的温度应该保持在70～75℃之间,这样的温度能够保证蜡液的流动性。如果温度过低,蜡液不易注满蜡模,造成蜡模的残缺;反之蜡液温度过高,又会导致蜡液从胶模缝隙处溢出或从注蜡口溢出,容易形成飞边或烫伤手指。

注蜡之前,首先应该打开胶模,检查胶模的完好性和清洁性。向形状较细小复杂的位置喷洒脱蜡剂,以利于取出蜡模。注蜡时,用双手将夹板中的胶模夹紧,注意手指的分布应该使胶模受压均匀;将胶模水口对准注蜡嘴平行推进,顶牢注蜡嘴后双手不动,用脚轻轻踏合注蜡开关并随即松开,双手停留1～2秒后,将胶模放置片刻,即可打开胶模(如果胶模有底,应该首先将模底拉出),取出蜡模。

图 9-11 数码全自动真空注蜡机

4. 修整蜡模

一般而言,注蜡后取出的蜡模都会或多或少地存在一些问题,如飞边、多重边、断爪、肉眼可见的砂眼、部分或整体结构变形、小孔不通、花头线条不清晰、花头搭边等,可以用手术刀片、焊蜡器等修整蜡模。

5. 种蜡树

蜡模经过修整后,需要种蜡树(图 9-12)。

种蜡树就是将制作好的蜡模按照一定的顺序,用焊蜡器依次分层地焊接在一根蜡棒上,最终得到一棵形状酷似大树的蜡树,再将蜡树进行灌石膏等工序。种蜡树的基本要求是:蜡模要排列有序,关键是蜡模之间不能接触,既能够保持一定的间隙,又能够尽量多地将蜡模焊在蜡树上,也就是说,一棵蜡树上要尽量"种"上最多数量的蜡模,以满足批量生产的需要。种好蜡树后称一下整体的质量,以便估算金属的质量。

6. 灌石膏、抽真空

将蜡树连底盘一起套上不锈钢盅,在盅外包裹单面胶纸备用。

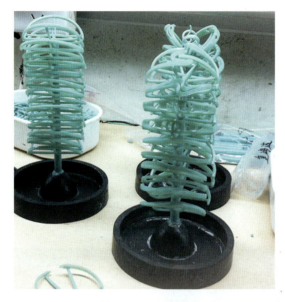

图 9-12 种蜡树

(1) 拌石膏浆。按钢盅的容积备好相应的石膏粉和水,一般石膏粉和水的比例为 (2~2.5)∶1。将水放入搅拌容器中,开动搅拌器,逐步放入石膏粉,搅拌 10 分钟左右,即可进行第一次抽真空。

(2) 灌石膏。抽真空后的石膏浆沿钢盅的内壁缓缓注入,直至石膏浆盖过蜡树约 1cm,立即进行第二次抽真空。抽真空完毕后,自然放置 6~12 小时让石膏凝固。

7. 烘焙石膏

石膏模的烘焙是保证浇铸正常进行的重要工序,烘焙的作用主要有:脱蜡、干燥和浇铸保温。一般而言,18K 金的铸模烘焙时间为 6~12 小时,铂金的铸模烘焙时间为 12~20 小时。

8. 熔金、浇铸

(1) 真空吸铸机浇铸。石膏模烘焙接近尾声时,开始熔化已配好的金并保持熔融状态。石膏模待保温完毕,在吸铸机口部垫好石棉垫圈,将钢盅迅速从电炉中取出,水口向上放入待铸的真空吸铸机口部,注入金水的同时轻踏吸铸板,即可完成浇铸。浇铸完成后,注意打开放气开关进行放气。

(2) 真空感应离心浇铸机浇铸。打开机盖,在熔金坩埚中加入已配好的金块,盖上机盖,设定预加热温度,开始熔金。待达到接近熔融状态,放入已保温完全的石膏模,盖好机盖,抽真空,再加热到设定温度,并设定好离心加速度和稳定转速;达到设定温度后机器自动进入离心浇铸状态,1~2分钟完成。浇铸完成后,注意打开放气开关进行放气。

9. 炸石膏、清洗及剪毛坯

浇铸后的石膏模处于高温状态,从浇铸机中取出后需要自然放置10~30分钟,再放入冷水桶中进行炸洗。石膏由于收缩作用炸裂后,取出金树,用钢刷刷去大块的石膏,放入30%氢氟酸中浸泡10分钟,再夹出冲净,可反复进行;用高压清洗喷枪喷洗金树,除去剩余的石膏,直至金树表面干净;将金树上的首饰沿水口底部剪下(图9-13),晾干、称重后,即可滚光或直接交付入库了。后期可进行执模、抛光、镶嵌等工序。

图9-13 剪金属模

10. 蜡镶

蜡镶是技术人员在长期的生产实践中逐步总结和创新的结果。蜡镶是依照失蜡铸造常规工艺流程的基本原则进行的,其创新点在于:它在起版时就将宝石镶嵌到镶口上,压胶模后就会在胶模上留下宝石和镶口的形状,注蜡之前将选好的宝石紧密地嵌入胶模对应的位置,再合上胶模进行注蜡。这样,注出的蜡模就已经镶嵌好了宝石,再直接进行浇铸就可以得到镶好宝石的金属模了。

蜡镶并不适用于所有情况,它应该至少具备两个前提:①所镶的宝石可耐受金水注入时的高温;②镶嵌的宝石较多,且常规镶嵌方法较复杂。蜡镶通常用于多粒钻石的槽镶、钉镶和包镶,有时也可用于单粒或 2~3 粒钻石的爪镶、槽镶、钉镶和包镶。

在批量生产方式中,蜡镶可以缩短镶嵌工时,对提高生产效率具有非常显著的功效。这一工艺方法尤其适合制造那些采用复杂镶嵌方法的首饰款式。

第四节 抛光工艺

抛光是将金属表面磨平擦亮的总称。

抛光是打磨与压光的混合,是首饰业中举足轻重的工序。抛光会损耗一点金属,但闪亮的首饰才能吸引顾客的目光。只有在金属表面的划痕完全被打磨之后才能进行抛光。一件焊接清洗完成的首饰,要先将金属表面磨光,用锉和砂纸打磨平滑,但这时的首饰还是灰色的,于是就需要进行抛光处理。

一、抛光工艺的分类

金属的抛光工艺主要有 3 种:机械抛光、化学抛光和电化学抛光。

机械抛光是借助抛光机和砂(布、毛毡)轮,以一定的压力和旋转速度,对制品表面进行轻微切削处理和研磨,以除去毛刺、细微的不平和损伤,达到平整光滑的处理过程。机械抛光的缺点有:噪音污染大;产生的粉尘较多;工作强度大;只能用于加工规则的工件,形状稍微复杂的工件很难进行机械抛光;工作效率低;等等。

化学抛光是一种特殊条件下的化学腐蚀,它是通过控制金属表面选择性的溶解,使其达到整平和光亮的金属加工过程。与机械抛光相比,用化学方法可抛光形状较复杂和比较薄的金属,除去表面晶体变形层,获得表面装饰性良好的优质膜层;抛光后的工件,表面粗糙度均匀一致;作业时劳动强度小,无噪声和粉尘污染。但化学抛光方法也存在一些缺点,如抛光前处理要求较高、工艺的专业性强、有些配方会造成环境污染等。

电化学抛光是在一定电解液中金属工件作为阳极溶解,使其表面粗糙度下降,光亮度提高,并产生一定金属光泽的技术。目前,此技术已在精加工、金相样品制备、需要控制表面质量及光洁度的领域获得了极其广泛的应用,显示出机械抛光及其他表面精加工技术无法比拟的高效率。与化学抛光、机械抛光相比,电化学抛光有很多优点,如:①能够得到高的表面光洁度;②能够得到高的抛光精度;③操作环境好,金属损耗小;④能量消耗少(表 9-1)。

表 9-1　电化学抛光和化学抛光及机械抛光方法的对比表

序号	抛光方式 特点	机械抛光	化学抛光	电化学抛光
1	表面平滑光亮	表面光泽良好	抛光后表面光泽优良,光线柔和
2	耐腐蚀性和光泽持久性较差	耐腐蚀性及光泽持久性较好	耐腐蚀性及光泽持久性良好
3	软金属难抛光	适用于软、硬金属材料	适用于软、硬金属材料
4	形状复杂制品难以进行抛光	形状复杂制品也易抛光	形状复杂制品也易抛光
5	不需要	大的制品(平面)需要大槽	大的制品(平面)需要大槽
6	均不需要	仅需要夹具	需要电源、电极和夹具
7	设备简单	设备较复杂	设备复杂,需加热、搅拌和排气装置
8	操作简单	需要科学管理,熟练操作	需要科学管理,熟练操作

二、机械抛光

首饰生产过程中,通常使用的机械抛光设备有振动机、磁力抛光机、单桶转筒抛光机、转盘抛光机和拖曳抛光机等。

1. 机械抛光机的优点

(1)提高生产效率,使用现代抛光设备一次可以处理批量首饰工件,减少了执模时间和操作人员的数量。

(2)机械抛光使工件获得较高的表面光亮度,可以达到一致的质量。

(3)机械抛光减少了金属的损耗。

(4)一些特殊结构的首饰工件,只有借助现代机械抛光技术,才能使某些部位得到有效的清理。

2. 不同类型抛光机的特点及性能

机械抛光有多种类型的抛光设备,它们使用的抛光介质、适合抛光的首饰类型也不尽相同,表 9-2 是几种常用抛光机的性能和主要特点。

表 9-2　不同类型抛光机性能和主要特点

机器类型	抛光介质	研磨介质	优点	缺点	适宜工件
振动机	木屑、瓷片、胡桃壳颗粒等	陶瓷、塑料	便宜、大件、冲压件	处理时间长、压力小、有压痕、光滑效果差等	小链、机制链
磁力抛光机	针	无	表面光亮、处理时间短	不光滑、有压痕、亮度不够	金丝珠宝、珠宝内壁
单桶转筒抛光机	木质立方体、木针、玉米粉等	陶瓷、塑料	便宜	处理时间长、处理不方便、表面有尘、表面挤压	各种首饰工件
离心转筒抛光机	木针、胡桃核颗粒、玉米粉等	陶瓷、塑料	处理强度大、时间短	有压痕、处理不方便、表面有尘、表面挤压	不太大的各种首饰工件
转盘抛光机	胡桃核颗粒、瓷片、塑料	陶瓷、塑料	效率高、处理时间短、工序少、首饰洁净、表面质量高	只能处理不重的工件,不能处理小链的宝石座	大多数首饰工件
拖曳抛光机	胡桃核颗粒	胡桃核颗粒	可以抛光大而重的工件,处理时间短,操作容易,表面质量高	没有湿磨	能固定在架子上的各种首饰

3. 机械抛光的处理方法

1) 湿法抛光

湿法抛光中,常使用陶瓷、塑料抛光介质或钢介质,处理时摩擦介质和工件被抛光液所包围,抛光也吸收了被磨掉的材料,工件表面保持干净,研磨介质保持尖锐。因此湿处理的摩擦作用比干磨更突出。采用抛光液的主要目的是:①脱脂;②防止腐蚀或氧化;③光亮工件;④去除热处理工件的鳞纹(如酸液);⑤工件与介质之间形成缓冲,防止介质割入工件太深。

但是,湿法抛光银合金、黄铜等这类工件时,有时会产生氧化。氧化使表面起污斑、变硬,用手工抛光时难以修整,需注意控制抛光时间。

2) 干法抛光

干法抛光(图 9-14)是使工件光滑、光亮的表面处理方法,常使工件表面比湿法抛光更精细。

需要通过干法抛光获得光亮度高的抛光表面时,应将工件放在超声波液中

图 9-14 抛光

清洁 2～3 分钟,以除去研磨时在表面留下的各种灰尘。常用的胡桃壳颗粒介质,因为颗粒小,增加了与表面的接触,可以达到光亮的抛光效果。注意由于抛光介质很小,使工件之间的缓冲作用更小了,工件之间易互相碰撞,引起表面损坏。因此,应适当减少一次处理的工件数量。如果抛光后表面不光滑,可以使粗胡桃壳颗粒进行抛光改进,粗的胡桃壳颗粒使表面更光滑。对难以抛光的合金,可以在湿磨与干法抛光之间设置干法研磨中间工序,实践证明,此方法可以获得很好的表面效果。如果工件是由压制或冲压的方法制得的,用干法研磨,足以获得很好的表面效果。

3)打磨抛光

首饰表面粗糙,不够细致,在这种材料表面上很难镀出结合牢固、防腐蚀性好的镀层,即使勉强上镀层,在很短的时间内首饰镀层就将出现蜕皮、鼓泡、麻点、花斑等不良现象。因此,电镀前必须对首饰工件进行打磨抛光,即用打磨机、飞碟机、摩打吊机等工具,通过机械摩擦作用,对首饰工件表面进行抛光,除去工件表面的砂坑、锉痕等,使工件粗糙的表面变得光滑亮泽。同时打磨抛光亦是检查首饰工件表面有无瑕疵的手段之一,如有疵点可以及时进行有效修补。

三、化学抛光和电化学抛光

化学抛光和电化学抛光属于表面精饰处理,既可以在机械抛光后使用,也可以直接应用。通过化学抛光能够提高首饰表面平整性、光洁度和装饰效果。

化学抛光和电化学抛光基本原理类似，都是通过将工件在一定的侵蚀液中做"削平"处理，把表面相对粗糙的氧化层腐蚀掉。电化学抛光较化学抛光可达到更高的表面光洁度，但是由于化学抛光操作简单、生产效率高、成本低廉，抛光后的表面光亮、美观、平整，所以如果没有特殊要求的首饰，采用化学抛光完全可以满足要求。在电化学抛光时，电压过高或过低都会产生不利影响，有时甚至无任何抛光现象。电流密度对抛光质量影响也很大，即使在同一电位下采用不同的电流密度，抛光质量也会有所不同，有时甚至产生截然不同的效果。

1. 炸色抛光

炸色是对执模后的金属首饰工件进行除污和增强光泽的一种工艺。通过炸色可以使金属首饰坯件在执模过程中无法处理的瑕疵，在炸色过程中除去，使金属首饰工件呈现出金属本身的光泽，增加工件表面的亮度。因为将工件放入装有化学溶液的容器中时，工件表面会产生一种剧烈的类似爆炸的化学反应，所以俗称"炸色"。炸色工艺操作，所需的主要工具有：电炉、玻璃或塑料容器、氰化钾、双氧水。

首先将约 300mL 水和 6g 氰化钾放在玻璃杯中，加热使其溶解；其次将氰化钾溶液倒入塑料或玻璃容器内，溶液的多少视金属首饰件的多少而定，一般而言，以淹没金属首饰工件为准；再次再向容器内倒入 5～10mL 双氧水，并不断搅拌，发生化学反应，直到显出金属原来的光泽为止；最后用水清洗干净，切记此药水具有剧毒性，操作时，务必要小心使用与保管。炸色后，金属首饰工件呈现出它原来的金属颜色，如欲进一步增加光亮与平滑感，必须经机械炸色才能达到效果。

根据工件外观、成色的不同，炸色的次数可选择 2～3 次。炸色后的废液要倒入指定的容器中，按规定做好回收工作。绝对禁止将双氧水和氰化钾废液存放在一起，以免造成事故。

2. 电解抛光

电解抛光的目的，是在电镀前做到降低工件表面微细的粗糙度，除去工件的油腻，最终达到清洁光亮的工件表面效果。

在电解抛光过程中，阳极表面形成了具有高阻率的稠性黏膜，这层黏膜在表面微观凸起部分的厚度较小，而在微观凹入处则厚度较大，因此电流分布不均匀，微观凸起部分电流密度高，溶解速度快，而微观凹入部分电流密度较低，溶解速度慢。溶解下来的金属离子通过黏膜的扩散，从而达到平整和光亮的作用。另外，手触摸后使工件带有油腻，可以与碱性物质反应，生成可溶性盐，从而达到清除油腻的目的。以上两种作用效果达到后，有利于电镀质量的稳定和提高。

第五节　木纹金工艺

木纹金是因为金属层所呈现出的视觉效果类似于木头的纹理,所以被称为"木纹金属"。"Mokume"按照字面的意思是"木纹或木节",高度概括出与木纹的相似之处,在日本它也被称为云纹或者木纹金属(图9-15);"Gane"为"Kane"之音变,翻译过来是"有颜色的金属",日文中翻译为"木目金"。在英文中,"Wood Grainmetal"也是对它的一种直译,这个命名清晰地描述出了金属表面图案的状态和特点。

图9-15　木纹金手镯

一、木纹金工艺的历史

木纹金工艺源于日本传统刀剑制作技术,是铸剑师在锻造刀剑时研究出的一种金属制作工艺。铸剑师使用多层金属企图模仿中国古代堆朱的漆艺技法——漆匠将漆层层交叠涂刷于器皿上,然后刻出蔗形涡纹的曲线沟槽,显露出各种颜色条纹的连续图案。最早是被铸剑师使用于刀剑配件之上,运用铸剑技术锻打熔接在一起的非铁金属薄片而制作出木纹金。日本木纹金工艺以有色金属基为主,而铜基金属又是有色金属基中的主要角色。木纹金产生的最初目的是为装饰刀身,而铜基合金良好的可锻性、出色的冶金性能和优异的化学致色性能成为了制造木纹金(图9-16)的决定因素,加上日本资源贫乏,其他昂贵的金属都不在日本传统工艺的考虑之内。

木纹金工艺虽然在日本产生,但是却在西方国家得到了发展。木纹金工艺自19世纪末传入欧美国家后,在欧美迅速发展。西方国家并没有拘泥于这种金

图 9-16 木纹金

属的材质限制,开始将这种工艺运用到各种金属行业当中,从 18 世纪 70 年代在 Tiffany 的设计师爱德华·摩尔制作的一件带有木纹金把手的餐具,到 19 世纪早期,木纹金的技术在英格兰克劳德市长的办公室中间的链环上展示出来,再到 20 世纪六七十年代木纹金工艺在西方广泛的流传,在些微的变化中木纹金工艺开始和贵金属慢慢搭界,这样也就为首饰行业引进了一种新型的设计材料。

二、木纹金工艺制作流程

制作木纹金的金属种类众多,纯金、白金、925 银、纯银、红铜与黄铜都可以作为木纹金的合金,甚至铜合金、镍银、铁、不锈钢、钛及铝也都可以当作合金的材质。

木纹金工艺有非常重要的一个环节——熔接,在熔接成功的基础上,才可以进行后续的操作,比如产生花纹,与色彩调试。在熔接金属时则需注意下列事项:①金属的硬度,不同硬度的金属在碾压的过程中会因为延展性的差异而相互拉扯,造成金属撕裂的状况;②金属的熔点,熔点较低的金属在熔接的过程中会先熔融,故在熔接的过程中宜选取熔点接近的金属当作合金的材质;③金属的厚薄,厚薄差异太大的金属在加热的过程中因所受的应力不同,较薄的金属容易造成变形的现象,影响合金密合的程度。

木纹金工艺制作具体有以下几个步骤。

1. 金属基材的准备及处理

金属基材的准备及处理包括：选择适当的金属板材，并将其裁切成大小相等的矩形；一般合金8～18层较为适宜，操作也较为容易；将裁切好的金属边缘修饰平滑，并将金属表面以砂纸研磨；将研磨好的金属表面酸洗并用去污粉清洁干净，再以玻璃纤维刷将金属表面残余杂质去除；将清洁干净的金属交迭排列平整，并于上、下各放置一片平坦的钢板，用合适工具将金属固定住。

2. 金属基材的熔接及相关处理

金属基材的熔接及相关处理包括：以耐火砖搭盖一适中的简易小窑，将固定好的金属放入窑内，以瓦斯与氧气加热，并让火焰覆盖整片金属，使金属受热均匀；观察金属加热情形，当金属边缘呈现微微发亮时，即表示金属熔接完成；将熔接完成的合金取出，以榔头锻打；锯除边缘不规则的部分，将合金酸洗干净；再于合金边缘涂上助焊剂，加热使边缘再次熔融，以强化金属的密合度；将熔接好的合金以锻打或碾压的方式调整至所需的厚度。

3. 木纹的形成及处理

木纹样的形成有几种基本方式。

（1）敲花。由合金背后敲凿出所需的纹样，使金属表面隆起，再以锉刀修平以显露出纹样（不同形式的敲凿方式将显示出不同的纹样）。

（2）钻孔。由合金的正面以钻孔的方式钻出所需的图样，再以榔头将合金打薄至物件所需的厚度。

（3）扭转。将制作好的木纹合金用抽线板抽成所需的宽度，再将棒状或线状的合金退火，一端夹于台钳之上，另一端则以钳子夹紧后扭转。扭转的过程中需不断以火加热，以防止合金在旋转过程中撕裂。

4. 金属表面的后续处理

做好的木纹金表面处理方式有下列几种。

（1）抛光。将完成的对象以水砂纸研磨后进行抛光，此种方式最能保持金属原色。

（2）腐蚀。以强酸将木纹合金腐蚀，可做出多重层次的纹样。

（3）化学染色。不同的金属有不同的染色配方，可以根据配方进行化学染色处理。

三、木纹金工艺的现代发展

西方国家对木纹金研究和探讨后，融入了现代化的制作方法和设备，使得这种本应失败率极高的传统工艺趋于成熟和完善，可以被自由运用到首饰设计和加工的行业当中。近些年来，西方出现了大量丰富的现代金属装饰材料，就黄金、白银来说，已经开发出了很多品种，从较早出现的各种K金（图9-17），到近些年较为流行的玫瑰金、钯金、铂金、银黏土等，都在丰富着金银首饰的材料。各种合金与新型金银材料的出现，会在呈现效果上更符合现代人的审美观，为木纹金工艺的拓展提供了更丰富的条件。但在我国，这还属于一种鲜为人知的金属工艺，无论是在工艺技术还是在运用与首饰的设计方面都与欧美国家存在着相当大的差距。

图9-17　K金木纹金的耳饰

木纹金工艺肌理的运用常讲究变化、自然、原始和不加雕琢。作品中呈现出对自然形态的模仿和再现，使得被装饰的物品看起来妙趣横生、别有风味，正好符合了西方人追求简单明了、热情奔放的性格。因此，现代西方已经出现了不少个人工作室，将这种无法进行批量生产的特殊材料运用到首饰制作行业当中。由于木纹出现的随机性，所以无法找到两件完全相同的首饰，这样就极大地满足了西方人标榜个性的心理需求。在西方，不少人的结婚对戒会使用这种特殊的金属工艺来完成。

追溯到木纹金所产生的特殊环境和特殊的表现形式，这种工艺可以体现出一种原始的对于生命的渴望。将传统的木纹金工艺在当代进行创新，需要我们有开放的眼光和大胆的态度，用符合当代审美的艺术语言对其进行塑造和设计。让传统工艺与当代审美相互融合，相互渗透，才能逐步取得造型上的突破。传统木纹金工艺又是对当代造型设计的一种补充，传统造型语言能够为当代设计的造型添加一些厚重感。同时，我们受到现代西方文化的影响，也需要加以改良，把传统的艺术精华融入其中，在演化中追求东西方文化的融合，追求传统与现代的融合。能够在木纹金工艺作品中既表现东方民族的传统精髓，又令作品更具说服力和"精气"，融会贯通，才是推进传统木纹金工艺演进的目标。

我们不应该一味地用中国传统的设计形制来约束自己的设计形式，反而应该将我们的本性自然展露出来，显示我们的个性，达到古人追求的"天人合一"。针对木纹金的工艺特性，在材料的使用上还需要不断钻研，开发出更适合于展现这一工艺魅力，并且适合现代人佩戴的首饰材料。通过材料的吸收、改良，可以实现木纹金工艺在当代的演进。

第六节　电镀工艺

贵金属首饰经加工成形后，其表面呈现的颜色是金属本色。然而，有时需要改变其本身颜色，以求达到特殊的效果。比如要求18K黄金首饰就像足金那样金黄，而18K白色黄金首饰要像铂金一样纯白，这就需要对金属首饰进行电镀处理。在首饰行业，改变金属表面颜色应用最多的就是电镀。首饰经过打磨、抛光后，再经过镀前处理和电镀，形成电镀层，使得首饰更显得光亮无比、美丽动人。

电镀的目的主要是使金属增强抗腐蚀能力，增加美观效果和表面硬度。

电镀是一种金属表面制作的工艺，它是根据首饰的电镀要求配制专用电镀液，在一定pH值和温度条件下，通过正负电极电流与电镀液的电化学反应，使镀金液的金离子转移到首饰用金属表面的过程。电镀（图9-18）既起到保护金属表面的作用，又可使金属首饰更加美观。

电镀分本色电镀和异色电镀。本色电镀是指电镀颜色与首饰金属基材的颜色相同，首饰的金属基材与电镀的化学组成也基本一致。例如18K金首饰镀18K金色，14K金首饰镀14K金色。异色电镀指电镀的颜色及成分与首饰金属基材的颜色、成分都不相同，例如14K金首饰镀24K黄金色或镀白色的铑金（图9-19）。

图9-18　镀白色金吊坠

图9-19　镀铑首饰

在电镀液中加入不同的合金元素,如铜、镍、钴、银等,控制相应的浓度和工作条件,可以得到不同成色和不同色调的 K 金镀层。如 14K、16K、18K、22K、24K 等成色。

在国际市场上,电镀工艺常用于 18K 以下含量的 K 金首饰表面处理,镀层的颜色有很多,如黑色、浅蓝、酱色、紫色、橙红、粉红、金黄、橙黄等单色电镀和多种颜色的套色电镀,镀层的表面形状也有光亮、纹理(有规律和无规律)、亚光(喷砂)、蚀痕等,以适合不同消费者的需求。现代电镀技术发展了黑色 K 金或彩色 K 金等贵金属电镀和特殊折光效果电镀等方法,可以镀出很多颜色的首饰。

电镀的质量很重要,对于 K 金饰品,磨损后会露出原来的 K 金本色。所以镀金的镀层一般要求有一定厚度,基本为 10μm 以上。电镀金饰品成色印记为"KGP"或"KP",市场上常有利用消费者对成色标记不熟悉的弱点以镀金饰品冒充 K 金饰品的情况发生。

一、电镀工艺的历史

金覆盖层的应用可以追溯到古代,但在中国古代青铜器中,有一种叫"黑漆古"的青铜器,虽在地下埋藏了好几千年却光泽如新,没有丝毫锈蚀。通过科学家的研究,发现它的表层含有铬元素。原来,这青铜器数千年不朽的秘密,就因为它经过了"铬化技术"的处理。这是世界上最早的铬化技术。

后来,人们采用机械方法将金箔覆在制品表面,或用鎏金工艺的方法,使黄金覆在金属表层,以取得黄金的外观。直到 1840 年英国人埃尔金顿获得了氰化物电解液镀金的第一个专利,才开始了电化学镀金的历史。

在我国,传统的电镀铬金属表面处理工艺已有 180 多年的历史。这种工艺通过阳极溶解、阴极吸附的技术原理,可在各种易氧化生锈的金属工件表面形成保护层。然而,随着市场经济的飞速发展,电镀铬技术应用领域的不断扩大,传统电镀处理工艺的缺点也越来越明显。20 世纪 70 年代,中国独创无氰电镀新工艺取代了有毒的氰法电镀,是世界电镀史上的创举。

目前,化学处理的方法很多,主要有电镀、化学镀、化学转化膜技术等。随着科学技术的发展,首饰基材的表面处理显得越来越重要,也是首饰加工业最为关注的问题之一,其实质上就是光与色的处理问题。

二、电镀的工艺流程

在电镀时,一般都是用含有镀层金属离子的电解质配成电镀液,把待镀金属制品浸入电镀液中与直流电源的负极相连,作为阴极,用镀层金属作为阳极,与

直流电源正极相连。通入低压直流电,阳极金属溶解在溶液中成为阳离子,移向阴极,这些离子在阴极获得电子被还原成金属,覆盖在需要电镀的金属制品上。

金属首饰在电镀前,由于经过各种加工和处理,不可避免地会粘附一层油污和表面产生的氧化层,而这些油污及氧化物将会影响镀层质量。为了保证能镀出符合电镀质量的镀层,必须把首饰表面的污垢和氧化物处理干净。还有就是一些首饰金属执模抛光后,表面粗糙,不够精致,在这种材料表面上也很难镀出结合牢固、防腐蚀性好的镀层,即使勉强镀上镀层,在很短的时间内首饰上镀层会出现蜕皮、鼓泡、麻点、花斑等不良现象。因此,电镀前期的各道工序应做到精细。

1. 电镀前清洗处理的主要步骤

1)除油

油污包括3类:矿物油、动物油和植物油。按其化学性质又可归为两大类,即皂化油和非皂化油。动物油和植物油属皂化油,这些油能与碱作用生成肥皂,故有"皂化油"之称。各种矿物油有石蜡、凡士林及各种润滑油等,它们与碱不起皂化作用,统称"非皂化油"。

超声波脱脂是利用超声波振荡的机械力,能使脱脂溶液中产生数以万计的小气泡,这些小气泡在形成生长和闭合时产生强大的振荡力,使材料表面粘附的油脂、污垢迅速脱离,从而加速脱脂过程,使脱脂更彻底。对于处理形状复杂,有微孔、盲孔、窄缝以及脱脂要求高的材料更为有效。同时,可往超声波里注入适量的脱脂液(如除蜡水),选择适当的温度,因为温度和浓度过高都会阻碍超声波的传播,降低脱脂能力。

电化学除油是将材料挂在碱性电解液的阴极上,利用电解时电极的极化作用和产生的大量气泡将油污除去的方法。电极的极化作用,能降低溶液界面的表面张力;电极上所析出的氢气泡和氧气泡,对油膜层有强烈的撕裂作用与溶液的机械搅拌作用,从而促使油膜迅速从材料表面脱落转变为细小的油珠,加速、加强除油过程。此外,电化学除油的效果不仅远远超过化学除油,而且还能获得近乎彻底清除的良好除油效果。

2)水洗

水洗是电镀工艺不可缺少的组成部分,水洗质量的好坏对于电镀工艺的稳定性和电镀产品的外观、耐蚀性等质量指标有重大的影响。这种影响来自两个方面:一是水本身含有的杂质污染了溶液或材料表面;二是水洗不干净使电镀用的各种溶液产生交叉污染或污染材料表面。

3)弱侵蚀(活化)

材料经除油、水洗后表面会生成一层薄氧化膜,它将影响镀层与基本金属的结合强度,因此,镀前要进行活化,使材料表面产生轻微腐蚀作用,露出金属的结晶组织,以保证镀层与基材结合强度好。活化溶液都较稀,不会破坏材料表面的光洁度,时间通常只有几秒至一分钟。经活化后的首饰件必须再水洗干净后进行电镀。

经过除油、水洗、弱浸化之后,要求电镀层的基本质量能达到以下几点,即可开始镀金。

(1)与基材金属结合牢固,附着力好。
(2)镀层完整,结晶细致而紧密,孔隙率小。
(3)具有良好的物理、化学及机械性能。
(4)具有符合标准规定的镀层厚度,而且镀层分布要均匀。

2. 镀金

黄金是一种金黄色的贵金属,其化学性质非常稳定,不溶于各种强酸,只溶于王水。用黄金来电镀各种首饰的表层具有极好的保护作用,因其抗腐蚀性极佳,长期佩戴不易改变颜色,而且金黄的颜色华贵耀眼,镀在首饰表面十分美观。

所谓镀金就是根据首饰的电镀要求配制专用镀金液,在一定 pH 值和温度条件下,通过正负电极电流与电镀液的电化学反应,使镀金液的金离子逐渐转移到首饰的金属表面上的过程。市场上有配制好的各种型号镀金液出售。目前,国内外首饰制作厂家大都采用氰化物镀液和无氰镀液两大类镀金液。前者为有毒的溶液,使用时要分外小心。其中氰化物镀金液又分高氰和低氰。高氰镀金液中 pH 值在 9 以上的称为"碱性氰化物镀金液"(高温和低温),其 pH 值在 6~9 之间的称为"中性及弱碱性氰化物镀金液"。低氰酸性镀金液,其 pH 值在 3~6 之间,这种镀金液多为柠檬酸盐镀金液。由于环境保护的原因,现代已广泛采用低污染的无氰镀金液,这种镀金液是亚硫酸盐制作的。

第七节 电铸工艺

电铸是首饰制作的新工艺,其原理类似于电镀,在铸液中铸件为阴模,表面活化处理后产生导电层,通过电泳作用金属将逐渐沉积在阴模表面,达到一点厚度即可取出,打磨焊接,表面处理后,即成为一件漂亮的电铸首饰。这类饰品外观漂亮,体积大、质量轻,电铸速度快,产量可高可低,易于灵活掌握。目前市场上的黄金摆件如吉祥物、佛像(图 9-20)、生肖等都是通过电铸制成的中空黄金饰品。

电铸是俄国 Б.С.雅可比于 1838 年发明的,在石膏母型上涂敷一层石蜡,通过石墨使其表面具有导电性,然后表面镀铜,镀后脱模,以制成铜的复制品。最初的电铸主要用于复制金属艺术品和印刷版,日本昭和初年,京都市工业研究所和大坂造币司等单位开展了在石膏母型上铸铜,在绝缘体上电镀等方面的研究,并制作了许多精美的金属工艺品。19世纪末电铸开始用于制造唱片压模,其后应用范围逐步扩大。以石膏或蜡等作为母型模进行电铸时,不仅制造技艺要求高、操作麻烦,而且母型易破损,难以制出精致的复制品,所以电铸的应用范围十分有限。塑料母型材料的问世以及电镀水平的提高,促使了电铸技术的发展,并广泛应用于制造采用其他方法不能制造的,或加工有困难的急需产品。特别是近几年,由于电铸用于制造宇航或原子能的某些零件,它已作为一种尖端加工技术而为人们所瞩目。

电铸技术应用于首饰制作始于西方国家,到今天首饰电铸技术已经比较完善,出现了镶嵌电铸、贵金属电铸等方法,电铸首饰的品种日趋丰富。将电解铸造技术应用于首饰制作,为

图 9-20 电铸如来佛像

首饰设计与制作开拓了新的发展领域,也提高了企业的生产效益,使首饰能满足消费者的个性化需求。与其他首饰制作方法相比,电铸技术可制作出造型更灵活多样的、复杂程度更高的首饰。电解铸造技术与熔模铸造技法相比,制作出的首饰具有金属层薄、质量轻、成本低等优点。

现代电铸大致可分为 3 类:装饰性电镀(以镀镍-铬、金、银为代表)、防护性电铸(以镀锌为代表)和功能电镀(以镀硬铬为代表)。

一、电铸法的优缺点

电铸法的优点有如下几点。

(1)极高的复制精度。电铸最重要的特征是它具有高度"逼真性"。电铸甚至可复制 0.5μm 以下的金属线和高精度金属网(超细金属网),适合进行首饰制造。

(2)能调节沉积金属的物理性质。可以通过改变电镀条件及镀液的组分及方法调节沉积金属的厚度、硬度、韧性和强度等。还可以采用多层电镀、合金电

镀、复合电镀方法得到其他加工方法不能得到的物理性质。

(3) 不受制品大小的限制,只要能够放入电镀槽就行。

(4) 容易制出复杂形状的首饰。

首饰电铸法的缺点有如下几点。

(1) 操作时间长。

(2) 要有经验和熟练技能的人员操作。

(3) 必须有很大的作业面积。

(4) 除了要有电镀操作技术外,还必须掌握首饰制作知识。

二、电铸技术的用途

(1) 制造复制品。包括原版录音片及其压模、印模、粗糙度标准片,美术工艺品,首饰,建筑五金,佛具(图 9-21)等。

(2) 制造模具。包括塑料成形模具、冲压模具、镍-钴-钨硬质合金电铸模具、印刷用字母等。

(3) 金属箔与金属网的制造。包括印刷线路板用铜箔、各种金属网、平板或旋转过滤网(用于印染、电器及电子零件)、特殊刀片等。

图 9-21　电铸观音像

(4) 其他。用于制造电火花加工电极、防涂装遮蔽板、金刚石锉刀、钻头、波导管、贮藏液态氢的球型真空容器、熔融盐电解制造钨等耐热金属的透平叶片、从非水溶液制造铝太阳能集热板等。

第八节　其他现代金属工艺

一、喷砂工艺

现在很多首饰已经不再是亮晶晶一片了,其中不少有粗糙的表面,这就是首饰加工中的喷砂工艺(图 9-22)。将金属首饰件,按设计要求局部喷砂表面,可与金属首饰的抛光面形成鲜明的对比,从而增强首饰的线条艺术美感。

喷砂是将金属首饰工艺按设计要求局部喷成麻面的一种工艺。它可使首饰的抛光面与喷砂面形成质感对比,以增强首饰的表面装饰效果。喷砂有时用于清除金属表面硬质镀层。

喷砂机由一个玻璃钢盒子和固定在盒子上的橡胶套构成。盒子上有玻璃观察窗,喷砂磨料有硅砂、氧化铝砂砾等(可根据不同需求选用),砂子经高压空气喷枪快速击打金属表面,形成喷砂效果。有时喷砂可以做成段子光泽和"结霜"效果,也可以在一件首饰上喷出不同肌理的图案。喷砂有干喷和湿喷两种。

图9-22 喷砂男戒

喷砂工艺以压缩空气为动力,形成高速喷射束将喷料(铜矿砂、石英砂、金刚砂、铁砂、海砂)高速喷射到需处理的首饰表面,使工件表面的形状发生变化。由于磨料对工件表面的冲击和切削作用,使工件表面获得了一定的清洁度和不同的粗糙度,也使工件表面的机械性能得到改善,因此提高了工件的抗疲劳性,增加了它和涂层之间的附着力,延长了涂膜的耐久性,也有利于涂料的流平和装饰。

喷砂工艺的操作步骤如下。

(1)将抛光并清洗后的首饰件所不需要喷砂的部位用防护蜡或防护胶纸封上作为保护。贴防护胶纸或点防护蜡时,线条要流畅、整齐。

(2)按要求挑选适当粗细的金刚砂,放在喷砂机内,然后调试所需要的空气压力。

(3)手持首饰工件,将需要喷砂的部位放入喷砂机内,对准喷砂机出砂口,打开气压阀门,金刚砂通过空气压力喷在金属首饰件上,喷到符合要求为止。喷砂的位置要求完整、均匀,以便达到效果。

二、磨砂工艺

通过磨砂工艺使金属表面形成微小的坑洼,使之形成漫反射,虽然金属磨砂的表面完全不反光,但是它仍然具有金属的质感。磨砂工艺处理的首饰表面,增强了刚毅的质感,霸气冷静、稳重内敛。现在在很多金属磨砂表面涂上颜色,可以使外观更时尚。

三、表面被覆处理工艺

表面被覆处理层是一种膜,如涂层或镀层覆盖首饰表面的处理过程,是一种重要的金属表面处理工艺。依据被覆材料和被覆处理方式的不同,表面被覆处理有镀层被覆(电镀、阳极氧化着色、熔射镀、蒸发沉积镀和气相镀等),有以涂装为主体的有机涂层被覆,还有以陶瓷为主体的搪瓷和景泰蓝等被覆。表面被覆处理层依据被覆层的透明程度可分为透明表面被覆和不透明表面被覆。无论金属表面采用何种被覆处理,其目的均在于保护和美化首饰,有时还可赋予金属表面一些特殊的功效。

1. 镀层被覆

镀层被覆能在首饰表面形成具有金属特性的镀层,将金属表面转变成金属氧化物或者无机盐覆盖膜,这是一种典型的表面被覆处理工艺。镀层被覆不仅可以提高金属的耐蚀性和耐磨性,还能改变金属表面的颜色、硬度、平滑感、光泽感和肌理感,因此能保护和美化首饰。按镀层的表面状态可分成镜面镀层和粗面镀层两类,或分为有光镀层、半光镀层和无光镀层。镀层被覆处理工艺的缺点是镀层的色彩单调,并对制品的大小和形状有所限制。

被覆的方法有电镀、化学镀、熔射镀、真空蒸发沉积镀、气相镀等,还有特殊方法——刷镀法和摩擦镀银法。随着首饰材料的多样化和对镀层功能的要求,发展了合金镀、多层镀和复合镀及功能镀等方法。

2. 涂层被覆

在首饰表面形成以有机物为主体的涂层,即涂层被覆,这是一种简单而又经济可行的表面处理方法,在工业上通常称为"涂装"。涂层被覆的目的有3个:一是提高首饰的耐久性;二是将首饰的表面转变成涂层所具有的色彩、光泽和肌理;三是赋予制品隔热、绝缘、耐水、耐药品和耐腐蚀等性能。

涂层被覆所用的材料是各种涂料,它们由主要成膜物质、颜料和稀料等混合加工而成。主要成膜物质是涂料中的主要组分,大多数为各种合成树脂,其主要作用是使颜料分散,并使涂料附着于被覆盖物的表面上。热喷涂和烤漆都是涂层被覆的一种形式。

热喷涂是一种表面强化技术,它是利用某种热源(如电弧、等离子弧或燃烧火焰等)将粉末状或丝状的金属或非金属材料加热到熔融或半熔融状态,然后借助焰流本身或压缩空气以一定速度喷射到预处理过的基体表面,沉积而形成具有各种功能的表面涂层的一种技术。

现在流行的烤漆工艺已经在首饰表面工艺中应用(图9-23),经过烤漆工艺处理的首饰表面,华丽而不失高贵,流光溢彩,风情万种。

图 9-23　民族风烤漆钩花画耳环

四、蚀刻工艺

蚀刻工艺是指在金属表面将一些地方保护起来,用酸腐蚀掉未保护的地方,从而形成图案的方法,也称"酸蚀"。很多人喜欢采用蚀刻的方法来美化作品。蚀刻是建立在化学作用的基础上,酸能去除或称"咬"掉部分金属,保护层用于设定的背景上,让这些地方免受酸的侵蚀。

1. 蚀刻分类

用于首饰制作的蚀刻方法有两种:"开放式"蚀刻和"闭合式"蚀刻(图9-24)。前者将大面积的金属暴露于酸中,蚀出很深的凹陷甚至蚀穿。这种效果用于凹陷处填充珐琅或镶嵌其他金属,当然也可单独作为装饰。"闭合式"蚀刻是将金属表面全部涂上保护层,用针刻出细线组成图案,放在酸中腐蚀,这样只有极少部分金属被腐蚀掉。

2. 蚀刻前的准备

经蚀刻可以完成一件首饰的装饰,也可以在蚀刻前进行其他手法的装饰。蚀刻可以

图 9-24　蚀刻图腾男戒

在有造型的工件上进行(弯曲的小件),但在一般板材上进行时,需腐蚀完之后再弯曲造型。

首先用细砂纸去掉金属板上的划痕,然后清洗油渍,宜用去污粉或洗洁剂加水冲洗,冲水的时候不要用手去触摸要腐蚀的地方。

如果是做"开放式"(深度)的蚀刻,则把图案用复写纸拓在金属板上。做"闭合式"蚀刻,先把保护层涂到板上,再把图案拓到保护层上。

五、填漆工艺

填漆,顾名思义就是填嵌彩漆(图9-25)。填漆工艺在我国的漆器工艺中是最高级的一种,在漆器技艺中的评价极高。在传统漆艺中,依其制法的不同,可分为磨显填漆和镂嵌填漆两种,其最大特色为图案花纹、线条、着色与漆地齐平,且色彩妩媚动人,表面光滑如镜。而且磨显填漆是以描绘图案纹样后,罩漆再经磨显而成的,过程中无须雕刻;而镂嵌填漆则是雕刻各种图案花纹后,再以色漆填入,待干后磨平,表面光滑,色彩隐现如画,又是无需磨显的程序。

图9-25 明万历雕填漆龙凤纹盘

磨显填漆是在事先设计好的花纹上,以五彩稠漆堆成花纹,再涂以罩漆,仔细打磨,直到花纹显露出来。对磨显填漆而言,可在制造漆器的髹漆涂过糙漆后,在素地上描绘花纹或书写文字,再涂上面漆,将描绘好的图案纹样罩在漆下,经过磨显的程序后,所描绘的图案纹样才能重新显露出来。磨显填漆的图案纹样不会凸出于漆器的表面,和一般的描绘漆器不同。制作成品经研磨后,表面光滑亮丽。

镂嵌填漆是在漆面上刻花纹，再在刻痕内填色漆。以镂嵌填漆而言，可在制造漆器的髹漆涂过糙漆的素地上，涂上最后一次面漆后，使用雕刻刀或针锥刻画出图案纹样，再将各种颜色的色漆填入或嵌入其他材料，待其干燥后磨平，使图案纹样隐现于漆面之内，表面光滑，色彩隐现如画。

六、压印工艺

压印，亦称"压痕"，压印工艺是首饰上一种肌理性质的装饰手法。就是把要求的字样或图形制成模具，利用金属可塑变形的特性，用压力在金属表面压出痕迹的一种工艺方法。压印只能在金属板的一个面上做出。各种压印的肌理主要由錾子上的花纹决定。当然，花纹的设计凝聚了设计师的想象，錾花錾子、麻花錾子、压印錾子和某些皮刻錾子都可用在金属表面压印花纹。

在压印花纹之前，金属板要进行退火处理，用砂纸打磨，最后用抛光轮抛光，纹样可用复写纸拓到板材表面，也可手绘。

七、熔烧肌理工艺

熔烧肌理工艺是用焊枪把金属表面熔烧成波浪起伏肌理的方法（图9-26）。这种方法的原理是：当一片金属的一面被加热至熔化的时候，另一面因为导热的原因开始变软，这一时刻让它冷却，变软的这面就会往中心收缩，以少熔的那面冷却的略慢，两面不能同步，因此产生褶皱。

实践证明，标准银比较容易做出褶皱，效果最好的是830银。一般来说，要做褶皱的工件其造型和轮廓预先很难完成。

做褶皱肌理需要在925银或830银片的表面做出一层纯银薄膜。其方法如下：把合金银板放在铺满浮石的退火盘中，用焊枪以文火慢慢加热（5～10分钟）至暗红色，把它淬入10%稀释硫酸溶液，酸液淬火能去掉氧化层，在合金表面留下一层纯银。

这样的过程可以重复4次，做完之后，纯银层会增厚。当然，这只是普通的情况，具体烧多长时间、淬几次酸并不是很严格，要根据经验和做什么样的褶皱而定。注意事项：在操作的时候，尽量用铜镊子夹工件，避免用手拿。

在熔烧褶皱之前，确认金属片的表面平滑。不想有褶皱的地方两面都刷上赭土，形成保护层。把金属片放在一片干燥的焊瓦上，用软硬适中的焊焰慢慢加热。要来回移动焊枪，逐渐加高火焰的热度至金属板变暗红色并出现皱纹。这个过程往往需要几分钟。当褶皱明显出现的时候焊焰还要增加一点热度，不仅

图 9-26　褶皱肌理

要来回移动,还要上下动,或者做对角线移动,从一个方向到另一个方向,边角的地方也不能漏掉。

持续加热有时候会烧出窟窿,如果出现这种情况,也不要停下焊枪,等做完再说,也许整块材料有一部分能用,或者窟窿也能做成肌理的一部分。

做好皱纹的银板放入10%稀释硫酸中酸洗。

做过褶皱的金属板很脆,很难弯曲,难以做造型。要把它们相互焊接或与别的材料焊接只能用低温焊料。用褶皱银板做的首饰后期处理有做旧、电镀或用钢丝刷刷,黄色和红色14K金也可以用此方法做出褶皱。

贵金属材料与工艺

第十章 贵金属首饰的选购与保养

第一节 贵金属首饰的选购

珠宝首饰不仅具有高雅的艺术观赏价值,而且具有保值作用,在社会不断发展的今天,它已成为老百姓十分乐于购买的物品。目前市场上销售的珠宝首饰可分为宝玉石首饰和贵金属首饰,宝玉石首饰主要包括钻石、玉石、有色宝石等,贵金属首饰包括黄金首饰、白银首饰、铂金首饰、钯金首饰等,它们的特性各不相同。表10-1列出了各种贵金属材料的基本特征。

表 10-1 常用贵金属材料的特性

元素名称	元素符号	熔点(℃)	密度(g/cm³)	摩氏硬度	理化特性
金	Au	1 064	19.32	2.5	耐腐蚀,延展性好
银	Ag	961	10.49	2.7	延展性好,易硫化变黑
铂	Pt	1 773	21.45	4~4.5	耐腐蚀,延展性好
钯	Pd	1 554	12.16	5	耐腐蚀,延展性较好

贵金属含量是重要的产品质量指标,国家标准明确规定了贵金属首饰中贵金属的纯度范围及其标志方法。表10-2为常见贵金属首饰的纯度和标志方法。

一、贵金属首饰选购准则

现代贵金属首饰种类丰富多彩,不胜枚举,因此在购买贵金属首饰的时候要注意识别。

(1)认清贵金属首饰质量检验标志。为了消费者自身的权益,请在大型商场购买具有质检机构检验标志的贵金属首饰。检验标志中注明贵金属的质量和含量等信息。

(2)认清首饰印记。首饰印记是指印在首饰上的标志(表10-2)。其内容应包括:厂家代号、材料、纯度等。当采用不同材质或不同纯度的贵金属制作首饰时,材料和纯度应分别表示。当首饰由于过于细小等原因不能打印记时,应附有包含印记内容的标志。

表10-2 常见贵金属首饰的纯度和标志方法

贵金属首饰	纯度千分数最小值(‰)	纯度的传统标志方法	标志方法
金首饰	375	9K	G9K
	585	14K	G14K
	750	18K	G18K
	916	22K	G22K
	990	足金	足金
铂首饰	850		Pt850
	900		Pt900
	950		Pt950
	990	足铂、足铂金	Pt990
银首饰	800		S800
	925		S925
	990	足银	S990
钯首饰	500		Pd500
	950		Pd950
	990	足钯、足钯金	Pd990

(3)选购首饰需注意其工艺质量。首饰(图10-1)表面要光洁、无明显加工痕迹,尖角处无毛刺,不扎不刮。镶嵌类首饰宝石要稳固、周正,不能有松动、损伤、损坏的现象;镶好宝石的饰品要保持原模的整体协调与美观,不能变形、走样,金属基材不能有损伤及修磨加工的痕迹。浇铸首饰无裂痕和明显缺陷,焊接牢固,无虚焊、漏焊及明显焊疤。手镯镯身平直、圆整,簧口紧密、灵活、开启方便;手链、项链的链身基本垂直;耳饰插针长短一致,耳壁松紧适度等。

(4)及时复称质量。在购买以质量计算的首饰时,应当场称量,核实无误。

(5)索要销售凭证。在购买贵金属首饰时,应向销售方索要销售凭证。销售

图 10-1 Tiffany 蚕豆吊坠

凭证要注明:首饰名称、成色、质量、购买日期及销售方盖章等。

(6)到正规的、有商业信誉的商场购买。

(7)不正确的首饰名称。市场上对贵金属首饰有些不正确、不规范的叫法(称谓)。如:"18K 白金"实际上是白色的 18K 金首饰,而不是铂金首饰;"纯银"首饰也是错误的叫法,没有纯银首饰,只有足银首饰(含银 990)、925 银首饰、800 银首饰。"钯白金首饰""钯铂首饰"等都是不正确的叫法。

二、贵金属首饰的选购

1. 了解影响贵金属价格的因素

黄金等贵金属是人类较早发现和利用的金属,也是不能人工合成的天然产物。黄金是财富和权利的象征,在历史文化中都充当着财富和权利的角色。黄金、铂金、白银等贵金属在人们的生活中扮演着重要角色,在金融货币领域、社会文化领域、政治生活领域扮演着特别的角色,如流通、收藏、投资、欣赏、保值、佩戴装饰、礼仪交际等。

2. 注意外形款式

黄金首饰(图 10-2)容易变形,要看整体形状是否完好,有无变形。要选择表面花纹清晰、光亮度好、纹理均匀细腻的首饰,购买首饰时要注意:首饰边缘是否光滑精细；链条的接口是否结实，活动是否灵活，是不是容易翻面；耳环和胸针焊接是否牢固；最重要的是必须亲自试戴，注意重心和尺寸是否合适。好的金饰应该舒适、顺畅，不会刮人且设计漂亮独特。

图 10－2　黄金首饰

3. 正确区分首饰的真假

鉴别首饰真伪的方法有很多，如掂质量、看色泽、听音韵、折硬度等。可根据前文介绍的鉴定方法，区分贵金属首饰的真伪。

4. 根据个人需求选择首饰

可根据个人年龄、气质、体型及购买动机选购饰品。有些饰品款式新颖、美观大方，但纯度不一定很高；而有些款式比较传统化的饰品，含金量相对较高。要根据个人需求购买，不要冲动购物。

5. 到有质量保证的商店购买

消费者到有质量保证的大商店选购，要有正规的质量保证单，查看制造厂家的商标或证明纯度的检验印记，标明饰品名称、成色、质量，以便日后查询。

6. 核查鉴定证书

贵金属的成色要用大型精密仪器或采用复杂的化学分析方法才能检测。购买的饰品一般附有权威检验机构的检验证明，购买时应注意核查。

7. 检查首饰外观

消费者应仔细检查黄金饰品有无毛刺，链身是否平直，搭扣、接头、耳夹等是否安全。还要特别注意它的扣件，看是否便于扣紧而且牢靠。购买银链时要将它放平，看链环是否纽结或弯曲，购买镀银饰品应检查其镀层厚度和镀层覆盖是否全面。为了使手链的搭扣，耳环的接头、耳头等部位更牢固，这些部位的成色要低些。

第二节　首饰的佩戴

首饰的佩戴是一门艺术,这门艺术给人们的生活增添了无穷的乐趣与色彩。合适的首饰搭配能提升人的气质,首饰与人和谐如一,主要体现在:①首饰的色彩、款式、设计风格和做工都很精美;②当首饰与佩戴者十分吻合时,首饰能掩盖缺点,突出优点,尽显佩戴者的气质;③首饰能增添佩戴者的美丽,在佩戴者的整体形象中起到了画龙点睛的作用。

为了恰当地选择与佩戴首饰(图10-3),人们必须考虑自己的性别、年龄、容貌、发型、妆扮、职业、所处场合等众多因素。

一、首饰佩戴的礼仪技巧

佩戴首饰时数量上以少为佳,在必要时,可以一件首饰也不必佩戴。若需同时佩戴,其上限一般为3件,即不应当在总数上超过3种。佩戴首饰时颜色力求统一,若同时佩戴两件或两件以上首饰,应使其主色调保持一致。佩戴首饰的质地力求同质,若同时佩戴两件或两件以上首饰,应使其质地相同。佩戴镶嵌类首饰时,应使被镶嵌物质地一致,托架也应力求一致。

二、根据个人特点选择首饰

首饰佩戴要考虑与本人特点的搭配,以求体现出佩戴者的品味。不同脸型、不同身材、不同职业的人有不同的选择。

(1)圆脸形的女性适合戴垂挂式的耳环及项链挂件;长脸形的女性最好戴包耳型耳环及有造型设计的短项链;方脸形者宜佩戴曲线优美的狭长耳坠和较长的项链;尖脸形者宜佩戴下垂的较大圆耳钉;上尖下宽脸形者,耳饰宜小不易大,项链宜长不宜短、宜粗不宜细;瘦高、颈长的人应戴较短的项链或多层组合的项链。短发与精巧耳钉搭配可衬托女性的精明活泼,长发与狭长耳坠搭配可显示浪漫风采。职业女性在上班时,宜佩戴庄重、典雅图案的首饰,不

图10-3　925银心形项链

宜佩戴夸张、粗犷图案的首饰。

(2)手指细长的女性,可戴夸张造型的戒指;手指略显圆润的女性,最好戴细戒或配有小图案的花戒,可以显得玲珑。

(3)不同体型的消费者选择首饰时应充分正视自身的特色,努力使首饰的佩戴为自己扬长避短。避短是重点,扬长则需适时而定。

(4)在首饰与服装搭配时,要注意首饰与服装面料、色彩和款式的协调统一。如丝绸面料服装轻盈飘逸,适合与高档精致的K金首饰相配。穿"V"领套装或西服的人,因脖子充分暴露在外,可以利用一些设计新颖的花式项链与之相配。

(5)职业女性适合佩戴斯文但有质感的首饰,通常造型有心形、花形等。

三、根据年龄、个性佩戴首饰

(1)不同的年龄佩戴不同的首饰。少女很难建立自己的佩戴风格,变化就是最适合她们的风格。佩戴首饰时需注意,不要把首饰佩戴在先天条件不太好的身体部位,这样只会放大缺点。少女可选择造型夸张的首饰、仿真首饰、时代感极强的彩色金首饰等。做了母亲的年轻女性应突出成熟之美,让首饰为你增添魅力。做工精致的珠宝首饰是首选,休闲时也可尝试富于童趣的饰品。年过六旬的女性,最好选用端庄典雅的上品首饰,在显示高贵之余表达一种精致而睿智的美。

(2)不同的个性佩戴不同的首饰。在展露个性的时代,精美的个性首饰可以起到点睛的作用,体现个人的爱好、品位和与众不同。佩戴个性首饰是年轻人彰显自我风格的最佳选择。

四、根据场合佩戴首饰

每个爱美的女士,或多或少都有几件首饰,在哪些场合佩戴哪种首饰值得斟酌一番。

工作场合佩戴首饰以简单为美,如一条精致的项链和吊坠的完美搭配,或是一枚造型简洁的戒指,都会使形象朴实大方;小型聚会时则可以讲究点品位,可佩戴耀眼一些的首饰,如大的胸针、镶有名贵珠宝的铂金首饰等,这些装扮在灯光的照射下会把你衬托得更加妩媚动人;洽谈生意时以庄重为主,因为这是一个比较正式的场合,庄重的仪表可以让你更被信任,这时你只要在正装上配一条项链或一枚胸针足矣;情侣约会讲究协调自然,这时最重要的就是注意两个人之间的首饰佩戴应步调一致、和谐自然。

五、其他情况

佩戴首饰还应与季节相吻合,季节不同,所佩戴首饰也应区分,深色首饰适合冷季佩戴,银色、艳色首饰则适合暖季佩戴。佩戴首饰还应注意遵守习俗,不同地区、不同民族的首饰佩戴习惯需要得到了解和尊重。

珠宝首饰尽管美丽,但也不能长年累月、不分昼夜地佩戴,否则可能会对健康造成伤害。例如有的人将戒指常年的戴在手上,结果被戒指箍紧的手指皮肤、肌肉、骨头凹陷成环状畸形,影响血液循环,手指会变得麻木、酸肿、疼痛,严重的甚至出现局部坏死。因此佩戴戒指不宜过紧,而且应该经常摘下活动手指。还有的女士睡觉不摘耳环,这样很容易被耳环上的金属钩环或是硬物刺伤脸颊。长期佩戴首饰,周围的皮肤也难以清洗干净。尤其是夏季,人体大量排汗,如果不注重清洁卫生,病原微生物就容易在此滋生繁衍,侵入皮肤中,从而影响身体健康。珠宝首饰一定要经常摘下来清洁,这样不仅可以保持首饰本身光洁如新,也对佩戴者的健康有益。

另外,过敏体质的人佩戴首饰时需注意,尽量选择纯金、纯银或者高档的珠宝玉石首饰,避免佩戴镀金、镀银、镀铬、镀镍及假玉等容易引起皮炎的首饰。

第三节 贵金属首饰的保养

在首饰佩戴和收藏的过程中需注意以下几点。

(1)佩戴贵金属首饰,特别是在佩戴细小的款式新颖的手链和项链时,在穿、脱衣服或整理头发时,可能会刮断首饰或使首饰变形,需注意保护。

(2)入睡前,应取下首饰,以免首饰变形或折断。

(3)不同颜色的贵金属首饰不要存放于同一首饰盒中,如黄金首饰不要与铂首饰、钯首饰、银首饰存放在一起,它们会互相摩擦,造成颜色上的混染。

(4)足金、足铂、足银首饰不要与低含量的饰品置于同一首饰盒中,以免造成含量上的互相混染。

(5)首饰佩戴久了表面往往会失去光泽或显得很脏,这时可以到商场首饰柜、黄金珠宝专卖店或有信誉的首饰加工店去抛光、清洗或电镀,也可自己用绒布、麂皮等干擦,或用酒精、洗涤剂、清水擦洗或湿擦。

一、黄金首饰的保养

虽然黄金耐久度较高,但如果不懂得怜香惜玉,黄金首饰表面还是会产生刮痕或凹坑,特别对于手上佩戴的饰品,如戒指、手链等更是如此。从事强体力活动前记得把黄金首饰取下。

(1)洗洁精的化学物质会改变金子的色泽,做清洁工作之前应取下黄金饰品。家居的清洗溶液里含有的酸、磨料和其他化学成分会破坏黄金首饰表面的光泽,所以进行任务繁重的清洁工作时要戴上橡胶手套。

(2)避免直接与香水、发胶等高挥发性物质接触,否则容易导致金饰褪色。黄金首饰长期受汗水、尘土、化妆品,如香水等的污染,容易失去原有的光泽,所以要定期清洁。可以使用温和的肥皂水清洗,或者到专业的珠宝店进行蒸气洗涤。清洁并冲洗后,一定要记得用一块麂皮或干净的软布擦拭,避免刮伤。

(3)游泳时要取下金饰,以免碰到海水或池水后,表层产生化学变化。黄金的天敌是氯液,所以让黄金首饰远离含氯清洗剂,如游泳池和浴缸里的水,并避免使黄金首饰与酸性、碱性物质及汗渍长时间的接触,洗澡时尽可能地取下金饰。

(4)保管的时候用绒布包好再放进首饰盒,避免互相摩擦损坏。

(5)黄金较软,容易变形,不要拉扯项链(图10-4)等饰品,以免变形。佩戴纯金戒指、耳环时,也最好不要多次把戒指、耳环掰来掰去,长此以往难免发生断裂。不要同其他较硬物体碰撞或摩擦。随时检查黄金首饰是否有裂痕或破损,特别是扣环是否松紧自如且安全可靠;镶爪避免断裂、弯曲或松动,以防宝石脱落;耳钉和饰针避免弯曲或松动,还要注意其他长期佩戴悬挂饰品的连接处是否有松动的迹象。

(6)纯金饰品在遇水银时会产生化学反应,出现白色斑点,清洗时只要在酒精灯下烧烤一会儿,就能恢复原色。

图10-4 伯爵黄金项链

(7)佩戴后的金饰常因污渍及灰尘的沾染而失去光泽,此时,只要将金饰置于中性洗洁剂以温水浸泡并清洗,再取出擦干即可。

二、铂金的保养

铂金的保养及注意事项如下。

(1)在日常生活中,不要将铂金首饰和黄金首饰同时佩戴,因为黄金质地较软,如果互相摩擦,黄金粉末会吸附在铂金上,使铂金变黄,影响铂金特有的纯净光泽。

(2)钯的化学性质不如铂稳定,比较容易氧化,在佩戴钯含量多的低铂金(含铂低于75%以下)首饰时,最好不要经常和酸以及各类化妆品直接接触,一旦接触应立即用清水冲洗,以防变色。

(3)在做家务时,千万不要让铂金首饰染上油污或漂白水。因为漂白水会使铂金产生斑点,而且在去除的时候比较麻烦。

(4)为避免铂金戒指变形,在搬运重物时最好不要佩戴。

(5)如果铂金饰品上镶有钻石,建议每年将铂金饰品送到珠宝店去检验一下,及时进行专业清洁和整修,令铂金钻石首饰常戴常新。

(6)如果铂金首饰戴久了,表面变暗或局部变色,可以自行抛光。具体方法是:将牙膏挤在毛巾上,用手拿着铂金首饰在其上来回摩擦,蹭去表面细纹和污物后,用经过稀释的洗洁精清洗后,再用清水冲洗干净,色泽即可恢复。

三、银饰的保养

银饰的保养及注意事项如下。

(1)最好的银饰(图10-5)保养方法是天天佩戴,人体的油脂会使银发出湿润自然的光泽(也有人例外,有人的汗液中本身含有使银变黑的成分)。平时不佩戴时用密闭口袋装好,防止银饰表面与空气接触而氧化变黑。若发现银饰有变黄的迹象,应先用小刷子清洁银饰品的细缝,然后用拭银布轻拭表面,即可让银饰恢复原本的银白与光亮。

图10-5 Tiffany银手链

(2)在佩戴银饰时不要同时佩戴其他贵金属首饰,以免碰撞变形或擦伤。

(3)每次佩戴完后可用棉布或面纸轻拭表面,清除水分和污垢,然后收藏于密封袋中,避免与空气接触。

(4)保持银饰的干燥,不要戴着游泳,切勿接近温泉和海水。自来水常用含漂白粉或氯气来净化,对白银有严重的侵蚀作用,侵蚀后的白银失去光泽,产生白色的氯化银。最好是用专用的擦银布擦拭银饰表面,以保持光泽,擦银布含有银保养成分,不可水洗。

(5)远离一些化学品,譬如酸性和碱性较强的物质或者香水。化妆品不仅含有汞,而且含有硫,这能令白银生成黑色的硫化银。另外,如果空气中含有硫也是不宜佩戴白银的。那些生活在化工厂附近或在化工厂工作的人,更加不能佩戴白银首饰。

(6)禽蛋类变质后会产生硫化氢气体,因此从事与禽蛋相关工作的人员不宜在工作时间佩戴银饰。

(7)臭氧也能导致白银变黑,日常生活中用的负离子发生器、消毒柜都不宜放置白银饰品。

(8)洗衣粉中含有漂白剂,漂白剂的主要成分含氯,对白银有一定的腐蚀作用。

(9)白银易吸收水银,并在吸收水银后,表面遭到破坏,完全失去光泽,形成银汞齐,因此使用体温计时要小心。

(10)白银饰品的清洗。如有轻微的变色情况,用软布蘸牙膏轻轻擦拭即可光亮如新;也可以挤一点牙膏在银饰上面,加水揉至起泡沫,再用清水冲干净即可恢复光亮;或者在牛奶里浸泡一夜即可恢复明亮。

四、镀金、合金首饰的保养

现在镀金饰品(图 10-6)盛行,镀金层会在使用中慢慢褪色,汗水对饰品的腐蚀绝对不容忽视,所以在平日里一定要仔细保养。

(1)首饰应当经常替换。同一件首饰,应避免长时间佩戴,因为首饰镀层长期接触汗水,容易腐蚀。最好多预备几件饰品以用作替换,大量流汗时尽量不要戴。

(2)首饰摘下后用清水轻轻冲洗,也可以使用中性清洁剂清洗,清洗后用纸巾或干布尽快擦干、晾干,不要留有水分,然后放入首饰盒或软布袋中。存放要小心,切勿将饰品重叠在一起,且应存放于原来包装袋中或置于有独立格子的首饰盒内,避免相互碰擦而磨花表面。

(3)化妆时避免直接与香水、发胶等化学物质接触,防止腐蚀镀层。在做家

图 10-6 伊丽莎白·泰勒 22K 镀金双头骏马马首胸针

务或运动时,尽量不要佩戴镀金、合金首饰,以免刮花或是碰掉水钻。

(4)在洗澡、泡温泉、游泳时,切记要把饰品取下,沐浴时的香气、游泳中的氯气、海水中的盐分,都会腐蚀纯金、银及合金,会对首饰镀层造成蚀痕。

第十一章 贵金属的回收

贵金属在地壳中的丰度极低,除银有品位较高的矿藏外,50%以上的金和90%以上的铂族金属均分散共生在铜、铅、锌和镍等有色金属硫化矿中,其含量极微、品位低。随着社会的发展,矿物原料应用范围日益扩大,人类对矿产的需求量也不断增加,因此,需要最大限度地提高矿产资源的利用率和金属循环使用率。由于贵金属的物理化学稳定性很高,为它们的再生回收利用提供了条件,加之其本身稀贵,再生回收有利可图。贵金属广泛地应用于现代高科技及国民经济的各个领域。因此,贵金属废料来自范围广泛的使用领域和众多的使用部门,并早已进入国际大循环,它是一种不受本国矿产资源局限的重要资源,而且明显地与用量有关。一般来讲,消费量越大的国家和地区,贵金属的回收量相应也越大,并因此促使其回收工艺和装备水平地不断提高,使之具有先进水平。

贵金属资源稀少、价格昂贵,其废料价值高,被称为"贵金属的二次资源"。随着中国国民经济的迅猛发展和人民生活水平的不断提高,贵金属在工业生产和首饰加工等方面的应用日益广泛。

一、贵金属回收概况

贵金属的地质储量有限,生产困难、产量不高。贵金属在使用过程中本身没有损耗,且在部件中的含量比原矿要高出许多,从二次资源中进行贵金属回收,工艺简单且成本低,同时可以实现变废为宝。因此,无论从资源连续性还是从保护环境的角度来看,贵金属二次资源的回收和利用都具有极其重要的意义。许多工业发达的国家把目光纷纷投向贵金属二次资源回收中,他们把贵金属废料回收与矿产资源开置于同等重要的地位,把含贵金属的废料视作不可多得的贵金属原料,并给以足够的重视,纷纷加以立法,成立专业贵金属回收公司。

日本20世纪70年代颁布了有关固体废物处理和清除的法律法规,成立了回收协会,到现在已从含贵金属的废弃物中回收有价金属20多种。

美国回收贵金属已有几十年的历史,形成回收利用产业,成立了专门的公司,如阿迈克斯金属公司和恩格哈特公司,1985年就回收5t铂族金属,1995年回收的贵金属增加到12.4~15.5t。

德国于1972年颁布了《废弃物管理法》,规定废弃物必须作为原料再循环使用,要求提高废弃物对环境的无害程度。德国著名的迪高沙公司和暗包岩原料公司都建有专门的装置回收处理含贵金属的废料。

英国有全球性金属再生公司——阿迈隆金属公司,专门回收处理各种含贵金属废料,回收的铂、钯、银的富集物就有上千吨。

贵金属废料再生回收的前提是获得废料。由于贵金属(除金、银等早期作货币、首饰外)作为金属材料(特别是其中的铂族金属)是近代才在工业规模得到广泛应用,尤其是20世纪中叶以来,应用范围越来越广,用量也急剧增长,因此,贵金属材料是有别于传统材料的"新材料"。

贵金属废料的来源十分广泛,凡是生产或使用贵金属(或含贵金属)材料、元器件的单位或部门,都可能产生贵金属废料。随着经济发展和生活水平的提高,各类电子设备、仪器仪表、电子元器件和家用电器等淘汰率迅速提高,形成了大量的废弃物垃圾,不仅浪费了资源和能源,且造成了严重的环境影响。随着时间的延续,更新的数量还会增加。如果作为城市垃圾埋掉、烧掉,必将造成空气、土壤和水体的严重污染,影响人民的身体健康。且电器设备的触点和焊点中都含有贵金属,应设法回收再利用。

全世界使用过的绝大部分贵金属都会被回收再利用。近年来美国的电子垃圾处理企业年利润已经达到了2 500万~3 000万美元。开采1t银大约需要30万美元,而回收1t银仅需1万美元;开采1盎司金需要250~300美元,而回收1盎司金只需要100美元。把旧手机里的废电池回收起来,积攒到1t,就可以从中提炼出100g黄金,而普通的含金矿石(砂)每吨只能提取几克金,多者不超过几十克金。

常见含贵金属原料主要包括以下几种。

(1)含有黄金的贵金属废料,如电器元件、旧首饰、焊料、阳极、电池、盐类、镀金丝、牙科合金等。

(2)含银的废料,如电器元件、旧首饰、焊料、接点、定影液、照相制版废水、胶卷、废X光片、菲林、盐类物质等。

(3)含有铂、钯的废料,如首饰废料、催化材料、坩埚、接点、牙科材料、粉木浆液、漏板、各种溶液。

(4)含有金、银、铂、钯的废料,如首饰厂的废料、电子元器件厂的废料、电镀厂的废水、电器配件、催化材料等。

二、贵金属二次资源回收情况

经过多年的发展,我国已形成一套完善的贵金属二次资源回收体系,即以废旧贵金属首饰和制作首饰的废料回收,贵金属矿山尾矿、选冶场矿渣回收及电解电镀废渣(液)回收为主的体系。

1. 从废旧金银首饰和货币中回收贵金属

黄金和银的消费主要有珠宝首饰、货币、电子电器、牙科、电镀、钟表等方面，用贵金属制作首饰和货币在我国历史久远，其废旧贵金属的回收体系也较为完善。

2. 从矿山尾矿、选冶废渣中回收贵金属

矿山尾矿和选冶废渣中贵金属的回收方法主要有火法富集、湿法富集和微生物吸附。火法富集有熔炼富集、火法氯化及高温挥发、焚烧等工艺，主要过程为燃烧和熔炼。湿法富集是处理金和银矿石的主要工艺，截至目前，氰化法仍是处理原生矿石和精矿最主要且最普遍的一种方法。微生物吸附是指利用活的或者死的微生物细胞及其代谢产物，通过物理和化学作用(包括络合、沉积、氧化还原和离子交换等)吸附金属的过程。

3. 从废电子元件中回收贵金属

废旧电器中贵金属的回收是贵金属回收市场的主要走向，并将在很长一段时间内是贵金属再生资源回收原料增加最快的领域。电子废件的回收加工分为两个阶段：一是对废件进行预处理，取样备料用于后续加工；二是采用已知的各种火法和湿法冶金工艺从废料中回收贵金属。

4. 从废胶片及废定影液中回收贵金属

银的最大用户是照相工业，废胶片、废 X 光片上的卤化银，可用硫代硫酸钠溶液溶解，溶解过程中加入抑制剂阻止胶片上明胶的溶解，溶解液经电解回收银。感光材料经过曝光、显影和定影后，黑白片上有 70%～80% 的银进入定影液中，彩色片的银几乎全部进入定影液。从废定影液中回收银，可用化学沉淀法、金属置换法、电解法和离子交换法等。

5. 从汽车用废催化剂中回收贵金属

在贵金属元素中，除金和银很少用作催化剂外，其他几种元素均被广泛地使用，特别是随着汽车尾气净化用的贵金属催化剂用量的逐年增加，催化剂中毒失效后，很大一部分不能再生，因此全世界每年要产生大量的废贵金属催化剂。可采用加压氰化法提取贵金属，虽然工艺中使用的氰化物有毒，但在高温、高压下溶液中的氰化物被转化为无毒的碳酸盐，残余氰化物浓度很低，排放无害。美国针对贵金属含量较低的废催化剂，以金属铁粉为捕集剂，少量碳作还原剂，加石灰熔剂进行等离子熔炼，熔炼温度约 1 500℃，所有粉状物料混合后喷射入炉，传热、传质快。

6. 从工业废料及含贵金属垃圾中回收贵金属

随着工业技术和现代化社会的快速发展,回收失效或淘汰的工业废料以及含金垃圾是贵金属回收的又一方向。比如:从废耐火砖、玻璃渣和玻纤工业废料中回收贵金属;由拆除古建筑物而形成的垃圾,其中木质的可以焚烧,金则进入烧灰中,再熔炼烧灰即可得到粗金;泥质的含金垃圾可以采用淘洗、重选或氰化等工艺回收金。

综观二次资源贵金属的回收技术,无毒、高效及温和的方法最受青睐。未来,灵活度高、污染少、节省能源和有价成分回收率高的技术将是贵金属再生资源回收的主要发展方向。

第十二章　贵金属首饰加工工具与设备

对于珠宝首饰制作者来说,收集各种有用的工具是一大乐趣。首饰制作者往往需要花几年的时间,慢慢攒足各种装备。

一、小型工具

1. 工作台

工作台是首饰制作中最基本的设备,通常用木料制作而成。首饰制作用的工作台,外观形状多种多样,但一般对其结构和功能有几个共同的要求:一是坚固结实,尤其是台面的主要工作区部位,一般用硬杂木制作,厚度在50mm以上,因为加工制作时对台面常有碰撞;二是对工作台的高度有一定要求,一般为90cm高,这样可以使操作者的手肘得到倚靠;三是台面须平整光滑,没有大的弯曲变形和缝隙,左、右两侧及后面有较高的挡板,防止宝石或工件掉入缝隙或崩落;四是有收集金属粉末的抽屉以及存放工具的抽屉或挂架;五是有放不便加工的台塞,台面上一般设有吊挂吊机的支架。有的工作台台面上钉上厚度1cm的铝皮(或白铁皮),以便进行金属粉末的回收和防火。

图12-1为常用的工作台,工作台分上、下两个抽屉,下面的抽屉用来接住锉屑和金属碎块、蜡粉等,上面的抽屉用来装工具、原料等物品。焊枪挂在工作台左侧,常用的工具如方铁、戒指棒、焊瓦等放在桌面右侧,非必要的工具放在抽屉里。一般首饰制作工作台在台面正中向前伸出一块短木板,叫作锉活板,便于手工进行锯、钻和锉等工作。

2. 焊枪三件套

焊枪三件套主要包括风球、油壶、火枪3个部分,是首饰制作的重要工具,其作用主要有熔金、退火、焊接等,采用胶皮管连接成一体(图12-2)。

风球俗称"皮老虎",由两块乒乓球板形状的木板相连而成,木板的上面和侧面都有胶皮,用脚踏木板,其作用是产生足够压力和流速的气流,使油壶中的燃料(如汽油或乙炔、煤气、丙烷、天然气、氢气等)与空气中的氧气充分混合,到达火枪后被点燃产生火焰。风球的胶皮鼓起,空气被挤进油壶,将油壶中的油气化并与空气混合从焊枪口喷出,点上火就可以使用了。

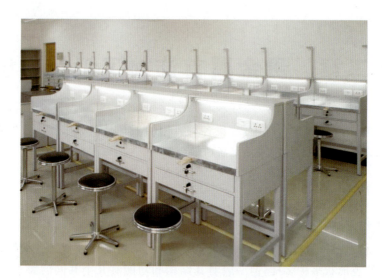

图 12-1　工作台

图 12-2　焊枪

　　油壶分别与入气管、出气管相连接,油壶加油时,必须注意只可加到油壶容量的 1/3,油加太多时,焊枪会喷出汽油,引起火灾。

　　火枪一般有一个调节阀门,可调节火焰的粗细。有的火枪有两个阀门,一个调节火焰的粗细,另一个调节混合气体的混合比例。

　　一般来说,在进行精细部位的焊接时通常使用风球、汽油壶和小火枪的组合。因为这种组合可以比较灵活地利用手脚的配合,调节火焰的粗细。在熔金和配焊料时则经常使用空压机(电力鼓风机)、煤气和大火枪的组合,这种组合火焰猛烈,温度高,熔金速度快。此外在焊接和熔化高燃点的贵金属时,通常采用高压氧气、高压氢气和专用火枪的组合,这种组合产生的温度可以达到 2 000℃以上。

根据操作环节的具体要求选择火吹套件的适当组合,并能够灵活、熟练地使用各种火吹套件是对首饰制作技术人员的重要要求。

目前教学用的实验室里较多使用风球、汽油壶、小火枪的组合。

3. 焊瓦、焊夹

焊瓦用于盛装焊接物,有防火隔热的作用,使火不会直接烧到工作台面。焊夹主要有葫芦夹和火夹两种,葫芦夹可以夹持工件使之不能移动,以便焊接操作。火夹可以进行分焊,夹持焊料到焊接部位,在熔焊过程中可以搅拌使焊料均匀。

4. 打火机

打火机用于焊枪点火。

5. 吊机

吊机是悬挂式马达的俗称,在首饰制作中被广泛使用,通常挂在工作台的台柱上。吊机由电机、脚踏开关、软轴和手柄组成(图 12-3)。机头为三爪夹头,用于装夹机针。机头分两种:一种为执模机头,稍微大一些;另一种为镶石机头,稍微细小一些,且有快速装卸开关。吊机的脚踏开关内有滑动变阻机构,踏下高度的不同会使吊机产生不同的转速,适合于不同的操作情况。

6. 针具

针具是首饰制作中非常重要的工具,主要配合吊机用于首饰的执模、镶嵌甚至抛光等环节。不同形状的针具有各自的用途,可用于钻孔、打磨、车削等,常用的针具有以下几种(图 12-4)。

(1)钻针。在起版、执模和镶石过程中,常用到钻针,钻出相应大小的石位和花纹。钻针尺寸一般为 0.05~0.23cm。不够锋利的钻头可以用油石磨利后继续使用。

(2)牙针(狼牙棒)。又可分为直狼牙棒和斜身狼牙棒,尺寸一般为 0.06~

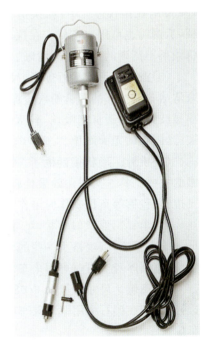

图 12-3 吊机

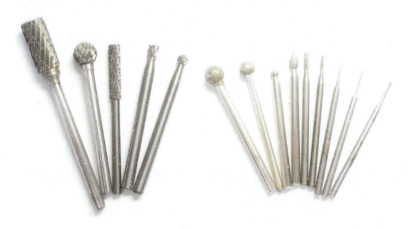

图 12-4 吊机针具

0.23cm,在镶石过程中,如果迫镶位太窄或者石位边沿凹凸不平,常用牙针扫顺,爪镶时也可用来车位。在执模时常用来刮除夹层间的披锋,刮净角位,以及将线条不清晰的部位整理清晰。

(3)波针。形状接近球形,尺寸一般为 0.05～0.25cm。在执模过程中,常用来清洁花头底部的石膏粉或金属珠、重现花纹线条、清理焊接部位等。在镶石时小号波针常用于自制吸珠,较大的可用来车包镶位,最大的波针可用来车飞边镶、光圈镶的光面斜位。

(4)桃针。形状接近桃子,尺寸一般为 0.08～0.23cm,是镶石过程中做起钉镶的主要工具。其车位效果比较适合镶圆钻,不需要其他工具辅助,在光圈镶、飞边镶、包镶等车位操作时可作为辅助工具。

(5)伞针。形状似伞状,尺寸一般为 0.07～0.25cm。规格较大的伞针是做爪镶的主要工具,规格小一些的伞针常用于车包镶心形、马眼、三角形等石位的角位,迫镶厚身宝石时可用来车宝石腰位。

(6)飞碟。尺寸一般为 0.08～0.25cm,有厚、薄之分,可根据石腰的厚度来选择,一般在镶石中用薄飞碟车匪钉及细碎石爪镶位,有时迫镶圆钻时也可用来车位。

(7)吸珠。尺寸一般为 0.07～0.5cm,吸窝内有牙痕,一般用于吸较粗的金属爪头或光圈镶。

(8)轮针。尺寸一般为 0.07～0.5cm,主要用于镶石过程中的开坑、捞底,用轮针捞出的位较为光滑。常见各种机针如图 12-5 所示。

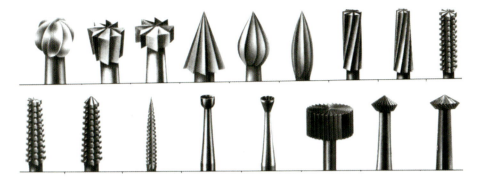

图 12-5 常见各种机针

(第 1 排从左向右：粗球针、粗轮针、轮针、尖伞针、箩针、柱针、锥针、平扫针；第 2 排从左向右：扫针、尖扫针、吸珠、轮针、尖飞碟、扁飞碟)

7. 线锯

线锯包括锯弓和锯条，是首饰制作工艺中最常用的工具。它的锯弓小、锯条细，是首饰制作中切割金属最精确的工具。主要用途是切断棒材、管材、镂空、成型，锯出各种图案。锯弓有固定式和可调式两种。

锯弓两头各有一个螺丝，用来固定锯条，锯条一般用优质的工具钢制作，很难磨损，但使用不当会断裂。

8. 锉

首饰业内所用的锉主要是金工锉和蜡锉两种。主要作用是去除金属上不规则的地方，整理形状、锉出弧度、锉圆轮廓、锉光表面、锉掉多余的焊料等。因为首饰是精细的工种，所以使用的锉大部分体型都很小巧。首饰加工中常用的锉包括红柄锉、半圆锉、三角锉、圆锉、油锉、板锉、什锦锉等。

锉齿分粗、中粗、细，一般只要有中粗和细两种即可。

按其剖面的形状，主要有扁平锉、圆形锉、圆弧锉、四角形锉、三角形锉、梯形锉、椭圆形锉、山形锉等（图 12-6）。

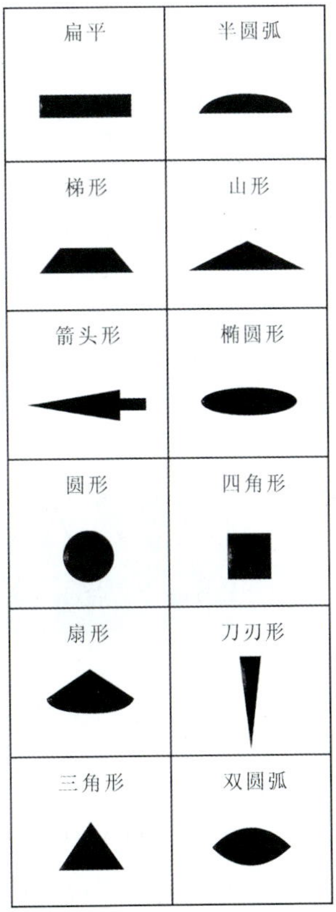

锉的主要用途是使金属表面一致，或使按照所需

图 12-6 锉的截面图

图形锯出来的金属表面得到修饰,不同形状的金属表面可挫出不同形状的凹位,如三角锉可锉出三角形的凹位。半圆锉是一类常用的锉,体型较大,锉齿较粗,连柄约8英寸(1英寸=2.54cm),由于其柄部刷了红色的漆,行内人称它为"红柄锉",主要用来锉出一件制品的雏形。滑锉是另一种常用的锉,形状也是半圆型,长约8英寸,锉尾尖利,必须要插入手柄内才可以使用。滑锉的主要用途是做最后的修饰,使金属表面更加细滑,以便用砂纸和抛光机打磨。

9. 锤子

锤子是用来锤打各种形状、打平(打片)的一种工具。其材质有铁质、钢质、铜质、木质、橡胶、皮质。其形状有平锤、圆头锤、尖嘴锤等。

铁锤主要用来敲打金属,或用于打出戒指圈的雏形,还可配合戒指铁、砧等工具敲打,小的钢锤用于镶嵌宝石。如果要避免金属表面经敲打后留下痕迹,可以用皮锤、胶锤或木锤敲打。

10. 砧类

砧是配合铁锤使用的重要工具,主要是用来支撑敲击金属工件。砧的形状多样,有四方形的平砧,主要用于敲击工件的垫板;也有形似牛角的铁砧,可以用来敲打弯角、圆弧。坑铁也属于砧的一种,有大小不同的凹槽,还有各种尺寸的圆形和椭圆形凹坑,主要用来加工半圆的工件(图12-7)。

与坑铁相近的有条模,它上面有各种半圆形、圆锥形凹槽,并有各种图案。另外,还有铁质或铜质窝砧,它上面有一些大小不一的半球状凹坑,有的侧面还有半圆槽口,主要用来加工半球形或半圆形工件,与窝砧配合使用的是一套球形冲头,称为"窝作"。

图12-7 坑铁

11、钳、剪

用于首饰制作中的钳子,钳口通常是平滑的,其形状有很多种,不同形状钳子的用途也有所区别,常用的钳子有尖嘴钳、圆嘴钳(图12-8)、扁嘴钳、拉线钳等。

圆嘴钳和扁嘴钳主要用于扭曲金属线和金属片,平嘴钳有时也用来把持细小的制品,使之便于操作,有时也用于镶嵌宝石。拉线钳是常用的五金大钳,在首饰制作中用来拉线和剪断较粗的金属线。

剪在首饰制作过程中,主要用来分隔大而薄的片状工件,厚而复杂的工件不宜使用剪,常用的剪主要有黑柄剪刀、剪钳等。剪钳又有直剪、斜剪等类型。

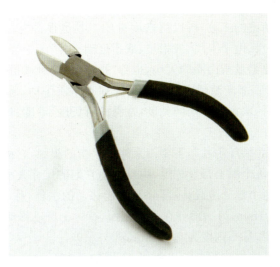

图 12-8　圆嘴钳

12. 拉线板

拉线板是用于拉制各种粗细的丝材。

制作珠宝首饰常常需要直径大小不一的金属线材,它们需要依靠拉线板才能制成,拉线板作为拉线操作的主要工具,通常需要固定使用。拉线板有 39 孔(0.26~2.5mm)、36 孔(0.26~2.2mm)、24 孔(2.3~6.4mm)和 22 孔(2.5~6.4mm)等不同规格。

拉线板是拉丝操作的主要工具,通常需要固定使用。其拉丝孔通常为硬质合金制造,也有采用人造金刚石的,但价格极贵。拉丝孔的形状通常为圆形,也有椭圆形、半圆形、三角形、方形等,还有专门拉制异形截面丝的拉线板。拉丝孔的直径由粗到细,可以根据加工线材的需要,选择适合的线孔拉线,最常用的是圆形。

13. 双头锁、钢针、油石

双头锁是用来把持钢针、铜柱,以进行镶石或划线、制作圆环等工序的工具,将钢针或铜柱套入锁嘴内,再将锁头收紧便可使用。

钢针在首饰制作中也是经常使用的工具,可以在金属板上划线、画图形、刻花等。钢针磨成平铲,可以用于起钉镶石和铲边等。

钢针用钝后需要重新磨锋利,或将其磨成平铲,但都需要使用油石。油石是镶石操作中不可缺少的工具,一块研磨出良好镶石铲的油石是很昂贵的。

14. 度量工具

首饰制作是精密的工艺,所以用来度量的工具也很讲究。常用的度量工具有钢板尺、游标卡尺、电子卡尺、戒指尺、戒指度圈、电子天平等。

戒指尺用来测量戒指内圈的大小,也称"指棒"。这种戒指尺多是用铜制的,戒指尺顶端细,向底部渐渐增粗。戒指尺底部有木质手柄,通常有 30cm 长,在上面有刻度,不同的国家有不同的刻度,常见的有美度、港度、日本度、意大利度、瑞士度等。

戒指度圈也称"指环手寸",主要用来测量手指的粗细,它由几十个大小不同的金属圆圈组成,每个圈上都有刻度,用以表示它们的尺寸大小。

游标卡尺由两个部分组成:一部分是不能移动的主体,称为"主尺",上面有刻度,每一刻度为 1mm;另一部分在主尺上面,有一个可以移动的部分,称为"游尺",尺上也有刻度,每一刻度为 0.02mm(图 12-9)。

电子卡尺主尺结构与游标卡尺相似,不同的是游标卡尺被电子显示装置取代,测量值可以直接从显示屏中读取。

内卡尺专用于测量首饰的厚度。首饰的个别地方用卡尺无法测量,可用内卡尺。

电子天平在首饰制作中广泛使用,是不可缺少的称重设备。电子天平的规格有很多种,具有不同测量精度和量程,可用于称量金属、钻石和宝石等。

图 12-9　游标卡尺

15. 其他工具

除以上工具外,还有一些在首饰加工中常用的其他工具。

(1)戒指棒。它是一支锥形的实心铁棒。戒指修改圈口或整圆时,可将戒指托放在戒指棒上敲击,焊接戒指也离不开戒指铁。

(2)手镯棒(铁)。与戒指铁类似的有直径比它大的手镯棒,用于手镯制作。有木质、铁质、铜质,形状为圆形和椭圆形。

(3)錾刀。錾刻用工具,主要用于在金属片材上錾刻各种纹样。

(4)油石。玛瑙质,用于研磨针具、刀具。在使用时通常要加入润滑油。

(5)坩埚。主要用于金属的熔化,由耐火材料制成。

(6)油槽。用耐高温不锈钢或石墨制成,表面布满润滑油,主要用于熔金、熔银。把贵金属熔化后倒入能使其迅速固化。

(7)白矾杯。有大白矾杯和小白矾杯,放置白矾、加水煮活用。

(8)木戒指夹。木质,用于夹持、固定戒指。

(9)机剪、分规。在首饰制作中,用来刻画、划圈或测量。

(10)电烙铁。蜡材加热很容易融化,焊蜡器作为加热工具可以用来熔合、焊接蜡材。也可以通过堆砌蜡材造型以及制作一些特殊效果,如熔蚀、流动等。一般工作室使用电烙铁(图 12-10),甚至可以使用酒精灯加热铁丝来代替。使用电烙铁时可以将烙铁头折弯,这样更容易接触到首饰模型内部。

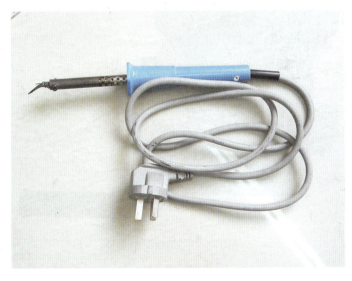

图 12-10　电烙铁

(11)雕蜡刀。蜡模制作中的常用工具,不锈钢制成,刀头有各种不同的形状。

(12)玛瑙刀。玛瑙,自古就是珍贵饰品,素有珍珠、玛瑙之美名。将玛瑙加工成光滑表面,广泛用于金银抛光、表面压平等。

(13)火漆。在宝石镶嵌中用于固定首饰。灰棕色的固体块状称为"本色火漆",红色的固体块状称为"红火漆"。

二、大型设备

在金属加工中,大型设备是制作首饰不可缺少的一部分,特别是在规模化首饰制作中,这些设备体积较大,需占用一定的空间,固定在某个位置,在操作时,个别设备还会有较大的噪音或粉尘。

1. 压片机

压片机主要用来轧压金属片材或线材,分手动和电动两种。压片机的工作部位是一对圆辊,有光身镜面圆辊,但多数在对辊间距,对辊的间隙是通过两侧的调节螺丝来调节的,后者又被压片机上的齿轮盘所控制,转动齿轮盘就可以调节对辊的间隙。压片中每次下压的距离不可太大,以免对机器造成损坏(图12-11)。

图12-11 手动压片机

2. 压模机

压模机用于橡胶的硫化,又称"硫化机"。压模需要一定的压制动力,它通过丝杠带动上压板来控制,丝杠上设有转动盘,方便操作。橡胶硫化要在一定温度下进行,在压板内部装有内置发热丝,通过控温器控制温度。与压模机配套的有各种模框,有单框、两框、四框等几种,模框大都用铝合金制作。

3. 注蜡机

注蜡机种类较多,比较先进的有真空注蜡机和气压注蜡机。两种注蜡机均采用气泵加压,使蜡液充填橡胶模腔。气压注蜡机一般采用普通温控器,相对价格较低廉,对生产技术要求不高的产品可大批量生产,但蜡模的质量相对难以保证。真空注蜡机是在注蜡前先对胶模抽真空,由于蜡模在真空状态下进行注蜡,使充填性优化,比较细薄的蜡模也容易注出。

4. 抛光机

抛光机用于抛光,达到光洁、光亮的目的。

任何一个电动机,加上一个锥形螺纹头,能旋紧抛光布轮,就能成为抛光机。专业首饰抛光机带有回收设备,它不仅能回收贵金属粉末,还能避免长期使用者受粉尘的伤害(图 12-12)。

图 12-12 意大利迷你型吸尘打磨机

首饰高度亮洁的表面离不开抛光,过去批量生产的首饰大都采用人工执模后再进行抛光,为减少执模人工费用和劳动强度,提高生产效率,现在越来越多地使用机械抛光设备用于首饰的抛光,甚至有了可以代替手工抛光的研磨抛光设备。常见的机械抛光设备有滚筒抛光机、磁力抛光机、振动抛光机等。

5. 超声波清洗机

超声波是高于 20 000 Hz 的声波,超声波能产生清洗作用的原理是声波作用于液体时,会使液体内形成许多微小的气泡,气泡破裂时会产生能量极大的冲击波,从而达到清洗和冲刷工件内外表面的作用。

超声波设备主要由清洗槽、超声波发生器和电源三大部分组成。一般首饰加工企业比较常用的是超声波清洗机(图 12-13)。它具有清洗效率高、清洗效果好、适用范围广、清洗成本低、劳动强度低、工作环境好等许多优点,以往清洗死角、盲孔和难以触及的藏污纳垢之处一直使人们倍感头痛,超声波清洗机可以有效地解决这个难题。

图 12-13　超声波清洗机

6. 喷砂机

喷砂机以压缩空气为动力,以形成高速喷射束将喷料(喷丸玻璃珠、钢丸、钢砂、石英砂、金刚砂、铁砂、海砂)高速喷射到需处理的工件表面,使工件外表面的机械性能发生变化。喷砂机一般分为干喷砂机和液体喷砂机两大类,干喷砂机又可分为吸入式和压入式两类。

7. 高温炉

首饰行业中焙烧石膏、大量熔蜡、退火等工序都采用高温炉。

三、加工用辅料

焊料是事先配好的,用于填加到焊缝、堆焊层和钎缝中的金属合金材料的总称。其熔点低于所含材料。

1. 焊料的种类

按所含材料划分可分为金焊料、银焊料、K金焊料。按熔点可分为高温焊料、中温焊料、低温焊料3个类别。如"14K黄中温"焊片。

1) 金焊料

用途:用于焊接金首饰。

焊料组成:一般为金、银、铜三元合金。

黄金:37.5%~65%。

银:15%~40%。

铜:14%~25%。

2) 银焊料

用途:用于焊接银首饰。

焊料组成:一般为银、铜、锌三元合金。

银:67%~82%。

铜:14%~24%。

锌:4%~9%。

极易熔银焊料:680~700℃。

易熔银焊料:705~720℃。

中等易熔银焊料:720~765℃。

难熔银焊料:745~778℃。

烧蓝用的银焊料:730~800℃。

3) K金焊料

用途:用于焊接K金首饰。

焊料组成:一般为金、银、铜三元合金。

焊料的使用原则:焊料在使用中,应尽量保证在纯度上与所焊的金属材料保持一致。

2. 化学辅料

1) 硼砂(四硼酸钠)

特征：立方晶体，透明、有光泽，通常为白色或微带灰棕绿色。

用途：①化金(熔金)；②助熔，催化作用；③防止氧化，增加焊料的流动性。

2) 白矾

特征：细粉状、土状或块状集合体，白色，玻璃光泽，易溶于水。

用途：①防止开焊；②清除硼砂；③去污，净化作用。

3) 石膏

特征：白色，玻璃光泽，单晶矿物质，一般晶体为厚板状，集合体为致密状或纤维状。

用途：①浇铸，翻制石膏模；②起版用；③攒焊，使焊接一次性完成。

首饰用石膏的类型：①白石膏，快干；②黄石膏，慢干(摆坯)。

4) 硫酸

在首饰制作过程中的用途：①泡活，去掉产品表面的油污和杂物，起净化作用；②用于镀铬、镍、铜、锌等。

存放：玻璃器皿。

5) 盐酸

在首饰制作中的用途：①提取银；②酸洗黑色金属与贵金属。

存放：玻璃器皿。

6) 硝酸

在首饰制作中的用途：化学提取金、银以及酸洗(泡活)。

存放：玻璃器皿。

7) 抛光蜡

抛光蜡在首饰抛光中起润滑和防止工件过热的作用。

主要参考文献

[英]凯恩斯.就业利息和货币通论[M].宋韵声,译.北京:华夏出版社,2005.

[英]伊利莎白·奥尔弗.首饰设计[M].刘超,甘治欣,译.北京:中国纺织出版社,2004.

《北京文物鉴赏》编委会.明清金银首饰[M].北京:北京美术摄影出版社,2005.

《北京文物精粹大系》编委会.北京文物精粹大系——金银器卷[M].北京:北京出版社,2004.

浜本隆志.戒指的文化史[M].钱杭,译.上海:上海书店出版社,2004.

卞宗舜,周旭,史玉琢.中国工艺美术史[M].2版.北京:中国轻工业出版社,2008.

陈瑛.现代装饰设计[M].武汉:武汉大学出版社,2005.

陈钟惠.珠宝首饰英汉汉英词典(上册)[M].3版.武汉:中国地质大学出版社,2007.

成都文物考古研究所.21世纪中国考古新发现·金沙[M].北京:五洲传播出版社,2005.

狄玉昭.珠宝的历史[M].哈尔滨:哈尔滨出版社,2007.

丁来先.自然美的审美人类学研究[M].桂林:广西师范大学出版社,2005.

杜迺松.故宫博物院藏文物珍品大系/青铜生活器[M].上海:上海科学技术出版社,2006.

干大川.珠宝首饰设计与加工[M].北京:化学工业出版社,2005.

故宫博物院.故宫经典——清宫后妃首饰图典[M].北京:故宫出版社,2012.

故宫博物院.掌中珍赏:故宫藏清代后妃首饰[M].北京:紫禁城出版社,1998.

管彦波.中国头饰文化[M].呼和浩特:内蒙古大学出版社,2006.

黄能馥.珠翠光华:中国首饰图史[M].中华书局,2010.

黄巍巍.现代首饰的创意表达[J].上海:上海工艺美术,2007(3):42-43.

黄云光,王昶,袁军平.首饰制作工艺学[M].武汉:中国地质大学出版社,2005.

贾兰坡."北京人"的故居[M].北京:北京出版社,1958.

李泽厚.美的历程[M].上海:生活·读书·新知三联书店,2014.

李忠海.金银饰品标志管理规定条文释义[J].中国标准导报,1999(6):10.

刘道荣,崔文智,刘景瑜.金器鉴赏与工艺[M].北京:百花文艺出版社,2005.

刘道荣,王玉民等.珠宝首饰镶嵌学[M].天津:天津社会科学院出版社,1998.

梅宁华,陶信成.北京文物精粹大系:金银器卷[M].北京:北京出版社,2004.

南京博物馆.金与玉——公元14—17世纪中国贵族首饰[M].上海:文汇出版社,2004.

齐东方,申秦雁.花舞大唐春:何家村遗宝精粹[M].北京:文物出版社,2003.

任进.珠宝首饰设计[M].北京:海洋出版社,2001.

尚刚.隋唐五代工艺美术史[M].北京:人民美术出版社,2005.

尚刚.中国工艺美术史新编[M].2版.北京:高等教育出版社,2015.

石青.首饰的故事[M].天津:百花文艺出版社,2003.

史树青.我国古代的金错工艺[J].文物,1973(6):66-72.

宋晓燕.黄金战争——历史变局中的财富游戏[M].北京:人民邮电出版社,2009.

孙嘉英.首饰艺术[M].沈阳:辽宁美术出版社,2008.

唐克美,李苍彦,路甬祥.中国传统工艺全集:金银细金工艺和景泰蓝[M].北京:大象出版社,2005.

滕菲.灵动的符号[M].北京:人民美术出版社,2004.

王峰.设计材料基础[M].上海:上海人民美术出版社,2006.

王汉卿.金属装饰艺术教程[M].北京:中国纺织出版社,2004.

王受之.世界当代艺术史[M].北京:中国青年出版社,2005.

邬烈炎.现代首饰艺术[M].南京:江苏美术出版社,2002.

向中华.金子的历史[M].北京:新世界出版社,2006.

徐启宪.故宫博物院藏文物珍品大系·宫廷珍宝[M].上海:上海科学技术出版社,2004.

扬之水.中国古代金银首饰[M].北京:故宫出版社,2014.

杨如增,廖宗廷.首饰贵金属材料及工艺学[M].上海:同济大学出版社,2002.

杨小林.中国细金工艺与文物[M].北京:科学出版社,2008.

杨之水.宋元金银首饰制作工艺刍论[J].文物,2007(10):79-86.

张夫也.外国工艺美术史[M].北京:中央编译出版社,2003.

郑静.现代首饰艺术[M].南京:江苏美术出版社,2002.

中国有色金属工业总公司标准计量研究所等.金银技术监督手册[M].北京:冶金工业出版社,2001.

周尚仪,赵菲.世界金属艺术[M].北京:人民美术出版社,2010.

邹宁馨,伏永和,高伟.现代首饰工艺与设计[M].北京:中国纺织出版社,2005.